全国高等院校应用型创新规划教材·计算机系列

Java 核心技术

白文荣　主　编

王晓燕　副主编

清华大学出版社
北京

内 容 简 介

本书是作者在多年从事 Java 程序设计、Java 核心技术课程教学实践基础上编写的。全书共分为 14 章，通过大量的可运行实例，系统地讲授了 Java 语言基本原理、Java 语言基本语法、Java 面向对象编程机制、异常处理及线程、Java I/O 流技术、GUI 界面设计、事件及事件处理、Java 常用类及集合、JSP 基本语法、JSP 内置对象、JavaBean 技术、JDBC 编程技术、Servlet 技术等相关知识。

本书紧密结合实际需求，弘扬精益求精的工匠精神。从案例教学、项目式教学思路出发，根据需要安排了 Java 基础案例和综合案例，逐步阐述了 Java 各核心技术之间的联系。书后配有适量的思考题和练习题，使读者能够在学习过程中提高操作能力和实际应用能力。

本书可作为高等院校学生学习 Java 核心技术、Java 程序设计、面向对象编程与设计、软件项目实战等课程的教材，也可以作为读者自学的参考书。

本书封面贴有清华大学出版社防伪标签，无标签者不得销售。
版权所有，侵权必究。举报：010-62782989，beiqinquan@tup.tsinghua.edu.cn。

图书在版编目(CIP)数据

Java 核心技术/白文荣主编. —北京：清华大学出版社，2018(2024.9 重印)
(全国高等院校应用型创新规划教材·计算机系列)
ISBN 978-7-302-48380-9

Ⅰ. ①J… Ⅱ. ①白… Ⅲ. ①JAVA 语言—程序设计—教材 Ⅳ. ①TP312.8

中国版本图书馆 CIP 数据核字(2017)第 216514 号

责任编辑：秦　甲
封面设计：杨玉兰
责任校对：宋延清
责任印制：曹婉颖

出版发行：清华大学出版社
网　　址：https://www.tup.com.cn，https://www.wqxuetang.com
地　　址：北京清华大学学研大厦 A 座　　邮　编：100084
社 总 机：010-83470000　　邮　购：010-62786544
投稿与读者服务：010-62776969，c-service@tup.tsinghua.edu.cn
质量反馈：010-62772015，zhiliang@tup.tsinghua.edu.cn
课件下载：https://www.tup.com.cn，010-62791865

印 装 者：三河市君旺印务有限公司
经　　销：全国新华书店
开　　本：185mm×260mm　　印　张：22　　字　数：535 千字
版　　次：2018 年 1 月第 1 版　　印　次：2024 年 9 月第 7 次印刷
定　　价：59.00 元

产品编号：071847-02

前　言

　　Java 是面向对象的、支持多线程的网络编程语言。它是目前最流行的编程语言之一，具有高度的安全性、可移植性和代码可重用性。加强基础研究，是实现高水平科技自立自强的迫切要求，因此本书立足于 Java 的各种核心技术，系统地讲解 Java 语言知识。学习本书无需任何基础，零起点学 Java 是本书的宗旨。本书实用性强，包含 Java 基础知识和高级编程方面的所有常用核心技术，由浅入深、通俗易懂、难易适度，可以增强读者成为 IT 精英的信心。

　　全书共分 14 章，各章的主要内容安排如下。

　　第 1 章　Java 语言的基本概念、编程技术的发展史和 Java 运行环境的搭建等。

　　第 2 章　Java 语言的基本语法，包括变量的定义、常量的定义、基本数据类型、复合数据类型、数组、编程语言控制流程等知识。

　　第 3 章　Java 的面向对象编程机制，如类与对象、接口及抽象类等。

　　第 4 章　面向对象程序设计语言 Java 的异常处理机制及线程的创建和使用方式。

　　第 5 章　Java 的输入输出处理机制，即 Java 的 IO 流机制。

　　第 6 章　Java 的图形用户界面 GUI 的设计，如 AWT 和 Swing 相关控件的应用。

　　第 7 章　Java 语言中的事件监听和事件处理机制。

　　第 8 章　Java 的常用类及集合的定义、创建和使用方式等基础知识。

　　第 9 章　JSP 的基本语法和 JSP 运行环境的搭建等。

　　第 10 章　JSP 常用的内置对象及应用方法。

　　第 11 章　Java 核心技术之一的 Java Bean 技术及其编程实践方式。

　　第 12 章　Java 连接数据库的知识——JDBC。

　　第 13 章　Java 核心技术之一的 Servlet 技术及其编程实践。

　　第 14 章　Java 核心技术的应用案例及程序分析思想。

　　本书由白文荣主编，王晓燕为副主编。第 1、2、3、4、5、6、7、8、13、14 章由白文荣编写，第 9、10、11、12 章由王晓燕编写，在本书策划和编写的过程中，得到了清华大学出版社的支持，在此表示衷心的感谢。

　　由于作者水平有限，书中难免存在错误和不足之处，敬请广大读者批评指正。

　　为了方便教师教学和学生自主学习，本书配有电子教案、案例源代码、安装软件等，若有需要，可从清华大学出版社网站下载。

编　者

目 录

第 1 章 Java 语言简介 1
1.1 程序设计语言的发展 2
1.1.1 程序设计语言发展历史 2
1.1.2 程序设计语言的分类 3
1.1.3 程序设计方法的发展 5
1.2 Java 语言简介 6
1.2.1 Java 语言的历史 6
1.2.2 Java 语言的特点 6
1.3 Java 运行环境的配置 9
1.3.1 JDK 的安装 9
1.3.2 MyEclipse 的安装 10
1.3.3 配置 Tomcat 12
1.4 简单的 Java 程序 15
1.4.1 Application 程序 15
1.4.2 Applet 程序 15
本章小结 17
习题 17

第 2 章 Java 语言的基本语法 19
2.1 标识符和保留字 21
2.1.1 标识符 21
2.1.2 保留字 21
2.2 数据类型 22
2.2.1 简单数据类型 22
2.2.2 字符和字符串 22
2.2.3 转义字符 23
2.2.4 整数和浮点数的表示形式 23
2.2.5 Java 的几种后缀形式 23
2.3 变量与常量 24
2.3.1 变量 24
2.3.2 常量 25
2.4 运算符与表达式 25
2.4.1 运算符 25
2.4.2 表达式 34
2.4.3 运算符的优先级及数据类型转换 34
2.5 数组 36
2.5.1 一维数组 36
2.5.2 多维数组 38
2.5.3 数组常用的重要方法 38
2.6 流程与控制语句 43
2.6.1 选择结构 44
2.6.2 循环结构 47
2.6.3 常用的程序设计方法 50
本章小结 53
习题 53

第 3 章 Java 面向对象编程机制 55
3.1 面向对象编程的基本思想 56
3.2 类与对象 58
3.2.1 类与对象 58
3.2.2 面向对象技术的基本特征 68
3.3 接口和抽象类 72
本章小结 76
习题 76

第 4 章 异常处理与线程 77
4.1 异常处理 78
4.1.1 异常处理结构 78
4.1.2 异常的处理机制 80
4.2 线程 85
4.2.1 线程的基本概念 85
4.2.2 Java 线程模型 89
4.2.3 Java 线程的同步与锁 93
本章小结 110
习题 110

第 5 章 Java I/O 流技术 115
5.1 java.io.File 类 116

5.1.1　文件和目录 116
　　5.1.2　Java 对文件和目录的操作 117
5.2　Java IO 原理 120
5.3　流类的结构 121
　　5.3.1　InputStream 和
　　　　　 OutputStream 121
　　5.3.2　Reader 和 Writer 122
5.4　文件流 123
　　5.4.1　FileInputStream 和
　　　　　 FileOutputStream 123
　　5.4.2　FileReader 和 FileWriter 125
5.5　缓冲流 127
5.6　转换流 128
5.7　数据流 129
5.8　打印流 131
5.9　对象流 132
　　5.9.1　序列化和反序列化操作 132
　　5.9.2　序列化的版本 134
5.10　随机存取文件流 134
5.11　ZIP 文件流 137
本章小结 139
习题 139

第 6 章　GUI 界面设计 141
6.1　GUI 组件 142
　　6.1.1　抽象窗口工具包 AWT 142
　　6.1.2　GUI 组件与容器 143
6.2　布局管理器 148
　　6.2.1　布局管理器概述 148
　　6.2.2　常用的布局管理器 149
　　6.2.3　容器嵌套 153
6.3　Swing 组件 155
本章小结 156
习题 156

第 7 章　事件及事件处理 157
7.1　事件处理概述 158
7.2　事件工作原理 158
7.3　常用的几种事件 160

　　7.3.1　行为监听器 ActionListener 160
　　7.3.2　键盘监听器 KeyListener 162
　　7.3.3　窗口监听器
　　　　　 WindowListener 163
　　7.3.4　鼠标监听器 MouseListener 164
本章小结 167
习题 167

第 8 章　Java 的常用类与集合 169
8.1　常用类 170
　　8.1.1　Object 类 170
　　8.1.2　String 类 171
　　8.1.3　StringBuffer 类 176
　　8.1.4　日期相关类 179
　　8.1.5　包装类 181
　　8.1.6　Math 类 182
　　8.1.7　Random 类 184
8.2　集合 185
　　8.2.1　集合类 185
　　8.2.2　映射类 192
本章小结 196
习题 196

第 9 章　JSP 的基本语法 199
9.1　Web 技术概述 200
　　9.1.1　静态网页和动态网页 200
　　9.1.2　Web 应用开发技术 201
　　9.1.3　在 MyEclipse 下开发
　　　　　 Web 应用程序 202
9.2　JSP 简介 204
　　9.2.1　什么是 JSP 204
　　9.2.2　JSP 页面的结构 204
9.3　JSP 脚本及注释 205
　　9.3.1　JSP 注释 205
　　9.3.2　JSP 声明语句 206
　　9.3.3　JSP 表达式 206
　　9.3.4　JSP 脚本程序 206
9.4　JSP 指令标签 208
　　9.4.1　page 指令 208

         9.4.2　include 指令 209
         9.4.3　taglib 指令 210
     9.5　JSP 动作标签 211
         9.5.1　<jsp:include>动作标签 211
         9.5.2　<jsp:forward>动作标签 212
         9.5.3　<jsp:param>动作标签 214
     本章小结 214
     习题 214

第 10 章　JSP 的内置对象 217

10.1　request 对象 218
    10.1.1　访问请求参数 219
    10.1.2　解决中文乱码问题 220
    10.1.3　获取服务器端的信息 221
    10.1.4　使用 request 获取复杂表单的信息 222
10.2　response 对象 226
    10.2.1　重定向 226
    10.2.2　处理 HTTP 文件头信息 228
10.3　session 对象 228
    10.3.1　什么是会话 228
    10.3.2　绑定和获取会话中的参数 229
    10.3.3　移除会话参数 229
    10.3.4　销毁会话 229
    10.3.5　session 对象的应用 230
10.4　application 对象 232
    10.4.1　application 对象的定义 232
    10.4.2　application 对象的应用 233
10.5　out 对象 233
    10.5.1　向客户端输出数据 233
    10.5.2　管理缓冲 235
10.6　其他内置对象 235
    10.6.1　page 对象 235
    10.6.2　config 对象 236
    10.6.3　exception 对象 237
    10.6.4　pageContext 对象 239
本章小结 240
习题 240

第 11 章　JavaBean 技术 243

11.1　JavaBean 简介 244
11.2　编写一个简单的 JavaBean 245
11.3　在 JSP 中使用 JavaBean 246
    11.3.1　<jsp:useBean>操作 246
    11.3.2　<jsp:setProperty>操作 247
    11.3.3　<jsp:getProperty>操作 248
    11.3.4　JavaBean 的范围 248
11.4　课堂案例：JavaBean 与 HTML 表单的交互 253
本章小结 256
习题 256

第 12 章　JDBC 编程技术 257

12.1　JDBC 简介 258
    12.1.1　JDBC 的结构 259
    12.1.2　JDBC 驱动程序 259
    12.1.3　JDBC API 261
12.2　连接数据库 264
12.3　JDBC 操作数据库 265
    12.3.1　查询数据 265
    12.3.2　添加数据 267
    12.3.3　修改数据 269
    12.3.4　删除数据 269
12.4　课堂案例：图书管理系统 270
    12.4.1　需求分析 270
    12.4.2　数据库设计 270
    12.4.3　图书管理系统的相关代码 271
12.5　JDBC 在 Web 开发中的应用 283
    12.5.1　开发模式 283
    12.5.2　数据分页 284
本章小结 289
习题 289

第 13 章　Servlet 技术 291

13.1　Servlet 技术概述 292
    13.1.1　Servlet 的概念 292
    13.1.2　Servlet 技术的特点 292

13.1.3 Servlet 的生命周期 293
13.1.4 Servlet 与 JSP 的区别 293
13.1.5 开发简单的 Servlet 程序 294
13.2 Servlet 开发 295
13.2.1 Servlet 的创建 295
13.2.2 Servlet 的配置 296
13.2.3 编写生成验证码的
Servlet 297
13.2.4 在 Servlet 中实现页面
转发 300
13.3 Servlet 的应用示例 302

13.3.1 应用 Servlet 获取表单
数据 302
13.3.2 应用 Servlet 读取文件 304
13.3.3 应用 Servlet 写入文件 305
本章小结 307
习题 307

第 14 章　Java 基础案例 309
本章小结 342
习题 342

参考文献 343

第 1 章

Java 语言简介

随着信息化时代的来临，程序设计语言发展迅速，到目前，还丝毫没有规范到统一语言的迹象，要学习具体的编程语言，应该从它的历史发展开始，展现它的全貌，从发展中了解程序设计语言的精髓。

本章要点

- 程序设计语言的发展。
- Java 语言的简介。
- Java 语言的环境配置。
- Java 程序的分类。

学习目标

- 了解程序设计语言的发展历程。
- 掌握 Java 语言的环境、安装方法和配置技巧。
- 掌握 Java 程序的种类。

1.1 程序设计语言的发展

1.1.1 程序设计语言发展历史

世界上最早的"计算机"其实是我国的算盘，它被人们沿用至今。

在 17 世纪，帕斯卡(Pascal)等人发明了一种以传动齿轮为基础的机械"计算机"，它以齿轮的转动来控制计算的累加与进位。19 世纪初，英国剑桥大学著名数学家查尔斯·巴贝奇(Charles Babbage)于 1822 年和 1848 年分别设计出了两种差分机，并于 1833 年制造出了有名的分析机。分析机在原理上与当今社会的计算机非常类似，它靠阅读穿孔卡片来对输入的数据进行算术运算，并给出结果。而且分析机可以随意重复运算序列。这些由阿达·洛芙莱斯(Ada Lovelace)设计的运算序列，可以解决许多计算方面的问题。实际上，这种运算序列就是程序的雏形，而这种设计思想一直沿用至今，因而 Ada Lovelace 被称为世界上第一个程序员(Ada 语言就是为纪念她而命名的)。1890 年，霍勒内斯(Hollerith)研制出一种同样使用穿孔卡片的统计机，被用于各种统计工作。此后，Hollerith 成立了一个公司，这个公司便是如今的 IBM。

20 世纪 30 年代，英国数学家图灵(Turing)提出了图灵机的概念，它是由一个控制块、一条存储带及一个读写头构成的能执行左移、右移、在存储带中清除或写入符号及进行条件转移等操作的机器。这种图灵机的结构虽然较为简单，但是却能完成现代计算机所能完成的几乎一切运算。随后，车尔赤(Church)发明了一种以逻辑公式中约束变量的代入为主要运算的 λ 演算，这种运算已经相当于一种语法和语义都非常简单的程序设计语言，被广泛应用于程序理论以及程序设计语言理论与实践的研究中。

1. 第一代程序设计语言——机器语言

机器语言是由二进制机器代码构成的代码序列，用来控制计算机执行规定的操作。其特点是能直接反映计算机的硬件结构，并且用机器语言编写的程序无须做任何处理，即可直接输入计算机执行。机器语言与计算机是一对一的，不同的计算机有不同的指令系统，一种计算机上编写的程序无法直接搬到另一种计算机上运行。一个问题如果需要在多种计算机上求解，就必须对同一问题重复地编写多个应用程序。

2. 第二代程序设计语言——汇编语言

由于机器语言程序的直观性差，且与人们习惯使用的数学表达式及自然语言差距太大，导致机器语言难学、难记，编写出来的程序难以调试、修改、移植和维护，极大程度上限制了计算机的推广应用。在这种情况下，用助记符号来表示机器指令的操作符与操作数(亦称运算符和运算对象)，用地址符号或标号代替指令或操作数的地址的汇编语言出现了。但是，机器不能直接识别用汇编语言编写的程序，还要由汇编语言编译器转换成机器指令后才能运行。

由于汇编语言与机器指令之间是一对一的关系，导致即使是编写一个很简单的程序，也需要数百条指令。所以在汇编语言的基础上，人们又研制出了只需一条指令便可编译成多条机器指令的宏汇编语言。而后，又研制出了用于把多个独立编写的程序块连接组装成一个完整程序的连接程序。但汇编语言大多是针对特定的计算机或计算机系统设计的，所以它对机器的依赖性很强。

3. 高级语言阶段

1954 年，第一个完全脱离机器硬件的高级语言——FORTRAN 语言问世了。高级语言在不同平台上会被编译成不同的机器语言，使得程序设计语言不再过度依赖于某种特定的机器或者语言环境。1970 年，一个标志着结构化程序设计时期开始的语言问世了，它就是 Pascal 语言。这个标志性的语言拥有严格的结构化形式、丰富且完备的数据类型，运行效率高、查错能力强。同时，Pascal 语言还是一种自编译语言。这个以法国数学家 Pascal 命名的语言，在当时已成为使用最广泛的基于 DOS 的语言之一。

20 世纪 80 年代初，在程序设计的思想上又发生了一次大的革命。这个时期研制出的语言多为面向对象的程序设计，之后，高级语言的目标则是面向应用的程序设计。它侧重于描述程序"做什么"而不是"如何做"。

程序设计语言的发展是一个不断演变的过程。从最初的机器语言开始，到汇编语言，再到各种各样的高级语言，最后到支持面向对象技术的面向对象编程语言，甚至未来的面对应用的语言，其演化过程的根本推动力，就是对抽象机制的更高要求，以及对程序设计思想的更好支持。也就是说，把机器能够理解的语言提升到更容易让人类理解的程度。

1.1.2 程序设计语言的分类

程序设计语言可以从不同的角度进行分类，而且一种语言可以分在好几个类别中。对于程序设计语言来说，清楚地了解其所属类别，有利于我们根据项目的特征，选择正确的语言进行软件开发。

1. 按照对机器的依赖程度分类

按照对机器的依赖程度，程序设计语言主要有以下几类。

(1) **低级语言**：面向机器，用机器直接提供的地址码、操作码语义概念编程。如机器语言、汇编语言和宏汇编等。

(2) **高级语言**：独立于机器，用语言提供的语义概念和支持的范型编程。如命令式(Pascal、C、Ada)、函数式(Lisp、M)、逻辑式(Prolog)、关系式(dBASE)、对象式(Smalltalk、C++)等。

(3) **中级语言**：可以编程操纵机器的硬件特征，但不涉及地址码和操作码。如字位运算、取地址、设中断、开辟空间、无用单元发回、用寄存器加速等。如高级汇编、C 语言、Forth 语言等。

2．按照程序设计语言的应用领域分类

根据程序设计语言的应用领域，主要分以下几种。

(1) **商用语言**：处理日常商业事务，有良好的文字表现、报表功能，拥有数据量大和与数据库密切相关等特点。代表语言是 Cobol、RPG、Ada 等。

(2) **科学计算**：数值计算量大，支持高精度、向量、矩阵运算。代表语言有 APL、FORTRAN、Ada 等。

(3) **系统程序设计**：支持与硬件相关的低级操作，是编写系统程序(操作系统，编译、解释器，数据库管理系统，网络接口程序)的语言，如 C、Ada、Bliss、Forth 等。

(4) **模拟语言**：模拟应用主要是以时间为进程，模拟客观世界的状态变化。代表语言有 GPSS、SLAM、SIMULA 等。

(5) **正文处理**：主要操作对象是自然语言中的字符，很方便产生报告、表格等，代表语言是 SMOBOL。

(6) **实时处理**：其特点是能根据外部信号控制不同的程序，做并发执行。此类语言有并发 Pascal、并发 C、Ada、Mesa、OCCAM、FORTHRAN-90、LINDA 等。此外，用于通信领域的具有实时功能的程序设计语言也属于该类，如 GYPSY、CHILL 等。

(7) **嵌入式应用**：在一个大型机器(宿主机)上为小机器(或单片机)开发程序，经调试后，将它译为小机器(目标机)的目标码，在小机器上运行的程序设计语言。这类程序一般都有实时要求，并近于系统设计。代表语言有 Ada。

(8) **人工智能应用**：这类程序是对人们的智力行为的仿真。包括自然语言理解、定理证明、模式识别、机器人、各种专家系统。这类语言能描述知识，并能够推断出合理的结论。在符号运算上做谓词演算或 λ 演算是其推理运算的基本方式。其代表语言有 Lisp 和 Prolog 等。

(9) **查询和命令语言**：这是一类新兴的语言，是各种早期系统程序简单的用户命令的发展。数据库语言有 dBASE、SQL 等。

(10) **教学语言**：为了培训程序员或使学生很快入门，人们设计了教学语言。例如，过程程序设计有 BASIC，结构化程序设计有 Pascal，青少年启蒙有 LOGO 等。

(11) **打印专用**：图文并用在各种打印机(包括激光打印机)上打印字体优美的报告、图形、图像等。代表语言有 PostScript、Tex、LaTeX 等。

(12) **专用于某类数据结构**：专用于处理正文字符串、抽取字符串、引用串函数、串形式匹配、回溯与穷举查找。代表语言有 Snobol、Icon 等。

3．按照实现计算的方式分类

按照实现计算的方式划分，主要有以下几种。

（1）**编译型语言**：用户将源程序一次写好，提交编译，运行编译的目标码模块，再通过连接编辑，加载成为内存中的可执行目标码程序。再次运行目标码，读入数据，得出计算结果。大多数高级程序设计语言属于这一类。

（2）**解释型语言**：系统的解释程序对源程序直接加工。一边编写，一边执行。不形成再次调用它执行的目标码文件。大多数交互式语言、查询命令语言采用解释型实现。典型的例子有 BASIC、Lisp、Prolog、APL、Shell、SQL。它们的特点是占用空间小、反应快，但运行效率低。

1.1.3　程序设计方法的发展

1．传统的程序设计方法

传统的编程方法主要是基于 DOS 操作系统下计算机程序的编程方法。用传统的编程方法编制完成特定功能的程序时，必须设计程序的算法，明晰数据的流程。传统编程方法的算法是变化多端的，同一问题可以有最优算法，也可以有一般算法，甚至可能存在劣等算法；它的数据流程是纷繁复杂的，数据的调用、控制方向等又是交叉变化的，而且这种编程方法一般依赖于操作平台、编译系统等，所以可移植性比较差，导致程序的设计也变得困难和繁琐。

2．可视化编程方法

可视化编程可通过调用控件，并为对象设置属性，根据开发者的需要，直接在窗口中进行用户界面的布局设计。该技术的优点是编程简单、会自动生成程序代码、效率高，因此，在当代编程语言中被广泛采用。

3．面向对象的编程方法

为了实现整体运算，要求每个对象都能够接收信息、处理数据和向其他对象发送信息，由此应运而生的面对对象的编程方法实现了软件工程的三个主要目标，即重用性、灵活性和扩展性。

面向对象设计是一种把面向对象的思想应用于软件开发过程中，指导开发活动的系统方法，是建立在"对象"概念基础上的方法学。

对象是由数据和允许的操作组成的封装体，与客观实体有直接的对应关系，一个对象类定义了具有相似性质的一组对象。而继承性是对具有层次关系的对象类的属性和操作进行共享的一种方式。

从传统的程序设计方法发展到可视化程序设计方法，进而发展到面向对象的程序设计方法的发展轨迹，是计算机程序设计方法发展的三个重要的阶段。在程序设计实践中，这三种方法即有区别，又相互交叉，彼此紧密联系。但面向对象的程序设计方法是如今应用最为普遍的方法。

1.2 Java 语言简介

1.2.1 Java 语言的历史

1991 年，美国的 Sun Microsystems(Sun)公司为了在消费类电子设备(现在称为智能家电)方面进行前沿研究，建立了以詹姆斯·高斯林(James Gosling)领导的 Green 小组进行软件方面的研究。该小组一开始选择当时已经很成熟的 C++语言进行设计和开发，但是，却发现执行 C++程序需要很多的设备内存，这样将增加硬件的成本，又不利于市场竞争，所以该小组在 C++语言的基础上，创建了一种新的语言。由于詹姆斯很喜欢自己办公室窗外的一棵橡树，所以把该语言的名字叫作 Oak，中文意思是橡树，这就是 Java 语言的前身。但是这个科研小组的成果最终没有转变成 Sun 公司的产品，也没有为 Sun 公司带来什么收益，像很多企业的科研项目一样，Oak 面临夭折的危险。但由于 Oak 专门为内存有限的消费类电子设备而设计，使其执行环境以及程序体积都很小，所以在 1994 年的互联网大潮中重新找到了自己的位置。

随着互联网的发展，以及 Oak 语言与浏览器的融合，产生了一种称作小应用程序(Applet)的技术，当然，该技术后来被 Flash 击败。Applet 是一种将小程序嵌入到网页中执行的技术，使互联网从静态网页过渡到动态网页，也使 Sun 公司的研发小组获得了新生。随后在 1995 年 3 月，Sun 公司正式向外界发布了 Java 语言，Java 语言正式诞生。

1998 年 12 月，JDK 1.2 发布，这是 Java 语言的重要里程碑，Java 也被首次划分为 J2SE/J2EE/J2ME 三个开发技术版本。

不久之后，Sun 公司将 Java 改称为 Java 2，Java 语言也开始被国内开发者学习和使用。2006 年 6 月，JDK 1.6 发布，也称为 Java SE 6.0。同时，Java 的各版本中去掉了 2 的称号，J2EE 改称为 Java EE，J2SE 改称为 Java SE，J2ME 改称为 Java ME。

1.2.2 Java 语言的特点

1. 简单

由于 Java 最初是为对家用电器进行集成控制而设计的一种语言，因此它必须简单明了。Java 语言的简单性主要体现在以下三个方面。

(1) Java 的风格类似于 C++，因而 C++程序员是非常熟悉的。从某种意义上讲，Java 语言是 C 及 C++语言的一个变种，因此，C++程序员可以很快就掌握 Java 编程技术。

(2) Java 摒弃了 C++中容易引发程序错误的地方，如指针和内存管理等。

(3) Java 提供了丰富的类库，如 IO 类库、Exception 类库等。

2. 面向对象

面向对象可以说是 Java 最重要的特性。Java 语言的设计完全是面向对象的，它不支持类似 C 语言那样的面向过程的程序设计技术。Java 支持静态和动态风格的代码继承及重用。单从面向对象的特性来看，Java 类似于 Smalltalk，但其他特性，尤其是适用于分布式计算环境的特性，远远超越了 Smalltalk。

3. 分布式

Java 包含一个支持 HTTP 和 FTP 等基于 TCP/IP 协议的子库。因此，Java 应用程序可凭借 URL 打开并访问网络上的对象，其访问方式与访问本地文件系统几乎完全相同。

为分布式环境尤其是 Internet 提供动态内容无疑是一项非常艰巨的任务，但 Java 的语法特性却使得这种任务很容易完成。

4. 健壮

Java 致力于检查程序在编译和运行时的错误。类型检查在开发的早期就可以帮助排除许多错误。Java 因自动操纵内存，从而减少了内存出错的可能性。Java 还实现了真数组，避免了覆盖数据的可能。这些功能特征大大缩短了开发 Java 应用程序的周期。Java 还提供 Null 指针检测、数组边界检测、异常检测、字节码校验等。

5. 结构中立

为了确立 Java 在网络中的整体地位，Java 将其程序编译成一种结构中立的中间文件格式。只要是拥有 Java 运行系统的机器，都能执行这种中间代码。例如，Java 可以运行在 Solaris(SPARC)、Win32 等系统中。Java 源程序被编译成一种高层次的与机器无关的 byte-code 格式语言，这种语言被设计在虚拟机上运行，由机器相关的运行调试器实现执行。

6. 安全

Java 的安全性可从两个方面得到保证。一方面，在 Java 语言中，像指针和释放内存等诸如此类的 C++功能已经被删除，从而可以避免非法内存操作。另一方面，用 Java 来创建浏览器时，语言功能和浏览器本身提供的功能结合起来，将会更安全。Java 语言在机器上执行前，要经过很多次的测试，如代码校验、检查代码段的格式、检测指针操作等。

7. 可移植性

可移植性一直是 Java 程序设计师们关注的重要指标，也是 Java 之所以能够受到程序设计师们喜爱的原因之一。这里最大的功臣就是 JVM 技术。

大多数编译器产生的目标代码只能运行在一种 CPU 上，即使那些能支持多种 CPU 的编译器也不能同时产生适合多种 CPU 的目标代码。如果需要在三种 CPU(如 x86、SPARC 和 MIPS)上运行同一程序，就必须编译三次。

但 Java 编译器就不同了。Java 编译器产生的目标代码(J-Code)针对一种并不存在的 CPU——Java 虚拟机(Java Virtual Machine)，而不是某一实际的 CPU。Java 虚拟机能掩盖不同 CPU 之间的差别，使 J-Code 能运行在任何具有 Java 虚拟机的机器上。

虚拟机的概念并不是 Java 所特有的，加州大学就提出过 Pascal 虚拟机的概念。但针对 Internet 应用而设计的 Java 虚拟机的特别之处在于，它能产生安全的、不受病毒威胁的目标代码。正是由于 Internet 对安全特性的特别要求，才使得 JVM 能够迅速被人们接受。

作为一种虚拟的 CPU，Java 虚拟机对于源代码(Source Code)来说是独立的。我们不仅可以用 Java 语言来生成 J-Code，也可以用 Ada 来生成。事实上，已经有了针对若干种源代码的 J-Code 编译器，包括 Basic、Lisp 和 Forth。源代码一经转换成 J-Code 后，Java 虚拟机就能够执行，而不区分它是由哪种源代码生成的。将源程序编译为 J-Code 的好处在于可运行在各种计算机上，而缺点是，它不如本机代码运行速度快。与体系结构无关的特性使得 Java 应用程序可以在配备了 Java 解释器和运行环境的任何计算机系统上运行，这成为 Java 应用软件便于移植的良好基础。

8. 解释性

Java 解释器(运行系统)能直接运行目标代码指令。连接程序通常比编译程序所需资源少，所以程序员可以在创建源程序上花更多的时间。

9. 高性能

如果解释器速度不慢，Java 可以在运行时直接将目标代码翻译成机器指令。

Sun 用直接解释器一秒钟内可调用三十万个过程。翻译目标代码的速度与 C/C++的性能没什么区别。

10. 多线程

多线程功能使得在一个程序里可同时执行多个小任务。线程有时也称小进程，是一个大进程里分出来的小的独立的进程。因 Java 支持多线程技术，所以比 C 和 C++更健壮。

多线程带来的更大的好处，是更好的交互性能和实时控制性能。当然，实时控制性能还取决于系统本身(Unix、Windows、Macintosh 等)，在开发难易程度和性能上都比单线程要好。任何用过当前浏览器的人，都可感觉到为查看一幅较大的图片而等待是一件很令人烦恼的事情。但在 Java 中，我们可以用一个单线程来调用一幅图片，同时，其他线程可以访问 HTML 里的其他信息，而不用相互等待任务的完成，即实现了 Java 的多线程机制。

11. 动态性

Java 的动态特性是其面向对象设计方法的发展，它允许程序动态地装入运行过程中所需要的类，这是以 C++语言进行面向对象程序设计时所无法实现的。在 C++程序设计过程中，每当在类中增加一个实例变量或一种成员函数后，引用该类的所有子类都必须重新编译，否则将导致程序崩溃。Java 则解决了这个问题。Java 编译器不是将对实例变量和成员函数的引用编译为数值引用，而是将符号引用信息保存在字节码中，然后传递给解释器，再由解释器在完成动态连接后，将符号引用信息转换为数值偏移量。这样，一个在存储器生成的对象不在编译过程中决定，而是延迟到运行时由解释器确定，从而对类中的变量和方法进行更新时就不至于影响现存的代码。解释执行字节码时，这种符号信息的查找和转换过程仅在一个新的名字出现时才进行一次，随后代码便可以全速执行。在运行时确定引用的好处是，可以使用已被更新的类，而不必担心会影响原有的代码。如果程序连接了网络中另一系统中的某一类，该类的所有者也可以自由地对该类进行更新，而不会使任何引用该类的程序崩溃。

Java 还简化了使用一个升级的或全新的协议的方法。如果系统运行 Java 程序时遇到了不知怎样处理的程序，Java 能自动下载所需要的功能程序。

12. 跨平台性

Java 使用 Unicode 作为它的标准字符集，这项特性使得 Java 的程序在不同语言的平台上都能撰写和执行。简单地说，既便把程序中的变量、类别名称使用中文来表示，当程序移植到其他语言平台时，还是可以正常执行。Java 也是目前所有计算机语言中唯一天生就使用 Unicode 的语言。

1.3 Java 运行环境的配置

1.3.1 JDK 的安装

若想正常运行 Java 程序，必须先安装 JDK 环境 jdk-6u10-rc2-bin-b32-windows-i586-p-12_sep_2008。具体安装步骤如下。

(1) 双击安装文件，进入"许可证协议"界面，界面为英文模式，如图 1-1 所示。

(2) 单击"接受"按钮，进入"自定义安装"界面，确定软件安装路径，如图 1-2 所示，也可以单击"更改"按钮改变安装路径，弹出如图 1-3 所示的对话框。

(3) 单击"确定"按钮，进入安装界面，这可能需要等待几分钟时间，如图 1-4 所示。

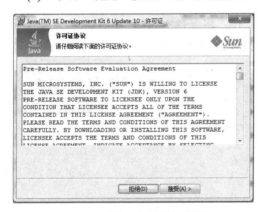

图 1-1 "许可证协议"界面

图 1-2 安装路径选择

图 1-3 更改安装路径

图 1-4 安装界面

(4) 安装成功后会出现"已成功安装"界面,单击"完成"按钮,如图 1-5 所示。

图 1-5 "已成功安装"界面

1.3.2 MyEclipse 的安装

从如下网址下载 myeclipse-8.6.1-win32.exe 软件:

```
http://downloads.myeclipseide.com/downloads/products/eworkbench/galileo/
myeclipse-8.6.1-win32.exe
```

(1) 双击下载的 myeclipse-8.6.1-win32.exe 软件,将会弹出如图 1-6 所示的解压界面。解压会比较慢,等待一会,解压成功时,会看到如图 1-7 所示的安装位置选择界面。

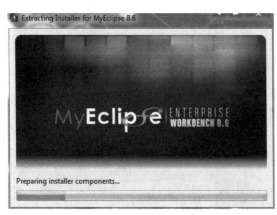

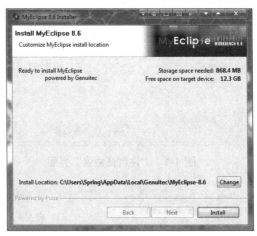

图 1-6 解压界面 　　　　　　　　　　图 1-7 安装位置选择界面

(2) 默认的安装路径在 C 盘,建议单击 Change 按钮更改目录,出现如图 1-8 所示的详细设置界面,选择适当的路径即可。

(3) 单击 Next 按钮,进入如图 1-9 所示的准备安装界面。

(4) 单击 Install 按钮,进入安装进度界面,如图 1-10 所示。安装是比较慢的,可以多等一会儿,进度条上面的数字显示的是剩余的需要操作文件的大小。

(5) 安装完成后,弹出启动界面,会有一个设置工作空间的对话框,像图 1-11 这样设置即可。

第 1 章　Java 语言简介

图 1-8　详细设置界面　　　　　　　　图 1-9　准备安装界面

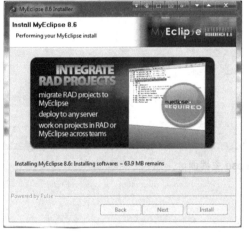

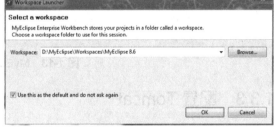

图 1-10　安装进度界面　　　　　　　　图 1-11　设置工作空间

（6）单击 OK 按钮，系统出现"进入工作空间中心"界面，如图 1-12 所示，我们不需要设置，勾上复选框，然后单击 Cancel 按钮取消即可。

图 1-12　"进入工作空间中心"界面

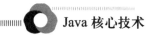

(7) 打开如图 1-13 所示的主界面，此时，MyEclipse 已经安装完毕。

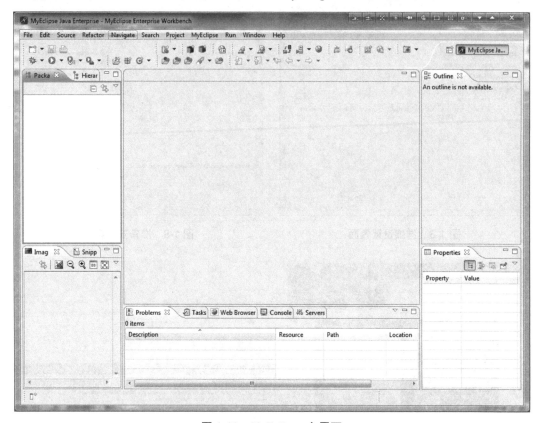

图 1-13　MyEclipse 主界面

1.3.3　配置 Tomcat

(1) 将下载好的 Tomcat 解压到如图 1-14 所示的目录中，Tomcat 是免安装的。

图 1-14　解压 Tomcat 到相应的目录

(2) 回到 MyEclipse 工作界面，在工具栏上单击 Configure Server 按钮，在弹出的对话框中依次展开目录，如图 1-15 所示。

(3) 在出现的界面中(如图 1-16 所示)，我们看到默认选中了 Disable 选项，需要切换选中第一个选项(Enable)，单击第一个 Browse 按钮，浏览到如图 1-17 所示的目录。

第 1 章　Java 语言简介

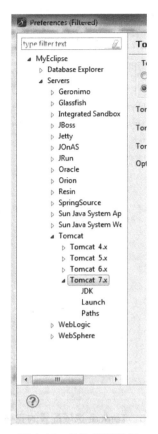

图 1-15　依次展开目录

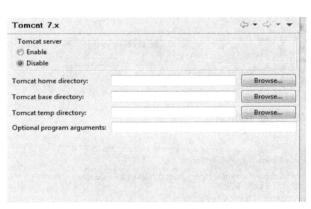

图 1-16　配置 Tomcat Server 界面

图 1-17　浏览 Tomcat 目录

（4）选中 Tomcat 的主目录，单击"确定"按钮，此时界面如图 1-18 所示。
（5）单击 OK 按钮，Tomcat 配置成功。
（6）在菜单栏中选择 Run → Tomcat 7.x → Start 命令，如图 1-19 所示。
（7）若出现如图 1-20 所示的信息，就表示 Tomcat 已经成功启动了。

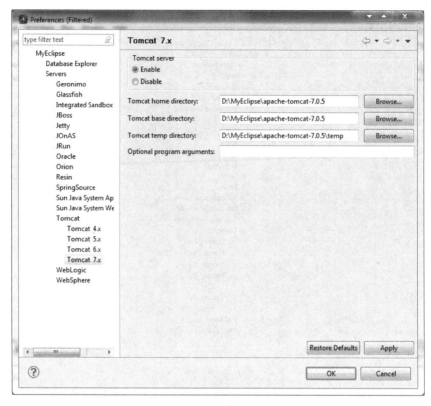

图 1-18 Tomcat 选项配置的完整界面

图 1-19 启动 Tomcat

图 1-20 Tomcat 已经成功启动

1.4 简单的 Java 程序

1.4.1 Application 程序

Application 程序就是 Java 应用程序,它包含主函数 main(),用其作为程序的入口,按顺序执行程序。

(1) 编写 Java 源代码(Hello.java):

```java
public class Hello
{
    public static void main(String args [])
    {
        System.out.println("欢迎你学习Java语言!");
    }
}
```

(2) 编译源代码,将会生成 Hello.class 文件:

```
javac Hello.java
```

(3) 运行程序:

```
java Hello
```

运行结果如图 1-21 所示。

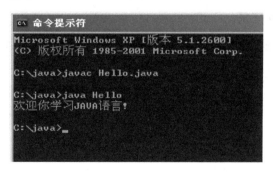

图 1-21 Application 的运行结果

1.4.2 Applet 程序

Applet 程序就是 Java 小应用程序,使用频率较低,目前已被 Flash 所取代,但是其嵌入式功能的存在,使得在编写 Application 程序时,若需要嵌入功能,也可使用 Applet。

(1) 编写 Java 源代码(Helloapplet.java):

```java
import java.applet.Applet;
import java.awt.Graphics;

public class Helloapplet extends Applet
{
```

```
    public void paint(Graphics g)
    {
        g.drawString("欢迎你学习 Java 语言!", 50, 25);
    }
}
```

(2) 编译源代码，将会生成 Helloapplet.class 文件：

```
javac Helloapplet.java
```

(3) 编写 HTML 网页文件(如 Helloapplet.html)：

```
<HTML>
<HEAD>
<TITLE> A Simple Program </TITLE>
</HEAD>
<BODY>

   <!--Here is the output of my program-->
   <APPLET CODE="Helloapplet.class" WIDTH=150 HEIGHT=25>
   </APPLET>

</BODY>
</HTML>
```

(4) 运行网页文件：

```
appletviewer Helloapplet.html
```

运行结果如图 1-22 所示。

图 1-22 Applet 小程序的运行结果

本 章 小 结

本章通过从程序发展史到程序编程方法的介绍，详细讲解了编程语言的发展历程、背景、程序语言分类等基本常识，使同学们可以初步理解 Java 语言的特点和运行环境的安装及配置等，从而为后续对 Java 语言知识的深入学习打好基础。

习　　题

请自行安装配置 Java 运行环境，使用下面的程序测试环境的正确性，并且得到程序输出结果。

古典问题：有一对兔子，从出生后第 3 个月起，每个月都生一对兔子，小兔子长到第三个月后，每个月又生一对兔子，假如兔子都不死，问每个月的兔子总数为多少？

程序分析：兔子的规律符合数列 1,1,2,3,5,8,13,21,…。

具体程序如下：

```java
public class Prog1{
    public static void main(String[] args){
        int n = 10;
        System.out.println("第" + n + "个月兔子总数为" + fun(n));
    }
    private static int fun(int n){
        if(n==1 || n==2)
            return 1;
        else
            return fun(n-1)+fun(n-2);
    }
}
```

第 2 章

Java 语言的基本语法

建筑学中，一个房子由砖块砌成，一旦竣工砖块就不可挪动了，这就如同编程语言中的常量；窗户竣工后却可以根据实际需要随意打开，这就像编程语言中的变量；而烟囱、门的功能就如同编程语言中的函数，负责实现某种应用功能。所有这些部件均被包含在房子中，这个房子就如同编程语言中的类，类似于图 2-1 那样的房子结构图。

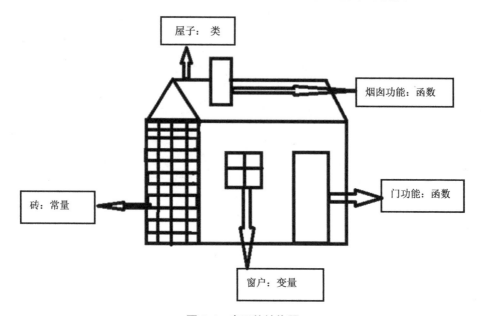

图 2-1　房子的结构图

编程语言是开发软件的工具，作为市场上最为流行的软件开发工具，Java 语言也提供了像砖块、门、窗户等语言结构中的多种机制，如变量和常量、数据类型、函数等。在本章中，主要介绍 Java 语言的基本语法。其他如类等机制，将在后续章节中详细介绍。另外，本章还将详细介绍 Java 语言的运算符和表达式。

本章要点

- 数据类型、常量与变量的概念。
- 运算符、表达式的定义。
- 数组的声明与创建。
- 程序流程控制语句的使用。

学习目标

- 了解基本数据类型及其常量的表示法。
- 掌握变量的定义及初始化方法。
- 掌握运算符和表达式的概念。
- 掌握数组的声明与创建方法。
- 理解自动类型转换和强制类型转换。
- 能够进行 Java 程序设计。

2.1 标识符和保留字

2.1.1 标识符

程序中引用的每个元素都需要命名，Java 语言中使用标识符来命名变量、常量、函数、类和对象。程序员根据需要可以自行指定标识符，但在 Java 语言里要遵循一定的语法规则。Java 对于标识符的命名规则如下：

- 第一字符必须为 A~Z、a~z、_、$之一。
- 其他字符可以是 A~Z、a~z、_、$、0~9 之一。
- 字母有大小写之分，没有最大长度限制。
- 不能使用保留字(关键字)。

【例 2.1】有效的标识符可以是 myname、a_1、ABC、_xyz 等。

【例 2.2】用户自定义的标识符可以包含保留字，但不能与保留字同名。例如，有效的用户自定义标识符可以是 mynameint、classa_1、floatABC、charmy 等。

2.1.2 保留字

在 Java 语言中，保留字或关键字是指那些具有专门意义和用途的、由系统占用的标识符。注意，在 Java 中是区分大小写的，所以 public 是保留字，Public 就不是保留字，但在编程中尽量不要使用与保留字相似的形式。

表 2-1 就是 Java 语言的一系列保留字。

表 2-1 Java 语言的保留字

abstract	assert	boolean	break	byte
case	catch	char	class	const
continue	default	do	double	else
enum	extends	final	finally	float
for	goto	if	implements	import
instanceof	int	interface	long	native
new	package	private	protected	public
return	short	static	strictfp	super
switch	synchronized	this	throw	throws
transient	try	void	volatile	while

2.2 数 据 类 型

2.2.1 简单数据类型

Java 的数据类型可分为基本数据类型和复合数据类型两种。基本数据类型也称为简单数据类型，Java 定义了 8 种基本数据类型，分别是 byte、short、int、long、char、float、double 和 boolean。复合数据类型是由用户根据需要自己定义并实现其运算的数据类型，复合数据类型通常有类、接口等。关于复合数据类型，第 3 章将进行详细讲述。在本节中，将重点介绍基本数据类型，它可以分为三组。

(1) 整数型简单数据类型：包括 byte、short、int、long、char，是表示整数的数。
(2) 浮点型简单数据类型：包括 float、double，表示带有小数的数。
(3) 布尔型简单数据类型：包括 boolean，是一个表示真/假的特殊类型。

基本类型用于表示单个值，不是复杂的对象。基本类型具有特定的表示范围。C/C++语言允许整数的大小根据执行环境的变化而变化，但 Java 不同，因为 Java 具有可移植性要求，因此所有的数据类型都有严格的定义范围，具体内容详见表 2-2。

表 2-2 八大基本类型

变量类型	位 数	范 围	备 注
byte	8	$-2^7 \sim 2^7-1$	带符号整数
short	16	$-2^{15} \sim 2^{15}-1$	带符号整数
int	32	$-2^{31} \sim 2^{31}-1$	带符号整数
long	64	$-2^{63} \sim 2^{63}-1$	带符号整数
char	16	$0 \sim 2^{16}-1$	无符号整数
float	32	$-3.403E38 \sim 3.403E38$	单精度浮点数
double	64	$-1.798E308 \sim 1.798E308$	双精度浮点数
boolean	1	true 或 false	值：true 或 false

2.2.2 字符和字符串

字符是源文件中使用的单个可输出的符号。Java 语言中有两种字符值，分别为基本数据类型字符和字符串。注意：字符不能作为变量，也就是说，不能给字符赋值，即字符或字符串不能放在赋值表达式的左边。单个字符用单引号括起来，例如'a'。这种形式的字符型文字只表示由键盘输入的各类字符型。对于无法由键盘输入的其他统一字符集中的字符，无法表示。因此，Java 语言定义了另一种形式的字符型文字表示形式，即以\u 作为前缀，后跟 4 位十六进制的整数。

字符串是指用双引号括起来的一个字符序列，在 Java 语言中用 String 关键字来表示，例如"smith"。应注意：字符串是对象类型的，使用双引号来表示；而字符是基本类型的，使用单引号来表示。

【例 2.3】 指出"a"和'a'的区别。

答：'a'是字符，"a"是字符串。

2.2.3 转义字符

Java 语言中，有些字符不能用正常方式表示，必须用转义字符描述，如表 2-3 所示。

表 2-3 Java 中的转义字符

转义字符	所代表的字符
\\	斜杠
\r	回车
\n	换行
\t	跳格
\b	退格
\'	单引号
\"	双引号
\f	走纸

2.2.4 整数和浮点数的表示形式

(1) 整数的表示形式，分别是八进制表示法、十进制表示法及十六进制表示法。
- 十进制：默认为十进制表示方法，例如 int x = 10。
- 八进制：以 0 为前缀，代表的是八进制表示法，例如 int x = 016。
- 十六进制：以 0X 或 0x 作为前缀，代表的是十六进制表示法，例如 int x = 0x1f 或 int x = 0X1f。

注意：十六进制中的字母既可以大写也可以小写。

(2) 浮点数的表示形式，有小数表示法和科学记数法两种。
- 小数表示法：这也是默认的浮点型的表示形式，例如 double x = 10.0。
- 科学记数表示法：以 M E N 形式表示，M 可以是正数或负数，但必须是数值，N 可以是正数或负数，但必须是整数，例如 double x = 2E3。

2.2.5 Java 的几种后缀形式

Java 语言的几种后缀形式说明如下。

(1) 长整型整数可以以 l 或 L 形式标识后缀，例如 long x = 10L。
(2) 单精度型数据可以以 f 或 F 形式标识后缀，例如 float x = 10.0F。
(3) 双精度型数据可以以 d 或 D 形式标识后缀，例如 double x = 10.0D。

2.3 变量与常量

2.3.1 变量

1．变量的含义

Java 是一门强制类型定义的语言，遵循"先声明，后使用"的原则。变量是标识符的一种，例如 a、a1、name 等都是合法的变量。任何变量使用前都必须声明其数据类型。变量的值是可以改变的。

2．变量使用说明

(1) Java 要求在使用一个变量之前，要对变量的类型加以声明。
(2) Java 中，一个变量的声明就是一条完整的 Java 语句，所以应该在结尾使用分号。
(3) 变量的命名规则如下：
- 变量必须以一个字母开头。
- 变量名是由一系列字母或数字的任意组合。
- 在 Java 中，字母表示 Unicode 中相当于一个字母的任何字符。
- 数字也包含 0~9 以外的其他与一个数字相当的任何 Unicode 字符。
- 加号(+)、版权信息符号©和空格不能在变量名中使用。
- 变量名区分大小写。
- 变量名的长度基本上没有限制。
- 变量名中不能使用 Java 的保留字。

应注意，如想知道 Java 中哪些 Unicode 字符是字母的话，可以使用 Character 类中的 isJavaIdentifierStart 以及 isJavaIdentifierPart 方法进行检查。

(4) 可在一条语句中进行多个变量的声明，不同变量之间用逗号分隔。

3．变量的赋值和初始化

变量的值可以通过两种方法获得：一种是赋值，给一个变量赋值需要使用赋值语句；另外一种方法就是初始化，说是初始化，其实还是一个赋值语句，只不过这个赋值语句是在声明变量的时候就一起完成的。

【例 2.4】

```
int a = 10;  //这就是一个变量初始化的过程
```

下面两条语句的功能与上面一条语句的功能相同，只是这里将变量的声明和赋值分开来进行的：

```
int a;
a = 10; //在赋值语句的结尾应该用分号来结束
```

应注意，在 Java 中，绝对不能出现未初始化的变量，在使用一个变量前，必须给变量赋值，变量声明可以在代码内的任何一个位置出现，但在方法的任何代码块内，只可对一个变量声明一次。

2.3.2 常量

(1) 定义：在程序执行过程中不能改变的量称为常量。
(2) 格式：

```
[修饰符] 常量类型 常量名 = 值;
```

(3) 常量说明：
- 修饰符可以是访问权限修饰符，还必须使用 final 关键字。
- 在 Java 中使用 final 关键字来定义一个常数。
- 习惯上将常量名一律大写。
- 常量必须赋值。
- 常量一旦赋值，其值在运行期间就不可以改变。

【例 2.5】

```
int final a = 10;  //声明了一个整型常量a，它的值是10
```

2.4 运算符与表达式

2.4.1 运算符

用来表示各种运算的符号称为运算符。例如，数值运算中经常用到的加、减、乘、除符号就是运算符。由于它们是进行算术运算的，所以称为算术运算符。

运算符必须跟运算对象一起使用。运算符的运算对象可以是一个，称单目运算符；运算对象也可以是两个，称双目运算符；运算对象还可以是三个，称三目运算符。单目运算符若放在运算对象的前面，称为前缀单目运算符；若放在运算对象的后面，称为后缀单目运算符。双目运算符都是放在两个运算对象的中间。三目运算符只有一个(条件运算符)，是夹在三个运算对象之间的。

每个运算符都代表对运算对象的某种运算，都有自己特定的运算规则。每个运算符运算的对象都规定了数据类型，同时，运算结果也有确定的数据类型。

用运算符把运算对象连接起来所组成的运算式称为表达式。每个表达式都可以按照运算符的运算规则进行运算，并最终获得一个值，称为表达式的值。

当表达式中出现多个运算符时，计算表达式值就会遇到哪个先算、哪个后算的问题，我们把这个问题称为运算符的优先级。计算表达式值时，优先级高的运算要先进行。注意，在复杂的表达式中，用圆括号括住的部分要先算，其优先级别高于任何运算符。若在圆括号中又有圆括号，则内层圆括号优先于外层圆括号。

运算符是一种特殊符号，用以表示数据的运算、赋值和比较，一般由一至三个字符组成。运算符可以划分为如下几种类型：算术运算符、关系运算符、赋值运算符、逻辑运算符、其他运算符等。

1. 算术运算符

算术运算符的运算数必须是数值类型的。算术运算符不能用在布尔类型上，但可以用在 char 类型上，因为实质上，在 Java 中，char 类型是 int 类型的一个子集。

模数运算符(%)的运算结果是整数除法的余数，它能像整数类型一样被用于浮点类型(这不同于 C/C++，在 C/C++中，模数运算符%仅能用于整数类型)。

Java 中的算术运算符如表 2-4 所示。

表 2-4 算术运算符

运算符	运算	范例	结果
+	正号	+3	3
-	负号	b=4,-b;	-4
+	加	5+5	10
-	减	6-4	2
*	乘	3*4	12
/	除	5/5	1
%	取模	5%5	0
++	自增(前)	a=2; b=++a;	a=3；b=3
++	自增(后)	a=2; b=a++;	a=3；b=2
--	自减(前)	a=2; b=--a;	a=1；b=1
--	自减(后)	a=2; b=a--;	a=1；b=2
+	字符串相加	"He"+"llo"	"Hello"

使用算术运算符时，要注意下列问题。

(1) 加号"+"除字符串相加功能外，还能把非字符串转换成字符串，如"x"+123 的结果是"x123"。

(2) 如果对负数取模，可以把模数负号忽略不计，如 5%-2=1。但被模数若是负数，则按照数学运算规则得出结果。

(3) 对于除号"/"，它的整数除和小数除是有区别的：整数之间做除法时，只保留整数部分而舍弃小数部分。如 int x = 3510; x = x/1000*1000;的实际运行结果是 3000。

【例 2.6】

```
public class Ex2_6 {
    public static void main(String[] args) {
        int a=6, b=2;
        System.out.println("a+b="+(a+b));
        System.out.println("a-b="+(a-b));
        System.out.println("a*b="+(a*b));
        System.out.println("a/b="+(a/b));
        System.out.println("a%b="+(a%b));
    }
}
```

运行结果如下：

```
a+b=8
a-b=4
a*b=12
a/b=3
a%b=0
```

算术运算符的优先级规定如下：
- 单目基本算术运算符优先于双目基本算术运算符。
- *、/、% 优先于 +、-。
- 同级单目基本算术运算符的结合性是自右向左的。
- 同级双目基本算术运算符的结合性是自左向右的。

【例 2.7】基本算术运算符的使用。

设变量定义如下：

```
int n=10, m=3;
float f=5.0, g=10.0;
double d=5.0, e=10.0;
```

则：

-n 的结果是-10。

n+m、n-m、n*m、n/m、n%m 的结果分别为 13、7、30、3、1。

d+e、d-e、d*e、d/e 的结果分别为 15.0、-5.0、50.0、0.5。

n+m-f*g/d 的运算顺序相当于(n+m)-((f*g)/d)，结果是 3.0。

n%m*f*d 的运算顺序相当于((n%m)*f)*d，结果是 25.0。

【例 2.8】

```
public class Ex2_8 {
    public static void main(String[] args) {
        int a = 5;
        System.out.println("a+1="+(a+1));
        System.out.println("a++="+(a++));
        System.out.println("++a="+(++a));
        System.out.println("a-1="+(a-1));
        System.out.println("a--="+(a--));
        System.out.println("--a="+(--a));
        System.out.println("-a="+(-a));
    }
}
```

运行结果如下：

```
a+1=6
a++=5
++a=7
a-1=6
a--=7
--a=5
-a=-5
```

2. 关系运算符

关系运算符是用来比较两个数据大小的，运算的结果是成立或不成立。如果成立，则结果为逻辑值"真"，用 true 表示；如果不成立，则结果为逻辑值"假"，用 false 表示，表 2-5 给出了 Java 中的关系运算符。

表 2-5 关系运算符

名 称	运 算 符	运算结果
小于	<	满足为真，不满足为假
小于等于	<=	满足为真，不满足为假
大于	>	满足为真，不满足为假
大于等于	>=	满足为真，不满足为假
等于	==	满足为真，不满足为假
不等于	!=	满足为真，不满足为假

所有关系运算符都是双目运算符，所组成的表达式称为关系表达式。

关系运算符可以用来比较两个数值型数据的大小，也可以比较两个字符型数据的大小。对字符数据进行比较时，是按该字符对应的 ASCII 代码值的大小进行比较，其实质也是数值比较。

关系运算符的优先级如下。

(1) 算术运算符优先于关系运算符。
(2) <、<=、>、>= 优先于 ==、!=。
(3) <、<=、>、>= 同级，结合性是自左向右的。
(4) ==、!= 同级，结合性是自左向右的。

【例 2.9】

```
public class Ex2_9 {
    public static void main(String[] args) {
        int a=6, b=2, c=2;
        if(a>b) System.out.println("a>b=true");
        if(a>=c) System.out.println("a>=c true");
        if(b<c) System.out.println("b<c false");
        if(b<=c) System.out.println("b<=c true");
        if(b==c) System.out.println("b==c true");
        if(b!=c) System.out.println("b!=c false");
        String s1 = new String("abc");
        String s2 = new String("abc");
        if (s1==s2) System.out.println("s1==s2 true");
        else System.out.println("s1==s2 false");
        s2 = s1;
        if (s1==s2) System.out.println("s1==s2 true");
        else System.out.println("s1==s2 false");
    }
}
```

运行结果如下：

```
a>b=true
a>=c true
b<=c true
b==c true
s1==s2 false
s1==s2 true
```

3. 赋值运算符

赋值运算符为"=",具体解释如表 2-6 所示。

表 2-6 赋值运算符

运算符	运算	范例	结果
=	赋值	a=3; b=2	a=3；b=2
+=	加等于	a=3; b=2; a+=b;	a=5；b=2
-=	减等于	a=3; b=2; a-=b;	a=1；b=2
*=	乘等于	a=3; b=2; a*=b;	a=6；b=2
/=	除等于	a=3; b=2; a/=b;	a=1；b=2
%=	模等于	a=3; b=2; a%=b;	a=1；b=2

【例 2.10】

```java
public class Ex2_10 {
    public static void main(String[] args) {
        int a=6, b=2;
        System.out.println("a+=b="+(a+=b));
        System.out.println("a="+a);
        System.out.println("b="+b);
        System.out.println("a-=b="+(a-=b));
        System.out.println("a="+a);
        System.out.println("b="+b);
        System.out.println("a*=b="+(a*=b));
        System.out.println("a="+a);
        System.out.println("b="+b);
        System.out.println("a/=b="+(a/=b));
        System.out.println("a="+a);
        System.out.println("b="+b);
        System.out.println("a%=b="+(a%=b));
        System.out.println("a="+a);
        System.out.println("b="+b);
    }
}
```

运行结果如下：

```
a+=b=8
a=8
```

```
b=2
a-=b=6
a=6
b=2
a*=b=12
a=12
b=2
a/=b=6
a=6
b=2
a%=b=0
a=0
b=2
```

4. 逻辑运算符

逻辑运算符是对两个关系式或逻辑值进行运算的，运算结果仍是逻辑值，具体解释如表 2-7 所示。

表 2-7 逻辑运算符

运算符	运算	范 例	结 果
&	AND(与)	false & true	false
|	OR(或)	false | true	true
^	XOR(异或)	true ^ false	true
!	NOT(非)	! true	false
&&	AND(短路)	false && true	false
||	OR(短路)	false || true	true

逻辑运算符的优先级如下：
- "!"优先于"双目算术运算符"优先于"关系运算符"优先于"&&"优先于"||"。
- 单目逻辑运算符"!"和单目算术运算符是同级别的，结合性是自右向左的。
- 双目逻辑运算符的结合性是自左向右的。

【例 2.11】

```java
public class Ex2_11 {
    public static void main(String[] args) {
        int a=6, b=2, c=2;
        if((a>b)&&(b>c)) System.out.println("true");
        else System.out.println("false");
        if((a<c)||(b>c)) System.out.println("true");
        else System.out.println("false");
        if(!(a<b)) System.out.println("true");
    }
}
```

运行结果如下:

```
false
false
true
```

(1) 与运算符。

与运算符用符号"&"表示,其使用规律如下:两个操作数中,对应的位都为 1,结果才为 1,否则对应位的结果为 0,例如下面的程序段。

【例 2.12】

```
public class data12 {
    public static void main(String[] args) {
        int a = 129;
        int b = 128;
        System.out.println("a 和 b 与的结果是: "+(a&b));
    }
}
```

运行结果如下:

a 和 b 与的结果是:128

下面分析这个程序。

a 的值是 129,转换成二进制就是 10000001,而 b 的值是 128,转换成二进制就是 10000000。根据与运算符的运算规律,只有两个位都是 1,结果才是 1,可以知道结果就是 10000000,即 128。

(2) 或运算符。

或运算符用符号"|"表示,其运算规律如下:两个对应位只要有一个为 1,那么结果就是 1,否则就为 0。下面看一个简单的例子。

【例 2.13】

```
public class data13 {
    public static void main(String[] args) {
        int a = 129;
        int b = 128;
        System.out.println("a 和 b 或的结果是: "+(a|b));
    }
}
```

运行结果如下:

a 和 b 或的结果是:129

下面分析这个程序段。

a 的值是 129,转换成二进制就是 10000001,而 b 的值是 128,转换成二进制就是 10000000,根据或运算符的运算规律,两个位满足其中有一个或两个是 1,结果就为 1,可以知道,结果就是 10000001,即 129。

(3) 非运算符。

非运算符用符号 "~" 来表示,其运算规律如下:如果位为 0,结果是 1;如果位为 1,结果是 0。

下面看一个简单的例子。

【例 2.14】

```
public class data14 {
    public static void main(String[] args) {
        int a = 2;
        System.out.println("a 非的结果是: "+(~a));
    }
}
```

运行结果如下:

a 非的结果是: 1

(4) 异或运算符。

异或运算符是用符号 "^" 表示的,其运算规律是:两个操作数的位中,相同则结果为 0,不同则结果为 1。

下面看一个简单的例子。

【例 2.15】

```
public class data15 {
    public static void main(String[] args) {
        int a = 15;
        int b = 2;
        System.out.println("a 与 b 异或的结果是: "+(a^b));
    }
}
```

运行结果如下:

a 与 b 异或的结果是: 13

分析上面的程序段:a 的值是 15,转换成二进制为 1111,而 b 的值是 2,转换成二进制为 0010,根据异或的运算规律,可以得出其结果为 1101,即 13。

(5) 移位运算符。

可以对数据按二进制位进行移位操作,Java 的移位运算符有三种,即<<、>>、>>>。具体的移位运算说明如表 2-8 所示。

表 2-8 移位运算符

运 算 符	含 义
<<	左移
>>	带符号右移
>>>	不带符号右移

【例 2.16】

```
public class ShiftTest {
    public static void main(String[] args) {
        int x = 0x80000000;
        int y = 0x80000000;
        x = x>>1;
        y = y>>>1;
        System.out.println("0x80000000>>1 = " + Integer.toHexString(x));
        System.out.println("0x80000000>>>1 = " + Integer.toHexString(y));
    }
}
```

运行结果如下：

```
0x80000000>>1 = c0000000
0x80000000>>>1 = 40000000
```

移位运算的注意事项如下：
- 移位运算符适用的类型有 byte、short、char、int、long。
- 对低于 int 型的操作数，将先自动转换为 int 型再移位。
- 对于 int 型整数移位 a>>b，系统先将 b 对 32 取模，得到的结果才是真正移位的位数。例如 a>>33 和 a>>1 的结果是一样的，a>>32 的结果还是 a 原来的数。
- 对于 long 型整数，移位 a>>b，则是先将移位位数 b 对 64 取模。
- 移位不会改变变量本身的值。
- x>>1 的结果和 x/2 的结果是一样的，x<<2 和 x*4 的结果也是一样的。总之，一个数左移 n 位，就等于这个数乘以 2 的 n 次方；一个数右移 n 位，就是等于这个数除以 2 的 n 次方。

5. 其他运算符

(1) 字符串连接运算符 "+"。

【例 2.17】

两个字符串的连接："as"+"df"，连接后为"asdf"。

(2) 条件运算符 "?:"。

【例 2.18】

```
System.out.println(5>3? "sdfsdfsd" : "sddddddd");   //结果为sdfsdfsd
```

(3) 下标运算符 "[ ]"。

【例 2.19】

具有 12 个元素的 a 数组为 a[12]。

(4) 内存分配运算符 "new"。

【例 2.20】

为 a[12]数组进行内存分配：

```
int a[12] = new int[];
```

2.4.2 表达式

表达式是由操作数和运算符按一定的语法形式组成的符号序列。一个常量或一个变量名字是最简单的表达式，其值即该常量或变量的值；表达式的值还可以用作其他运算的操作数，形成更复杂的表达式，如 a、5.0+a、(a-b)*c-4、i<30&&i%10!=0。

表达式是 Java 语言基础的主要内容。它是组成 Java 程序语句的基础构件，是实现程序数据加工与处理的主要手段。

表达式的数据类型能够自动提升，Java 定义了若干适用于表达式的类型提升规则。
(1) 在表达式中，所有 byte 型、short 型和 char 型的值将被提升到 int 型。
(2) 如果操作数是 long 型和 int 型，计算结果就是 long 型。
(3) 如果操作数是 float 型和 int 型，计算结果就是 float 型。
(4) 如果操作数是 double 型和 int 型或 float 型，计算结果就是 double 型。

2.4.3 运算符的优先级及数据类型转换

当在一个表达式中存在多个运算符进行混合运算时，会根据运算符的优先级别来决定运算顺序，优先级最高的是括号"()"，它的使用与数学运算中的括号一样，只是用来指定括号内的表达式要优先处理。运算符的优先级如表 2-9 所示。

表 2-9 运算符优先级

优先级	说　明	运　算　符			
最高	括号	()			
	下标运算符	[]	.		
	正负号	+	-		
	一元运算符	++	--	!	~
	乘除取余运算	*	/	%	
	加减运算	+	-		
	移位运算	<<	>>	>>>	
	比较大小	<	>	<=	>=
	比较是否相等	==	!=		
	按位与运算	&			
	按位异或运算	^			
	按位或运算	|			
	逻辑与运算	&&			
	逻辑或运算	||			
	三元运算符	?:			
最低	赋值及复合赋值运算	*=	/=	%=	+=	-=	>>=	<<=	>>>=	&=	^=	|=

对于处在同一层级的运算符，则按照它们的结合性，即"先左后右"还是"先右后左"的顺序来执行。

Java 中，除赋值运算符的结合性为"先右后左"外，其他所有运算符的结合性都是"先左后右"的。

在对多个基本数据类型的数据进行混合运算时，如果这几个数据并不属于同一基本数据类型，需要先将它们转换为统一的数据类型，然后才能进行运算。

基本数据类型之间的相互转换又分为两种情况：

- 自动类型转换。
- 强制类型转换。

1．自动类型转换

当需要从低级类型向高级类型转换时，编程人员无须进行任何操作，Java 会自动完成类型转换。低级类型是指取值范围相对较小的数据类型，高级类型则指取值范围相对较大的数据类型，例如 long 型相对于 float 型是低级数据类型，但是相对于 int 型则是高级数据类型。在基本数据类型中，除了 boolean 类型外，均可参与算术运算，这些数据类型从低到高的排序如图 2-2 所示。

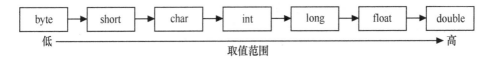

图 2-2 数据类型的级别

在不同数据类型间的算术运算中，自动类型转换可以分为两种情况。

第一种情况含有 int、long、float 或 double 型的数据。如果在算术表达式中含有 int、long、float 或 double 型的数据，Java 首先会将所有数据类型较低的变量自动转换为表达式中最高的数据类型，然后再进行计算，并且计算结果的数据类型是表达式中级别最高的数据类型。

第二种情况含有 byte、short 或 char 型的数据。如果在算术表达式中只含有 byte、short 或 char 型的数据，Java 首先会将所有变量的类型自动转换为 int 型，然后再进行计算，并且计算结果的数据类型是 int 型。

2．强制类型转换

在 Java 中使用"(目标数据类型)"的方式，可实现强制类型转换。

强制类型转换也要考虑目标数据类型的取值范围，如 Java 中将默认为 int 型的数据 774 赋值给数据类型为 byte 的变量，方法如下：

```
byte b = (byte)774;
```

最终变量 b 的值为 6，原因是整数 774 超出了 byte 型的取值范围，在进行强制类型转换时，整数 774 的二进制数据的前 24 位将被舍弃，变量 b 的数值是后 8 位的二进制数据，如图 2-3 所示。

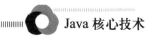

```
十进制数 774 的二进制数据流的表现形式
00000000  00000000  00000011  00000110
被舍弃的二进制数据流的前 24 位 截取二进制数据流的后 8 位（表示十进制数 6）赋值给变量 b
```

图 2-3　数据类型转换

【例 2.21】掌握表达式中数据类型的转换：

```java
public class Ex2_21 {
    public static void main(String[] args) {
        short s = 10;
        long l = 100;
        System.out.println(s*l); //1000
        int a = 1;
        byte b=2, e=3;
        char c = 'a';
        int d = b+c;
        //byte f = b+e;
        int i = 1234567809;
        float j = i;
        System.out.println(j); //1234567809.0
        System.out.println(d); //101
    }
}
```

2.5　数　　组

2.5.1　一维数组

Java 数组是一种复合数据类型，分为一维数组和多维数组。其中，一维数组使用频率较高，其声明方式如下：

```
type var[]
```

或者：

```
type[] var
```

其中 type 为数据类型。

Java 中使用关键字 new 创建数组对象，其创建格式为：

```
数组元素的类型  数组名 = new 数组元素的类型 [数组元素的个数]
```

数组的初始化分为动态初始化、静态初始化和默认初始化。

1. 动态初始化

所谓动态初始化，即数组定义与为数组分配空间和赋值的操作分开进行。

【例 2.22】

```java
public class Study {
```

```
    public static void main(String[] args) {
        int[] a = new int[3];
        a[0] = 1;
        a[1] = 2;
        a[2] = 3;

        Date d[] = new Date[3];
        d[0] = new Date(2008,4,5);
        d[1] = new Date(2008,4,5);
        d[2] = new Date(2008,4,5);
    }
}
class Date {
    int year, month,day;
    public Date(int year, int month, int day) {
        this.year = year;
        this.month = month;
        this.day = day;
    }
}
```

2. 静态初始化

所谓静态初始化，即在定义数组的同时就为数组元素分配空间并赋值。

【例 2.23】

```
public class Study {
    public static void main(String[] args) {
        Date d[] = {new Date(2012, 12, 12),
                    new Date(2012, 12, 12),
                    new Date(2012, 12, 12)};
    }
}
class Date {
    int year, month, day;
    public Date(int year, int month, int day) {
        this.year = year;
        this.month = month;
        this.day = day;
    }
}
```

3. 默认初始化

数组是引用类型，它的元素相当于类的成员变量，因此，为数组分配空间后，每个元素也被按照成员变量的规则被隐式初始化。

【例 2.24】

```
public class Study {
```

```java
    public static void main(String args[]) {
        int a[] = new int[5];
        System.out.println("" + a[3]);
    }
}
```

2.5.2 多维数组

在 Java 中，出于程序效率考虑，基本不使用二维以上的数组。下面介绍二维数组，其声明方式如下：

`数组元素数据类型 数组名称[][];`

例如：

`int a[][] = {{2,3},{1,5},{3,4}};  //定义了一个 3×2 的数组，并对每个元素赋值`

二维数组初始化规则基本与一维数组一样，但也分为规则二维数组初始化和不规则二维数组初始化两类，其示例代码如下。

(1) 规则二维数组初始化示例：

```java
public class Study {
    public static void main(String args[]) {
        int a[][] = {{1, 2}, {3, 4}, {5, 6}};
        for(int i=0; i<a.length; i++) {
            for(int j=0; j<a[i].length; j++) {
                System.out.println(a[i][j]);
            }
        }
    }
}
```

(2) 不规则二维数组初始化示例：

```java
public class Study {
    public static void main(String args[]) {
        int b[][] = {{1, 2}, {3, 4, 5},{5, 6, 7, 8}};
        for(int i=0; i<b.length; i++) {
            for(int j=0; j<b[i].length; j++) {
                System.out.println(b[i][j]);
            }
        }
    }
}
```

2.5.3 数组常用的重要方法

1. 填充数组方法 Arrays.fill()

(1) 用法 1：接收 2 个参数。

代码如下：

```
Arrays.fill(a1, value);
```

其中，a1 是一个数组变量，value 是一个 a1 中元素数据类型的值。该方法的作用是填充 a1 数组中的每个元素，都是 value。

【例 2.25】

```
public class Study {
    public static void main(String[] args) {
        int[] a = new int[5];
        Arrays.fill(a, 1);
        for (int i : a) {
            System.out.println(i);
        }
    }
}
```

输出结果为：

```
1
1
1
1
1
```

(2) 用法 2：接收 4 个参数。

第一个参数指操作的数组，第二个和第三个参数指定在该数组的某个区域插入第四个参数，第二个参数指起始元素下标(包含该下标)，第三个参数指结束下标(不包含该下标)。注意：Java 的数组下标从 0 开始保存元素。

【例 2.26】

```
public class Study {
    public static void main(String[] args) {
        int[] a = new int[5];
        Arrays.fill(a, 1);
        Arrays.fill(a, 1, 3, 2);
        for (int i : a) {
            System.out.println(i);
        }
    }
}
```

结果：

```
1
2
2
1
1
```

2. 复制数组方法 clone()

【例 2.27】

```
public class Study {
    public static void main(String[] args) {
        int[] a = new int[5];
        int[] b;
        Arrays.fill(a, 1);
        b = a.clone();
        for (int i : b) {
            System.out.println(i);
        }
    }
}
```

结果:

```
1
1
1
1
1
```

3. 比较数组方法 Arrays.equals()

comparator 接口实现自定义比较器的功能，它包括 compare()方法和 equals()方法：一般只需实现 compare()方法，用于编写自定义的比较方法；也可以直接调用 equals()方法实现数组元素之间的比较。

【例 2.28】 定义 Person 类，对该类进行比较：

```
<span style="font-weight: normal; ">
<span style="font-size:12px;">
public class Person {
   String firstname, lastname;
   Boolean sex;
   int age;

   public Person(String firstname, String lastname,
     Boolean sex, Integer age) {
       super();
       this.firstname = firstname;
       this.lastname = lastname;
       this.sex = sex;
       this.age = age;
   }

   public String getFirstname() {
       return firstname;
   }
```

```java
    public void setFirstname(String firstname) {
        this.firstname = firstname;
    }

    public String getLastname() {
        return lastname;
    }

    public void setLastname(String lastname) {
        this.lastname = lastname;
    }

    public Boolean getSex() {
        return sex;
    }

    public void setSex(Boolean sex) {
        this.sex = sex;
    }

    public Integer getAge() {
        return age;
    }

    public void setAge(Integer age) {
        this.age = age;
    }
}
</span></span>
```

实现 Comparator，定义自定义比较器：

```
import java.util.Comparator;
public class PersonComparator implements Comparator<Person> {
    @Override
    public int compare(Person arg0, Person arg1) {
        if (arg0.getAge() > arg1.getAge()) {
            return -1;
        }
        return 1;
    }
}
```

测试比较器：

```
<span style="font-weight: normal;">
<span style="font-size:12px;">
public class Study {
    public static void main(String[] args) {
        Person[] p = {
            new Person("ouyang", "feng", Boolean.TRUE, 27),
            new Person("zhuang", "gw", Boolean.TRUE, 26),
```

```
            new Person("zhuang", "gw", Boolean.FALSE, 28),
            new Person("zhuang", "gw", Boolean.FALSE, 24)};
        Arrays.sort(p, new PersonComparator());
        for (Person person : p) {
            System.out.println(person.getFirstname());
            System.out.println(person.getLastname());
            System.out.println(person.getAge());
            System.out.println(person.getSex());
            System.out.println();
        }
    }
}
</span></span>
```

4. 数组排序方法 Arrays.sort()

【例 2.29】

```
public class Study {
    public static void main(String[] args) {
        int[] a = {5, 4, 2, 4, 9, 1};
        Arrays.sort(a);
        for (int i : a) {
            System.out.println(i);
        }
    }
}
```

运行结果：

```
1
2
4
4
5
9
```

5. 查找数组元素的方法 Arrays.binarySearch()

【例 2.30】

```
public class Study {
    public static void main(String[] args) {
        int[] a = {1, 2, 4, 5, 3};
        Arrays.sort(a);
        System.out.println(Arrays.binarySearch(a, 3));
    }
}
```

运行结果：

```
4
```

6. 显示数组数据

(1) 若数组存放的是对象，如字符串，则可使用 Arrays.toString()方法将数组转换为 List 容器后显示。

(2) 若数组数据是基本类型，则可以使用"for(int i : array) System.out.println(i);"语句显示数组数据。

【例 2.31】

```
Im port java.util.*;
public class Study {
    public static void main(String[] args) {
        int[] a = {1, 2, 4, 5, 3, 1};
        System.out.println(Arrays.toString(a));
        for (int i : a) {
            System.out.println(i);
        }
    }
}
```

运行结果：

```
[1,2,4,5,3,1]
1
2
4
5
3
1
```

2.6 流程与控制语句

Java 程序的执行遵循一定的流程，流程是程序执行的顺序。流程控制语句是控制程序中各语句执行顺序的语句，是程序中非常关键和基本的部分。流程控制语句可以把单个的语句组合成有意义的、能够完成一定功能的小逻辑块。

程序由一系列语句组成。Java 语言虽然是一种面向对象的计算机语言，但在一个局部，例如方法内、块语句内，仍然需要面向过程的程序设计和方法。面向过程程序设计作为精华的结构化程序设计思想，仍然是面向对象程序设计方法的基石。

尽管现实世界的问题是复杂的、千变万化的，但与之相对应的计算机算法流程，只有三种基本结构——顺序结构、选择结构、循环结构。每种结构都是单入口、单出口；每一部分都会被执行到，没有死循环。程序设计的三种基本流程如图 2-4 所示。

在 Java 语言中，语句以分号";"为结束标志。特殊情况是，块语句由其他语句组成，其本身不用分号结束。内嵌有块语句并以块语句结尾的语句，也不需要用分号结尾。

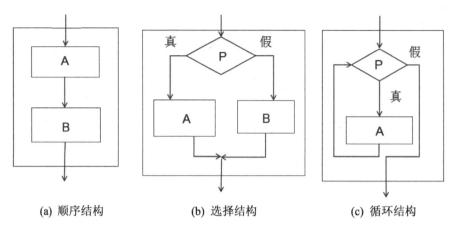

(a) 顺序结构　　　　　(b) 选择结构　　　　　(c) 循环结构

图 2-4　Java 的程序流程

2.6.1 选择结构

Java 程序通过控制语句来执行程序流，完成一定的任务。程序流是由若干个语句组成的，语句可以是单一的一条语句，如 c=a+b，也可以是用大括号{}括起来的一个复合语句。语句块可以嵌套，嵌套层数无限制。

选择结构亦称分支语句。分支语句实现程序流程控制的功能，即根据一定的条件，有选择地执行或跳过特定的语句。

Java 分支语句分类如下：if 语句、if-else 语句、if-else-if 语句、switch 语句。

1. if 语句

格式：

```
if (表达式)
    语句
```

功能：首先计算表达式，若值为真，则执行语句，否则执行 if 语句的后续语句。

【例 2.32】判断两个数的最大值：

```java
class Max {
    public double getMax(double a, double b) {
        double max;  max=a;
        if(max < b) {
            max = b;
        }
        return max;
    }
}
public class Ex3_1 {
    public static void main(String[] args) {
        Max obj = new Max();
        System.out.println("max=" + obj.getMax(3.14, 3.1415926));
```

        }
}

2. if-else 语句

格式：

```
if (表达式)
    语句1;
else
    语句2;
```

功能：首先计算表达式，若值为真，则执行语句1，否则执行语句2。

【例 2.33】 闰年问题：

```java
import java.util.*;
class Leap{
    public boolean isLeap(int year) {
        if((year%4==0)&&(year%100!=0)||(year%400==0)) {
            return true;
        } else {
            return false;
        }
    }
}

public class Ex3_2 {
    public static void main(String[] args) {
        int year;
        System.out.println("输入一个年份：");
        Scanner reader = new Scanner(System.in);
        year = reader.nextInt();
        Leap obj = new Leap();
        if(obj.isLeap(year)) {
            System.out.println(year + "是闰年。");
        } else {
            System.out.println(year + "不是闰年。");
        }
    }
}
```

3. if-else-if 语句

格式：

```
if (条件1) {
    程序代码1
} else if (条件2) {
    程序代码2
} else if (条件3) {
    程序代码3
}
```

> 注意：只要任何一个条件成立，程序就不会对下一个条件进行判断和执行了。

【例 2.34】 检查用 random()方法产生的一个字符，判断是否为英文大写字母、小写字母、数值或其他符号，并输出相应的信息。代码如下：

```java
public class Ex3_3 {
    public static void main(String[] args) {
        (new Letter()).judgeLetter();
    }
}
class Letter {
    public void judgeLetter() {
        char ch;
        ch = (char)(java.lang.Math.random()*128);
        if(ch < ' ')
            System.out.println("是不可显示字符！");
        else if(ch>='a' && ch<='z')
            System.out.println(ch + "是小写字母！");
        else if(ch>='A' && ch<='Z')
            System.out.println(ch + "是大写字母！");
        else if(ch>='0' && ch<='9')
            System.out.println(ch + "是数字！");
        else
            System.out.println(ch + "是其他符号！");
    }
}
```

4．switch 语句

格式：

```
switch(表达式) {
    case 值1:
        语句1;
        [break;]
    case 值2:
        语句2;
        [break;]
    case 值3:
        语句3;
        [break;]
    ...
    case 值N:
        语句N;
        [break;]
    [default: 语句N+1;]
}
```

功能：首先计算表达式的值，然后在 switch 语句中寻找与该表达式的值相匹配的 case 值，找到后执行其中的语句。

（1）表达式的返回值类型必须是 int、byte、char、short 类型之一。

(2) case 子句中的值必须是常量，而且所有 case 子句中的值是不同的。
(3) default 子句是可选的。
(4) break 语句用来在执行完一个 case 分支后，使程序跳出 switch 语句，即终止 switch 语句的执行。在一些特殊情况下，多个不同的 case 值要执行一组相同的操作，这时可以不用 break。

【例 2.35】 输入百分成绩，输出成绩等级。代码如下：

```java
public class Ex3_4 {
    public static void main(String[] args) {
        (new Grade()).toGrade();
    }
}
class Grade {
    public void toGrade() {
        int score, m;
        Scanner reader = new Scanner(System.in);
        System.out.println("输入成绩: ");
        score = reader.nextInt();
        if(score<0 || score>100) {
            System.out.println("data error!");
        } else {
            m = score / 10;
            switch(m)
            {
            case 9:
            case 10: System.out.println("The grade is A."); break;
            case 8: System.out.println("The grade is B."); break;
            case 7: System.out.println("The grade is C."); break;
            case 6: System.out.println("The grade is D."); break;
            default: System.out.println("The grade is E."); break;
            }
        }
    }
}
```

2.6.2 循环结构

循环语句的作用是反复执行一段代码，直到满足终止循环的条件为止。Java 语言中提供的循环语句有 while 语句、do-while 语句、for 语句。

1. while 语句

格式：

```
while (条件) {
    循环体；
}
```

功能：
- while 语句是先判断条件，再确定是否执行语句或程序块。
- 条件为 true 时，执行循环体的语句或程序块。反之，不执行循环体。
- 在循环体中要有改变条件的语句，否则会成为死循环。

2．do-while 语句

格式：

```
do {
    循环体;
} while (条件);
```

功能：
- 此语句是先执行一次循环体，再判断条件。
- 条件为 true 时，再次执行循环体的语句或程序块。
- 在循环体中要有改变条件的语句，否则会成为死循环。
- do-while 循环语句无论怎样，至少都要执行一次循环体。

3．for 语句

格式：

```
for (设定初始值; 条件限定; 修改控制变量) {
    程序代码
}
```

功能：该语句包括了循环起始条件(初始值)、循环步长(控制变量)和循环结束条件(条件限定)等，是使用频率较高的循环语句。

for 语句嵌套格式如下：

```
for (int i=0; i<100; i++) {
    for (int j=0; j<i; j++) {
        程序块
    }
}
```

【例 2.36】输出 1~100 内前 5 个可以被 3 整除的数。代码如下：

```java
public class Ex3_5 {
    public static void main(String args[]) {
        int num=0, i=1;
        while (i <= 100) {
            if (i%3 == 0) {
                System.out.print(i + " ");
                num++;
            }
            if (num == 5) {
                break;
            }
            i++;
```

```
    }
  }
}
```

【例2.37】 输出101~200内的质数。代码如下：

```
public class Ex3_6 {
    public static void main(String args[]) {
        for (int i=101; i<200; i+=2) {
            boolean f = true;
            for (int j=2; j<i; j++) {
                if (i%j == 0) {
                    f = false;
                    break;
                }
            }
            if (!f) {continue;}
            System.out.print(" " + i);
        }
    }
}
```

4．跳转语句

对 Java 中的跳转语句介绍如下。

(1) break 语句：break 语句用于终止某个语句块或循环体的执行。

【例2.38】

```
public class Ex3_7 {
    public static void main(String[] args ) {
        for(int i=1; i<=10; i++) {
            if(i == 5) {
                break;
            }
            System.out.println("i=" + i);
        }
        System.out.println("Done");
    }
}
```

运行结果：

```
i=1
i=2
i=3
i=4
Done
```

(2) continue 语句：continue 语句用于跳过某个循环语句块的一次执行，continue 语句出现在多层嵌套的循环语句体中时，可以通过标签指明要跳过的是哪一层循环。

【例 2.39】

```
public class Ex3_9 {
    public static void main(String args[]) {
        int skip = 4;
        for (int i=1; i<=5; i++) {
            //当 i 等于 skip 时，跳过当次循环
            if (i == skip) continue;
            System.out.println("i = " + i);
        }
    }
}
```

运行结果：

i=1
i=2
i=3
i=5

(3) 返回语句 return：使用 return 语句从当前方法中退出，将会返回到调用该方法的语句处，并从紧跟该语句的下一条语句继续程序的执行。

💡 注意：除了用在 if-else 语句中外，return 语句通常用在一个方法体的最后，否则会产生编译错误。

【例 2.40】

```
public int add() {
    int i=40, j=60;
    int sum = i + j;
    return sum;
}
```

2.6.3 常用的程序设计方法

1. 枚举法(穷举法)

枚举法又称"笨人方法"，是把所有可能的情况一一测试，筛选出符合条件的各种结果进行输出。

【例 2.41】百元买百鸡：用一百元钱买一百只鸡。已知公鸡 5 元/只，母鸡 3 元/只，小鸡 1 元/3 只。问共有多少种买法组合？

程序分析：这是个不定方程——三元一次方程组问题(三个变量，两个方程)。

设公鸡为 x 只，母鸡为 y 只，小鸡为 z 只。有：

$$\begin{cases} x+y+z=100 \\ 5x+3y+z/3=100 \end{cases}$$

代码如下：

```
class Ex3_11 {
```

```
public static void main(String[] arg) {
    int x, y, z;
    for (x=0; x<=100; x++)
        for (y=0; y<=100; y++) {
            z = 100 - x - y;
            if (5*x+3*y+z/3.0 == 100)
                System.out.println(
                    "cocks="+x+", "+"hens="+y+", "+"chickens="+z);
        }
}
```

运行结果：

```
cocks=0, hens=25, chickens=75
cocks=4, hens=18, chickens=78
cocks=8, hens=11, chickens=81
cocks=12, hens=4, chickens=84
```

2. 递推法

递推法又称迭代法，基本思想是不断由已知值推出新值，直到求得解为止。迭代初值、迭代公式和迭代终止条件是迭代法的三要素。

【例 2.42】 求斐波那契数列第 20 项的值。斐波那契数列的前两个数都是 1，第三个数是前两个数之和，以后的每个数都是其前两个数之和。

程序分析：

各数之间有一种递推关系，即 $F_n = F_{n-1} + F_{n-2}$，$F_1 = F_2 = 1$。

本题的三要素如下。

迭代初值：x=1，y=1。

迭代公式：z=y+x。

终止条件：共计算 n-2 次。

代码如下：

```
public class Ex3_12 {
    static int fib(int n) {
        int first = 1;
        int second = 1;
        int sum = first + second;
        int i = 2;
        while(++i < n) {
            first = second;
            second = sum;
            sum = first + second;
        }
        return sum;
    }
    public static void main(String args[]) {
        System.out.println("f20=" + fib(20));
    }
```

```
}
```

运行结果：

```
f20=6765
```

3. 递归法

基本思想是不断把问题分解成规模较小的同类问题，直到分解形成的问题因规模足够小而能直接求得解为止。

【例 2.43】 递归调用指在方法执行过程中出现该方法本身的调用，例如，求斐波那契数列 1，1，2，3，5，8，…，第 40 个数的值。数列满足递推公式：

$$F_1 = 1, F_2 = 1, ..., F_n = F_{n-1} + F_{n-2} \ (n > 2)$$

程序分析：同上一例题。

代码如下：

```java
public class Ex3_18 {
    public static void main(String arg[]) {
        System.out.println(f(40));
    }
    public static int f(int n) {
        if (n == 1 || n == 2) {
            return 1;
        } else {
            return f(n - 1) + f(n - 2);
        }
    }
}
```

4. 简单图形的输出

此类题目分析的要点是通过分析，找出每行空格、星号(*)与行号、列号及总行数 N 的关系。

【例 2.44】 编程显示以下图形(共 n 行，n 由键盘输入)：

```
        *
       * *
      * * *
     * * * * *
    * * * * * *
     * * * * *
      * * * *
       * * *
        *
```

程序分析：

分成两部分完成：n=9 行。n1=(n+1)/2=5，n2=n−n1=4。

代码如下：

```
public class Ex3_19 {
    public static void main(String args[]) {
        int n = 9;
        int middle=(n+1)/2, spaceNum;
        for(int i=1; i<=middle; i++) { //打印星号前的空格
            spaceNum = middle - i;
            for(int j=1; j<=spaceNum; j++)
            { System.out.print(" "); }
            //打印星号
            for(int k=1; k<=2*i-1; k++)
            { System.out.print("*"); }
            System.out.println();
        }
        middle = (n+1)/2;
        for(int i=1; i<=middle; i++) { //打印星号前的空格
            spaceNum = middle - i;
            for(int j=1; j<=i; j++)
            { System.out.print(" "); }
            //打印星号
            for(int k=1; k<=2*spaceNum-1; k++)
            { System.out.print("*"); }
            System.out.println();
        }
    }
}
```

本 章 小 结

本章讲解了 Java 基本语法的相关知识，如数据类型、常量与变量的概念、运算符、表达式、数组的声明与创建、程序流程控制语句的使用，以及常用的程序设计方法等，为后续的 Java 面向对象编程学习奠定坚实的基础。

习　　题

(1) 上机练习一。

当我们把一种数据类型变量的值赋给另一种类型的变量时，就涉及到数据转换。当把在内存中占用字节数较少的变量的值赋给占字节数较多的变量时，系统自动完成数据类型的转换。例如，int x=50; float y; y=x; 如果输出 y 的值，结果将是 50.0 (当然 x 的值仍然是 50)。

当把在内存中占用字节数较多的变量的值赋给占字节数较少的变量时，必须使用强制类型转换。强制转换的格式为：(类型名)要转换的值。例如，float x=50.987; int y; y=(int)x; 如果输出 y 的值，结果将是 50(当然，x 的值仍然是 50.987)。强制转换可能会导致精度的损失。

上机运行下列程序，注意观察输出的结果：

```java
public class Data {
   public static void main(String args[]) {
      byte a=120; short b=250; int c=2200; long d=5000;
      char e; float f; double g=123456789.123456789;
      b=a; c=(int)d; f=(float)g; e=(char)b;
      System.out.println("a=  "+a); System.out.println("b=  "+b);
      System.out.println("c=  "+c); System.out.println("d=  "+d);
      System.out.println("e=  "+e); System.out.println("f=  "+f);
      System.out.println("g=  "+g);
   }
}
```

(2) 上机练习二。

System.out.println("你好");可输出串值，也可以使用 System.out.println()输出变量或表达式的值，只须使用并置符号"+"将变量、表达式或一个常数值与一个字符串并置即可，如 System.out.println(" "+x); System.out.println(":"+123+"大于"+122);等。

上机调试下列程序，注意观察结果，特别注意 System.out.print()和 System.out.println()的区别。

```java
public class Input {
   public static void main(String args[]) {
      int x=234, y=432;
      System.out.println(":" + x + "<" + 2*x);
      System.out.print("我输出结果后不回车");
      System.out.println("我输出结果后自动回车到下一行");
      System.out.println("x+y= "+(x+y));
      System.out.println("?" + x + y + "=234432");
   }
}
```

(3) 程序分析：计算表达式 x+a%3*(int)(x+y)%2/4 的值，设 x=2.5，a=7，y=4.7。

第 3 章

Java 面向对象编程机制

计算机程序告诉计算机应该做什么。计算机执行的任何操作都是由程序控制的。程序设计是将计算机要执行的操作或者计算机要解决的问题转变成程序的过程。

程序设计的过程主要分为面向过程编程和面向对象编程两种风格，本书讲解的 Java 语言编程属于面向对象编程技术。

本章要点

- 面向对象编程的基本思想。
- 类与对象。
- 抽象类与接口。
- Java 简单程序。

学习目标

- 理解面向对象编程的基本思想。
- 掌握 Java 运行环境的安装和环境变量的配置。
- 掌握类与对象的概念及创建方式。
- 掌握接口与抽象类的声明及创建方法。
- 掌握 Java 程序的分类与运行步骤。

3.1 面向对象编程的基本思想

程序员可以用各种程序语言编写指令，有些语言是计算机直接能理解的，有些则需经过中间的"翻译"步骤。无论如何，程序设计的核心是数据的处理。基于数据处理方式的不同，可将程序设计过程分为面向过程的程序设计和面向对象的程序设计。其中，传统的面向过程的编程设计思路是先设计一组函数，用来解决一个问题，然后再确定函数中需要处理数据的相应存储位置，即"算法+数据结构=程序"。而面向对象编程(Object Oriented Programming，OOP)的思路恰好相反，是先确定要处理的数据，然后再设计处理数据的算法，最后将数据和算法封装在一起，构成类与对象。

面向对象技术是一种设计和构造软件的全新技术，它使计算机解决问题的方式更符合人类的思维方式，更能直接地描述客观世界，通过增加代码的可重用性、可扩充性和程序自动生成功能来提高编程效率，并且能够大大减少软件维护的开销，所以被越来越多的软件设计人员接受。

面向对象技术是一种新的软件技术，从 20 世纪 60 年代提出面向对象的概念，到现在已发展成为一种比较成熟的编程思想，并且逐步成为目前软件开发领域的主流技术。同时，它并不局限于程序设计方面，也已经成为软件开发领域的一种方法论。它对信息科学、软件工程、人工智能和认知科学等都产生了重大影响，尤其在计算机科学与技术的各个方面，影响深远。通过面向对象技术，可以将客观世界直接映射到面向对象求解空间，从而为软件设计和系统开发带来革命性影响。

在面向对象程序设计方法出现之前，程序员用面向过程的方法开发程序。面向过程的方法把密切相关、相互依赖的数据和对数据的操作相互分离，这种实质上的依赖与形式上的分离使得大型程序不但难于编写，而且难于调试和修改。在多人合作中，程序员之间很难读懂对方的代码，更谈不上代码的重用。由于现代应用程序规模越来越大，对代码的可重用性与易维护性的要求也相应提高。面向对象技术便应运而生了。

面向对象技术是一种以对象为基础，以事件或消息来驱动对象执行处理的程序设计技术。它以数据为中心，而不是以功能为中心来描述系统，数据相对于功能而言，具有更强的稳定性。它将数据和对数据的操作封装在一起，作为一个整体来处理，采用数据抽象和信息隐蔽技术，将这个整体抽象成一种新的数据类型，称为类，并且考虑不同类之间的联系和类的重用性。类的集成度越高，就越适合大型应用程序的开发。另一方面，面向对象程序的控制流程由运行时各种事件的实际发生来触发，而不再由预定顺序来决定，这更符合实际。事件驱动程序的执行围绕消息的产生与处理，靠消息循环机制来实现。更重要的是，利用不断扩充的框架产品 MFC(Microsoft Foundation Classes)，在实际编程时可以采用搭积木的方式来组织程序，站在"巨人"肩上实现自己的愿望。面向对象的程序设计方法使得程序结构清晰、简单，提高了代码的重用性，有效地减少了程序的维护量，提高了软件的开发效率。

例如，可以用面向对象技术来解决学生管理方面的问题。此时重点应该放在学生上，要了解在管理工作中学生的主要属性、要对学生做些什么操作等，并且把它们作为一个整体来对待，形成一个类，称为学生类。作为学生类的实例，可以建立许多具体的学生，而每一个具体的学生就是学生类的一个对象。学生类中的数据和操作可以提供给相应的应用程序共享，还可以在学生类的基础上派生出大学生类、中学生类或小学生类等，实现代码的高度重用。

在结构上，面向对象程序与面向过程程序有很大不同。面向对象程序由类的定义和类的使用两部分组成，在主程序中定义各对象，并规定它们之间传递消息的规律，程序中的一切操作都是通过向对象发送消息来实现的，对象接到消息后，启动消息处理函数，完成相应的操作。

类与对象是面向对象程序设计中最基本且最重要的两个概念，在 3.2 节中，将详细介绍类与对象。

下面使用三种例子，来比较两种方法学的区别，各例程结果基本相同。

【例 3.1】用面向过程的 C 语言实现两数相加：

```c
#include <stdio.h>
int sum(int x, int y) {
   return x+y;
};
void main() {
   int a=3,b=4,c=5,d=6;
   printf("a+b=%d\n", sum(a,b));
   printf("c+d=%d\n", sum(c,d));
}
```

【例 3.2】用过程化的面向对象 C++语言实现：

```cpp
#include <iostream.h>
class Calculate {
```

```
public:
    int sum(int x, int y) {
        return x+y;
    }
};
void main() {
    int a=3,b=4,c=5,d=6;
    Calculate obj;
    cout<<obj.sum(a,b)<<endl;
    cout<<obj.sum(c,d)<<endl;
}
```

【例 3.3】 用纯面向对象的 Java 语言实现:

```
class Calculate {
    int sum(int x, int y) {
        return x+y;
    }
    public static void main(String[] args) {
        Calculate obj = new Calculate();
        int a=3, b=4, c=5, d=6;
        System.out.println(obj.sum(a,b));
        System.out.println(obj.sum(c,d));
    }
}
```

3.2 类 与 对 象

3.2.1 类与对象

与人们认识客观世界的规律一样,面向对象技术认为,客观世界是由各种各样的对象组成的,每种对象都有各自的内部状态和运动规律,不同对象间的相互作用和联系就构成了各种不同的系统,构成了客观世界。在面向对象程序中,客观世界被描绘成一系列完全自治、封装的对象,这些对象通过外部接口访问其他对象。可见,对象是组成一个系统的基本逻辑单元,是一个有组织形式的含有信息的实体。而类是创建对象的样板,在整体上代表一组对象,编程时设计类而不是设计对象,这样可以避免重复编码。因为类只需要编码一次,就可以创建本类的所有对象。

对象(Object)由属性(Attribute)和行为(Action)两部分组成。对象只有在具有属性和行为的情况下才有意义,属性是用来描述对象静态特征的一个数据项,行为是用来描述对象动态特征的一个操作。对象是包含客观事物特征的抽象实体,是属性和行为的封装体,在程序设计领域,可以用"对象=数据+作用于这些数据上的操作"这一公式来表达。

类(Class)是具有相同属性和行为的一组对象的集合,它为属于该类的全部对象提供了统一的抽象描述,其内部包括属性和行为两个主要部分,类是对象集合的再抽象。

类与对象的关系如同一个模具与用这个模具铸造出来的铸件之间的关系。类给出了属于该类的全部对象的抽象定义,而对象则是符合这种定义的一个实体。所以,一个对象又称作类的一个实例(Instance)。

在面向对象程序设计中，类的确定与划分非常重要，是软件开发中关键的一步，划分的结果会直接影响到软件系统的质量。如果划分得当，既有利于程序进行扩充，又可以提高代码的可重用性。因此，在解决实际问题时，需要正确地进行分"类"。理解一个类究竟表示哪一组对象，如何把实际问题中的事物汇聚成一个个"类"，而不是一组数据。这是面向对象程序设计中的一个难点。类的确定和划分并没有统一的标准和固定的方法，基本上依赖设计人员的经验、技巧以及对实际问题的把握。但有一个基本原则：寻求一个大系统中事物的共性，将具有共性的系统成分确定为一个类。确定类的步骤包括：第一步，要判断该事物是否有多个实例，如果有，则它是一个类；第二步，要判断类的实例中有没有绝对的不同点，如果没有，则它是一个类。

另外，还要知道什么事物不能被划分为类。不能把一组函数组合在一起构成类，也就是说，不能把一个面向过程的模块直接变成类。

类和对象是 OOP 中最基本的两个概念，其实它们是比较容易理解的，简而言之，类是对象的模板，对象是类的具体实现。

对象创建即是实例化，实例化是将类的属性设定为确定值的过程，是"一般"到"具体"的过程；类的定义即是抽象，抽象是从特定的实例中抽取共同的性质以形成一般化概念的过程，是"具体"到"一般"的过程。

1. 类的定义

关于"类"，具有四个方面的含义：
- 类是具有共同属性和行为的对象的抽象。
- 类可以定义为数据和方法的集合。
- 类也称为模板，因为它们提供了对象的基本框架。
- 类是对象的类型，在语句中相当于数据类型使用。

Java 中，类定义的一般格式为：

```
[类修饰符] class <类名称> [extends <父类名>] [implements <接口名>] {
  [static { }] //静态块
   [成员修饰符]  数据类型 成员变量1;
   [成员修饰符]  数据类型 成员变量2;
   ……   //其他成员变量
   [成员修饰符]  返回值类型 成员方法1(参数列表)
   {    }
   [成员修饰符]  返回值类型 成员方法2(参数列表)
   {    }
   ……//其他成员方法
}
```

【例 3.4】 举例说明类的定义方法，定义一个描述圆的类，并能根据给定的半径计算和显示圆的面积。代码如下：

```
public class Circle { //类开始
   private float fRadius;          //成员变量
   final float PI = 3.14f;         //定义常变量 PI
```

```
        void setRadius(float fR) {    //设置圆半径
            fRadius = fR;
        }
        void showArea() {    //显示圆面积
            System.out.println("The area of circle is " + fRadius*fRadius*PI);
        }
        public static void main(String[ ]args) {    //主方法,即程序入口
            Circle circle = new Circle();    //创建圆类的对象
            circle.setRadius(5);    //引用对象方法,设置圆的半径
            circle.showArea();    //引用对象方法,显示圆的面积
        }
}
```

运行结果:

```
The area of circle is 78.5
```

在 Java 源程序代码中,除类模块之外,不包含任何游离于类模块之外的成分,如文件级变量和函数等。

2. 对象的创建

关于"对象",具有两方面的含义:

- 在现实世界中,对象是客观世界中的一个实体。
- 在计算机世界中,对象是一个可标识的存储区域对象,相当于变量。

Java 中,对象创建的一般格式为:

```
<类名称>  <对象名称> = new <类名称>(<参数列表>);
```

例如,上面例子中,创建圆 Circle 的对象 circle 的代码为:

```
Circle circle = new Circle()。
```

在 Java 语言中,规定类中的任何资源都是封装在类内部的,只有类内部成员才有权力调用和使用,其他外部类或者函数,包括主函数 Main,均无权直接访问,因此有了类相关对象的机制,只有指向某类的对象才有权力调用类中的成员变量和成员函数,其调用格式如下:

```
对象名.成员变量
对象名.成员方法()
```

例如,上面例子中的两句代码:

```
circle.setRadius(5);    //引用对象方法,设置圆的半径
circle.showArea();      //引用对象方法,显示圆的面积
```

3. 成员变量

成员变量声明或定义的完整格式为:

```
[成员访问修饰符]  [成员存储类型修饰符] 数据类型 成员变量[ = 初值];
```

格式说明如下。

(1) 类的成员变量在使用前必须加以声明,除了声明变量的数据类型外,还需要说明变量的访问属性和存储方式。访问修饰符包括 public、protected、private 和默认(即不带访问修饰符),存储类型修饰符包括 static、final、volatile、transient。Java 中允许为成员变量赋初值。

(2) 成员变量根据在内存中的存储方式和作用范围,可以分为类变量和实例变量。

(3) 访问成员变量的格式为"对象.成员变量",如果考虑 static 关键字,那么访问格式可细化为:

```
对象.实例成员变量
```

或者:

```
类名.静态成员变量
```

【例 3.5】使用成员变量的例子:

```java
public class Circle {    //类开始
    private float fRadius;    //成员变量
    void showRadius() {    //显示半径
        //int fRadius;    //局部变量必须初始化
        System.out.println("The Radius of circle is " + fRadius);
            //输出半径值
    }
    public static void main(String[]args) {    //主方法,即程序入口
        Circle circle = new Circle();        //创建圆类的对象
        circle.showRadius();    //引用对象方法,显示圆的半径
    }
}
```

运行结果:

```
The Radius of circle is 0.0
```

如果去掉代码第 4 行的注释,运行结果为:

```
variable fRadius might not have been initialized(提示变量 fRadius 尚未初始化)
```

4. 成员方法

成员方法声明的完整格式为:

```
[成员访问修饰符][成员存储类型修饰符] 数据类型 成员方法([参数列表])
  [throws Exception];
```

成员方法定义的完整格式为:

```
[成员访问修饰符][成员存储类型修饰符] 数据类型 成员方法([参数列表])
  [throws Exception] {
    [<类型> <局部变量>;]
    方法体语句;
}
```

成员方法格式的说明如下。

(1) 类的成员方法的声明或定义前，除了声明方法的返回值数据类型外，还需要说明方法的访问属性和存储方式。
- 访问修饰符包括 public、protected、private 和缺省。
- 存储类型修饰符包括 static、final、abstract、native、synchronized。

(2) 如果类体中一个方法只有声明，没有定义(即没有方法体)，则此方法是抽象的，且类体和方法体前都须加 abstract。

(3) 访问成员方法的格式为"对象.成员方法"，如果考虑 static 关键字，那么访问格式可细化为：

对象.实例成员方法

或者：

类名.静态成员方法

(4) 方法按返回值，可分为无返回值的方法和有返回值的方法。

【例 3.6】方法返回值的作用：

```
public class Circle {   //类开始
    private float fRadius;    //成员变量
    final float PI = 3.14f;      //定义常量 PI
    void setRadius(float fR) {  //设置圆的半径
        fRadius = fR;
    }
    float getArea() {   //这里增加了带返回值的方法 getArea()
        return fRadius*fRadius*PI;
    }
    void showArea() {   //显示圆的面积
        //输出 getArea()值
        System.out.println("The area of circle is " + getArea());
    }
    public static void main(String[] args) {  //主方法，即程序入口
        Circle circle = new Circle();     //创建圆类的对象
        circle.setRadius(5);  //引用对象方法，设置圆的半径
        circle.showArea();    //引用对象方法，显示圆的面积
    }
}
```

(5) 方法的参数列表：在声明方法中的参数时，需要说明参数的类型和个数。参数之间用逗号隔开，参数的数据类型可以是 Java 认可的任何数据类型。参数名称在它的作用范围内是唯一的，即同一个方法中的参数名称不能相同。

【例 3.7】对象作为方法的参数：

```
class Complex {
    int real, virtual;
    public Complex(int r, int v) {
        real = r;
        virtual = v;
    }
```

```java
    void showValue() {
        System.out.println("复数值为: " + real + "." + virtual);
    }
    static Complex addComplex(Complex c1, Complex c2) {
        Complex c = new Complex(0, 0);
        c.real = c1.real+c2.real;
        c.virtual = c1.virtual + c2.virtual;
        return c;
    }
}
public class ObjectParaDemo {

    public static void main(String[] args) {
        Complex c, c1, c2;
        c1 = new Complex(2,3);
        c2 = new Complex(4,5);
        c = Complex.addComplex(c1,c2);
        c.showValue();
    }
}
```

【例 3.8】通过引用改变对象的值:

```java
class Timer {
    int minute, second;
    public Timer(int m, int s) {
        minute = m;
        second = s;
    }
    void showTime() {
        System.out.println("现在的时间是: " + minute + "分" + second + "秒");
    }
    static void swapTime(Timer t1, Timer t2) {
        Timer t = t1; //定义了局部变量t,利用t交换t1和t2的值
        t1=t2; t2=t;
    }
}
public class ReferenceDemo {
    public static void main(String[] args) {
        Timer t1 = new Timer(9,10);
        Timer t2 = new Timer(11,12);
        t1.showTime();
        t2.showTime();
        System.out.println("使用swapTime方法交换Timer实例后: ");
        Timer.swapTime(t1,t2);
        t1.showTime();
        t2.showTime();
    }
}
```

【例 3.9】方法的重载:

```java
public class Sum {
    static int add(int x, int y) {
        return x+y;
    }
    static int add(int x, int y, int z) {
        return x+y+z;
    }
    static float add(float x, float y) {
        return x+y;
    }
    public static void main(String[] args) {
        System.out.println(add(2,3));
        System.out.println(add(2,3,4));
        System.out.println(add(2.1f,3.2f));
    }
}
```

5. 构造方法

构造方法是一种特殊的方法，用来创建类的实例，用于给对象进行初始化，它具有针对性，是一种特殊的成员函数。一个类在定义时，如果没有定义过构造函数，那么该类中会自动生成一个空参数的构造函数，完成初始化。如果在类中自定义了构造函数，那么默认的构造函数就没有了。

一个类中，可以有多个构造函数，因为它们的函数名称都相同，所以只能通过参数列表来区分。所以，一个类中如果出现多个构造函数，它们的存在是以重载体现的。

声明构造方法时，可以附加访问修饰符，但没有返回值，不能指定返回类型。

构造方法名必须与类同名。调用构造方法创建实例时，用 new 运算符加构造方法名的形式创建，下面通过几个例子说明构造方法的使用。

【例 3.10】使用普通成员方法来为对象的成员属性赋值：

```java
public class Timer {
    int hour, minute, second;
    void setTime(int h, int m, int s) {   //用来赋值的成员方法
        hour = h;
        minute = m;
        second = s;
    }
    void showTime() {
        System.out.println(
            "现在的时间是: " + hour + ":" + minute + ":" + second);
    }
    public static void main(String[] args) {
        Timer t1 = new Timer();
        t1.setTime(10, 11, 12);
        t1.showTime();
    }
}
```

【例 3.11】 使用构造方法的例子:

```java
public class Timer {
   int hour, minute, second;
   public Timer(int h, int m, int s) {    //自定义的构造方法
      hour = h;
      minute = m;
      second = s;
   }
   void showTime() {
      System.out.println(
        "现在时间是: " + hour + ":" + minute + ":" + second);
   }
   public static void main(String[] args) {
      Timer t1 = new Timer(10, 11, 12);
      t1.showTime();
   }
}
```

【例 3.12】 使用默认构造方法的例子:

```java
public class Timer {
   int hour, minute, second;
   //public Timer() {}        //默认构造方法,此方法可以省略
   public static void main(String[] args) {
      Timer t1 = new Timer();
   }
}
```

【例 3.13】 默认构造方法与自定义构造方法的例子:

```java
public class Timer {
   int hour, minute, second;
   public Timer() {           //默认构造方法,此例中不能省略
      //下面的赋值语句不写也可,创建实例时,会按照成员变量的默认值规则赋值
      hour = 0;
      minute = 0;
      second = 0;
   }
   public Timer(int h, int m, int s) {    //自定义的构造方法
      hour = h;
      minute = m;
      second = s;
   }
   void showTime() {
      System.out.println(
        "现在时间是: " + hour + ":" + minute + ":" + second);
   }
   public static void main(String[] args) {
      Timer t1 = new Timer(10, 11, 12);
      t1.showTime();
      Timer t2 = new Timer();         //调用了默认构造方法创建实例
```

```
        t2.showTime();
    }
}
```

6. Java 访问控制修饰符

面向对象"封装"的基本思路是,将成员属性设为 private,使用户不能直接访问;将成员方法设为 public,然后通过 public 成员方法访问 private 成员属性。封装虽然最大限度地保证了数据访问的安全,但 private 成员仅可供本类内的方法访问,限制太严格。为了能够灵活控制这些访问需求,面向对象编程提供了其他一些访问控制修饰符,来控制在类、包内外部的访问权限。

在 Java 中,访问控制共有四个等级,分别是:public、protected、private、默认。

按照访问控制权限的高低排序为:public→protected→默认→private。

功能说明如下:

- 当成员被声明为 public 时,该成员可以被程序的任何代码模块访问。
- 当成员被声明为 protected 时,该成员只可以被该类子类的程序代码模块访问。
- 当缺省,即没有访问修饰符时,该成员只可以被该类所在包的类的程序代码模块访问。
- 当成员被声明为 private 时,该成员只可以被本类程序代码模块访问。

【例 3.14】private 访问控制修饰符的作用:

```
class Access {
    private int data;   //private 属性成员只能被本类访问
    void show() {
        System.out.println("data's value is : " + data);
    }
}
public class AccessDemo {
    public static void main(String[] args) {
        Access obj = new Access();
        obj.show();
        System.out.println("object's data is :" + obj.data);
    }
}
```

程序无法编译,会提示如下错误信息:

```
AccessDemo.java: data has private access in Access
```

错误提示表明,代码中访问了一个 Access 类的私有属性 data,原因是 private 属性成员只能被本类访问,将第 2 行代码 data 成员变量的 private 修饰符去掉,即可正常运行。

【例 3.15】理解 main()方法在类中的地位:

```
public class AccessDemo {
    private int data;
    void show() {
        System.out.println("data's value is : " + data);
    }
```

```java
    public static void main(String[] args) {
        AccessDemo obj = new AccessDemo();
        obj.show();
        System.out.println("object's data is:" + obj.data); //调用私有成员
    }
}
```

运行结果：

```
data's value is: 0
object's data is:0
```

虽然 data 成员变量仍然是 private，但因为 main()方法与 data 在同一类体中，可以访问。这说明了一个事实：main()方法也是类的成员方法，只不过 main()方法和类的构造方法不参与继承。

7．this 和 super 关键字

this 是对象的别名，是当前类的当前实例的引用，而 super 是当前类父类实例的引用。

(1) this 关键字。

this 用于类的成员方法的内部，用于代替调用这个方法的实例。this 本质上是一个指针，指向操作当前方法的那个实例，这与 C++的 this 指针完全相同，但因为 Java 中没有显式指针，我们可以把它理解成引用(即隐式指针)。如果方法中的成员调用前没有操作实例名，实际上默认省略了 this。

【例 3.16】 this 关键字的使用：

```java
class Children {
    int age;    //age 是成员变量，属于全局变量
    void setAge(int age) {   //age 是局部变量
        this.age = age;    //此处的 this.age 代表成员变量
        //this 代表代码第 8 行的实例 children
    }
    public static void main(String args[]) {
        Children children = new Children();
        children.setAge(9); //实例 children 操作了 setAge 方法
    }
}
```

(2) super 关键字。

super 有两种调用形式：

```
super      //代表父类的实例
super()    //代表父类的构造方法
```

【例 3.17】 super 关键字的使用：

```java
class Children extends Parent {
    String cName;    //子女姓名
    char cSex;       //子女性别
    Children(String pName, String cName, char cSex) {
        super(pName);         //利用 super()调用父类构造方法
```

```java
        this.cName = cName;    //this.strName 表示当前类成员
        this.cSex = cSex;      //this.cSex 表示当前类成员
    }

    /*--- 定义布尔型方法，判断 this 是否为 Children 的对象的引用 ---*/
    boolean isChildren() {
        if(this instanceof Children)
            return true;
        else
            return false;
    }
    void showFamilyInfo() {
        System.out.println("父母名称: " + super.pName);//用 super 引用父类实例
        System.out.println("子女名称: " + cName);
        System.out.println("子女性别: " + cSex);
    }

    public static void main(String[] args) {
        Children children = new Children("刘强，王丽", "刘华", 'F');
        System.out.println("this 为当前类的实例吗? "+children.isChildren());
        children.showFamilyInfo();
    }
}
```

运行结果：

```
this 为当前类的实例吗? True
父母名称: 刘强，王丽
子女名称: 刘华
子女性别: F
```

3.2.2 面向对象技术的基本特征

面向对象技术强调在软件开发过程中面向客观世界或问题域中的事物，采用人类在认识客观世界的过程中普遍运用的思维方法，直观、自然地描述客观世界中的有关事物。

面向对象技术的基本特征主要有抽象性、封装性、继承性和多态性等。

1. 抽象性

把众多的事物进行归纳、分类，是人们在认识客观世界时经常采用的思维方法，"物以类聚，人以群分"就是分类的意思，分类所依据的原则是抽象。抽象(Abstract)就是忽略事物中与当前目标无关的非本质特征，更注意与当前目标有关的本质特征。从而找出事物的共性，并把具有共性的事物划为一类，得到一个抽象的概念。例如，在设计一个学生成绩管理系统的过程中，考察学生张华这个对象时，就只关心他的班级、学号、成绩等，而忽略他的身高、体重等信息。因此，抽象性是对事物的抽象概括描述，实现了客观世界向计算机世界的转化。将客观事物抽象成对象及类，是比较难的过程，也是面向对象方法的第一步。例如，将学生抽象成对象及类的过程，如图 3-1 所示。

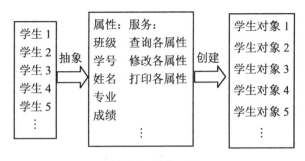

图 3-1　抽象过程

2．封装性

封装(Encapsulation)就是把对象的属性和行为结合成一个独立的单位，并尽可能隐蔽对象的内部细节。图 3-1 中的学生类也反映了封装性。

封装有两个含义：一是把对象的全部属性和行为结合在一起，形成一个不可分割的独立单位，对象的属性值(除了公有的属性值)只能由这个对象的行为来读取和修改；二是尽可能隐蔽对象的内部细节，对外形成一道屏障，与外部的联系只能通过外部接口实现。

封装的信息隐蔽作用反映了事物的相对独立性，可以只关心它对外所提供的接口，即能做什么，而不注意其内部细节，即怎么提供这些服务等。

例如，用陶瓷封装起来的一块集成电路芯片，其内部电路是不可见的，而且使用者也不关心它的内部结构，只关心芯片引脚的个数、引脚的电气参数及引脚提供的功能，利用这些引脚，使用者将各种不同的芯片连接起来，就能组装成具有一定功能的模块。

封装的结果，使对象以外的部分不能随意存取对象的内部属性，从而有效地避免了外部错误对它的影响，大大减小了查错和排错的难度。另一方面，当对象内部进行修改时，由于它只通过少量的外部接口对外提供服务，因此，同样减小了内部的修改对外部的影响。同时，如果一味地强调封装，则对象的任何属性都不允许外部直接存取，要增加许多没有其他意义、只负责读或写的行为，这为编程工作增加了负担，增加了运行开销，并且使得程序显得臃肿。为了避免这一问题，在语言的具体实现过程中，应使对象有不同程度的可见性，进而与客观世界的具体情况相符合。

封装机制将对象的使用者与设计者分开，使用者不必知道对象行为实现的细节，只需要用设计者提供的外部接口，让对象去做。封装的结果，实际上隐蔽了复杂性，并提供了代码重用性，从而降低了软件开发的难度。

3．继承性

客观事物既有共性，也有特性。如果只考虑事物的共性，而不考虑事物的特性，就不能反映出客观世界中事物之间的层次关系，不能完整、正确地对客观世界进行抽象描述。运用抽象的原则就是舍弃对象的特性，提取其共性，从而得到适合一个对象集的类。如果在这个类的基础上，再考虑抽象过程中被舍弃的一部分对象的特性，则可形成一个新的类，这个类具有前一个类的全部特征，是前一个类的子集，形成一种层次结构，即继承结构，如图 3-2 所示。

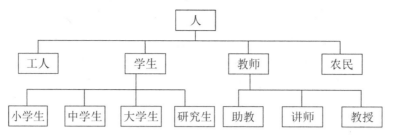

图 3-2 类的继承结构

继承(Inheritance)是一种联结类与类的层次模型。继承性是指特殊类的对象拥有其一般类的属性和行为。继承意味着"自动地拥有",即特殊类中不必重新定义已在一般类中定义过的属性和行为,而它却自动地、隐含地拥有其一般类的属性与行为。继承允许和鼓励类的重用,提供了一种明确表述共性的方法。一个特殊类既有自己新定义的属性和行为,又有继承下来的属性和行为。尽管继承下来的属性和行为是隐式的,但无论在概念上还是在实际效果上,都是这个类的属性及行为。当这个特殊类又被它更下层的特殊类继承时,它继承来的和自己定义的属性及行为又被下一层的特殊类继承下去。因此,继承是传递的,体现了大自然中特殊与一般的关系。下面举例说明类继承机制的定义方法。

【例 3.18】类继承的作用:

```
class Children extends Parent {
    int age;          //子类自定义的成员变量
    Children(String cName, int cAge) {   //构造方法
        //super();              //默认省略了此语句
        name = cName;           //name 属性继承自父类 Parent
        age = cAge;
    }
    public static void main(String[] args) {
        Children children = new Children("王强", 10);
        children.showInfo();    //showInfo()方法继承自父类 Parent
    }
}
```

运行结果:

姓名:王强

由此可见,继承是对客观世界的直接反映,通过类的继承,能够实现对问题的深入抽象描述,反映出人类认识问题的发展过程。

在软件开发过程中,继承性实现了软件模块的可重用性、独立性,缩短了开发周期,提高了软件开发的效率,同时,使软件易于维护和修改。

4. 多态性

面向对象设计借鉴了客观世界的多态性,体现在不同的对象收到相同的消息时,会产生多种不同的行为方式。例如,在一般类"几何图形"中定义了一个行为"绘图",但并不确定执行时到底画一个什么图形。特殊类"椭圆"和"多边形"都继承了几何图形类的

绘图行为，但其功能却不同，一个是要画出一个椭圆，另一个是要画出一个多边形。这样，一个绘图消息发出后，椭圆、多边形等类的对象接收到这个消息后，各自执行不同的绘图函数，如图 3-3 所示，这就是多态性的表现。

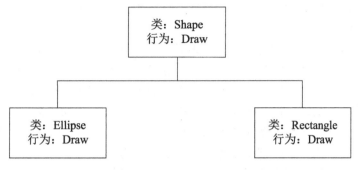

图 3-3 多态性示意

具体地说，多态性(Polymorphism)是指类中同一函数名对应多个具有相似功能的不同函数，可以使用相同的调用方式来调用这些具有不同功能的同名函数。通过类的继承，子类可以使用父类的成员变量和成员方法。但当子类重新定义了与父类同名的方法时，子类方法的功能将会覆盖父类同名方法的功能，这叫作方法"重写"。同样，当子类的成员变量与父类的成员变量同名时，在子类中将隐藏父类同名变量的值，这叫作变量覆盖。另外，还须注意下面的两条限制。

(1) 重写的方法不能比被重写的方法拥有更严格的访问权限。
(2) 重写的方法不能比被重写的方法产生更多的异常。

【例 3.19】成员方法重写：

```
class Children extends Parent {
    String name;        //子女姓名
    int age;
    Children(String cName, char cSex, int cAge) {   //构造方法
        //super();        //默认省略了此语句
        name=cName; sex=cSex; age=cAge;
    }
    void showInfo() {    //显示子类实例信息，重写了父类的showInfo()方法
        System.out.println("孩子的姓名：" + name);
        System.out.println("孩子的性别：" + sex);
        System.out.println("孩子的年龄：" + age);
    }
    public static void main(String[] args) {
        Children children = new Children("王强", 'M', 10);
        //System.out.println("子类信息如下：");
        children.showInfo();
    }
}
```

运行结果：

孩子的姓名：王强

孩子的性别：M
孩子的年龄：10
```

继承性和多态性的结合，可以生成一系列虽类似但却独一无二的对象。由于继承性，这些对象共享许多相似的特征；由于多态性，针对相同的消息，不同对象可以有独特的表现方式，实现特性化的设计。

面向对象技术四大特征的充分运用，为提高软件开发效率起着重要的作用。面向对象技术可使程序员不必反复地编写类似的程序，通过继承机制进行特殊类化的过程，使得程序设计变成仅对特殊类与一般类的差异进行编程的过程。当高质量的代码可重复使用时，复杂性就得以降低，效率则得到提高。不断扩充的 MFC 类库和继承机制能很大程度地提高开发人员建立、扩充和维护系统的能力。面向对象技术将数据与操作封装在一起，简化了调用过程，方便了维护，并减少了程序设计过程中出错的可能性。继承性和封装性使得应用程序的修改带来的影响更加局部化，而且类中的操作是易于修改的，因为它们被放在唯一的地方。因此，采用面向对象技术进行程序设计具有开发时间短、效率高、可靠性好、所开发的程序更强壮等优点。

## 3.3 接口和抽象类

在面向对象的概念中，所有的对象都是通过类来描绘的，但是，并不是所有的类都是用来描绘对象的，也有一种类，它没有包含足够的信息来描绘一个具体的对象，这样的类就是抽象类。

抽象类往往用来表征我们在对问题领域进行分析、设计时得出的抽象概念，是对一系列看上去不同，但是本质上相同的具体概念的抽象，我们不能把它们实例化，因此称为抽象。比如，我们要描述"水果"，它就是一个抽象，它有质量、体积等一些共性，但又缺乏特性，我们拿不出唯一一种能代表水果的东西，因为苹果、橘子都不能代表水果，此时可用抽象类来描述它，所以抽象类是不能够实例化的。

当我们用某个类来具体描述"苹果"时，这个类就可以继承描述"水果"的抽象类，从而推导出"苹果"是一种"水果"。

在面向对象领域，抽象类主要用来进行类型隐藏。我们可以构造出一组固定行为的抽象描述，但是，这组行为却能够有任意个可能的具体实现方式。这个抽象描述就是抽象类，而这一组任意个可能的具体实现方式，则表现为这个抽象类的所有派生类。

接口和抽象类中的所有抽象方法不能有具体实现，而应在它们的子类中实现所有的抽象方法，Java 的设计者为抽象方法的灵活性考虑，让每个子类可根据自己的需要来实现抽象方法，即要求必须有函数体。

**1. 抽象类的定义**

抽象类(Abstract Class)的定义方式如下：

```
public abstract class AbstractClass { //里面至少有一个抽象方法
    public int t; //普通数据成员
    public abstract void method1();
      //抽象方法，抽象类的子类在类中必须实现抽象类中的抽象方法
```
```

```java
    public abstract void method2();
    public void method3();  //非抽象方法
    public int method4();
    public int method4() {
        ... //抽象类中可以赋予非抽象方法默认的行为,即方法的具体实现
    }
    public void method3() {
        ... //抽象类中可以赋予非抽象方法的行为,即方法的具体实现
    }
}
```

【例 3.20】抽象类举例:

```java
public abstract class State {  //抽象类 State
    public abstract void startUp(Vehicle vehicle);
    public abstract void stop(Vehicle vehicle);
}
//继承抽象类 State
public class VehicleMoveState extends State {
    public void startUp(Vehicle vehicle) {
        System.out.println(vehicle.getName() + "已经在运动状态了");
    }
    public void stop(Vehicle vehicle) {
        System.out.println(vehicle.getName() + "停止运动");
        vehicle.setState(vehicle.getRestState());
    }
}

//继承抽象类 State
public class VehicleRestState extends State {
    public void startUp(Vehicle vehicle) {
        System.out.println(vehicle.getName() + "开始运动");
        vehicle.setState(vehicle.getMoveState());
    }
    public void stop(Vehicle vehicle) {
        System.out.println(vehicle.getName() + "已经是静止状态了");
    }
}
public class Vehicle {
    static State moveState, restState;
    static State state;
    String name;
    Vehicle(String name) {
        this.name = name;
        moveState = new VehicleMoveState();
        restState = new VehicleRestState();
        state = restState;                    //车辆的默认状态是静止状态
    }
    public void startUp() {
        state.startUp(this);
    }
    public void stop() {
```

```
        state.stop(this);
    }
    public void setState(State state) {
        this.state = state;
    }
    public State getMoveState() {
        return moveState;
    }
    public State getRestState() {
        return restState;
    }
    public String getName() {
        return name;
    }
}
public class Application {
    public static void main(String args[]) {
        Vehicle carOne = new Vehicle("卧铺车厢");
        Vehicle carTwo = new Vehicle("普通车厢");
        carOne.startUp();
        carTwo.startUp();
        carTwo.stop();
        carOne.stop();
    }
}
```

2. 接口的定义

接口(interface)的定义方式如下：

```
public interface Interface {
    static final int i = 1;
    //接口中不能有普通数据成员，只能够有静态的不能被修改的数据成员，static 表示全局，
    //final 表示不可修改，可以不用 static final 修饰，会隐式声明为 static 和 final
    public void method1(); //接口中的方法一定是抽象方法，所以不用 abstract 修饰
    public void method2(); //接口中不能赋予方法的默认行为，即不能有方法的具体实现
}
```

【例 3.21】接口举例：

```
public interface TemperatureState { //创建接口 TemperatureState
    public void showTemperature();
}
//实现接口 TemperatureState
public class HeightState implements TemperatureState {
    double n = 26;
    HeightState(int n) {
        if(n > 26)
            this.n = n;
    }
    public void showTemperature() {
        System.out.println("现在温度是" + n + "属于高温度");
```

```java
    }
}
//实现接口TemperatureState
public class MiddleState implements TemperatureState {
    double n = 10;
    MiddleState(int n) {
        if(n>0 && n<=26)
            this.n = n;
    }
    public void showTemperature() {
        System.out.println("现在温度是" + n + "属于正常温度");
    }
}
//实现接口TemperatureState
public class LowState implements TemperatureState {
    double n = 0;
    LowState(double n) {
        if(n <= 0)
            this.n = n;
    }
    public void showTemperature() {
        System.out.println("现在温度是" + n + "属于低温度");
    }
}
public class Thermometer {
    TemperatureState state;
    public void showMessage() {
        System.out.println("***********");
        state.showTemperature();
        System.out.println("***********");
    }
    public void setState(TemperatureState state) {
        this.state = state;
    }
}
public class Application {
    public static void main(String args[]) {
        TemperatureState state = new LowState(-12);
        Thermometer thermometer = new Thermometer();
        thermometer.setState(state);
        thermometer.showMessage();
        state = new MiddleState(20);
        thermometer.setState(state);
        thermometer.showMessage();
        state = new HeightState(39);
        thermometer.setState(state);
        thermometer.showMessage();
    }
}
```

3. 接口与抽象类的区别

(1) 接口的缺点：如果向一个 Java 接口加入一个新的方法，所有实现这个接口的类都得编写具体的实现。

(2) 接口的优点：一个类可以实现多个接口，接口可以让这个类不仅具有主类型的行为，而且具有其他的次要行为，比如 HashMap 接口的主要类型是 Map，而 Cloneable 接口使它具有一个次要类型，这个类型说明它可以安全地克隆。

(3) 抽象类的缺点：一个类只能由一个超类继承，所以抽象类作为类型定义工具的效能大打折扣。

(4) 抽象类的优点：具体类可从抽象类自动得到这些方法的默认实现。

根据接口和抽象类各自的优缺点，总结出抽象类与接口的区别如下：

- 抽象类可以包含部分方法的实现，这是抽象类优于接口的一个主要地方。
- Java 是单继承的，每个类只能从一个抽象类继承，但是每个类可以实现多个接口。使用接口还可以实现混合类型的类。接口可以继承多个接口，即接口间可以多重继承。
- 将类抽取出通用部分作为接口容易，要作为抽象类则不太方便，因为这个类有可能已经继承自另一个类。

简而言之，抽象类是一种功能不全的类，接口只是一个抽象方法声明和静态不能被修改的数据的集合，两者都不能被实例化。从某种意义上说，接口是一种特殊形式的抽象类，在 Java 语言中，抽象类表示的是一种继承关系，一个类只能继承一个抽象类，而一个类却可以实现多个接口。在许多情况下，如果不需要刻意表达属性上的继承的话，接口确实可以代替抽象类。

本 章 小 结

本章主要介绍面向对象编程的重要机制——类、对象、抽象类和接口等，更加深入地体会 Java 语言的面向对象特征。

习 题

(1) 上机练习题。请使用 Java 中的面向对象编程机制实现下列编程题目。

题目一：某公司采用公用电话传递数据，数据是四位的整数，在传递过程中是加密的，加密规则如下——每位数字都加上 5，然后用和除以 10 的余数代替该数字，再将第一位和第四位交换，第二位和第三位交换。

题目二：海滩上有一堆桃子，五只猴子来分。第一只猴子把这堆桃子平均分为五份，多了一个，这只猴子把多的一个扔入海中，拿走了一份。第二只猴子把剩下的桃子又平均分成五份，又多了一个，它同样把多的一个扔入海中，拿走了一份。第三、第四、第五只猴子都是这样做的，问海滩上原来最少有多少个桃子？

(2) 简述 Java 中抽象类与接口的区别。

第 4 章

异常处理与线程

程序运行中出现异常就会终止程序。而我们可以通过捕获异常，使异常后面的程序正常运行。例如写个程序读取文件，但是读到一半出错了，如果不处理异常，那就会连后面的程序也不运行了，然而我们处理了异常，就让异常后面的程序段能够正常运行。关闭文件、释放资源等均需要异常处理。

本章要点

- 异常处理的概念。
- 异常处理机制的实现。
- 线程的创建及定义。
- 线程的调度及同步。

学习目标

- 理解 Java 异常处理的概念及基本思想。
- 掌握 Java 异常处理机制的实现。
- 掌握 Java 线程的概念与创建方式。
- 掌握 Java 线程的使用与应用方法。

4.1 异 常 处 理

4.1.1 异常处理结构

异常就是不正常，程序在运行时出现的不正常情况，其实就是程序中出现了问题。这个问题按照面向对象思想进行描述，并封装成了对象。因为问题的产生有产生的原因、问题的名称、问题的描述等多个属性信息存在，所以最简单的解决方式就是将这些信息进行封装，从而避免信息之间的混淆。异常就是 Java 按照面向对象的思想将问题进行封装取得的，这样就便于问题的操作及处理等。

出现的问题有很多种，比如下标越界、空指针等。对这些问题进行分类的话，主要有以下三种。

- 语法错误：编译时被检测出来的错误，这种错误一旦产生，并不会生成运行代码。这种错误是因为没有遵循 Java 语言的语法规则而产生的，所以要在编译阶段排除，否则程序就不可能运行。
- 运行错误：在程序运行时，代码序列中产生的一种出错情况。这种运行错误倘若没有及时进行处理，可能会造成程序中断、数据遗失乃至系统崩溃等。这种运行错误也就是我们常说的"异常"。
- 逻辑错误：是指程序编译正常，也能运行，但结果不是人们所期待的。

这些问题都有共性内容，比如每一个问题都有名称，同时还有问题描述的信息、问题出现的位置，所以可以不断地向上抽取其共性内容，形成异常体系。异常处理的主要目的，是即使在程序运行时发生了错误，也要保证程序能正常结束，避免由于错误而使正在运行的程序中途停止。

异常(Exception)是特殊的运行错误对象，对应着 Java 语言特定的运行错误处理机制。在 Java 程序运行过程中，产生的异常通常有三种类型。

(1) Java 虚拟机由于某些内部错误产生的异常。这类异常不在用户程序的控制之内，也不需要用户处理这类异常。

(2) 标准异常类，是由 Java 系统预先定义好的。这类异常是由程序代码中的错误而产生的，如以零为除数的除法、访问数组下标范围以外的数组元素、访问空对象内的信息，这些均需要用户程序处理异常。

(3) 根据需要在用户程序中自定义的一些异常类，在 Java 中称为自定义异常类。

Java 中所有的异常都是用类表示的，在 Java 中预定义了很多异常类，每一个都代表一种类型的运行错误。当程序发生异常时，会生成某个异常类的对象，等待系统捕获。

Java 解释器可以监视程序中发生的异常，如果程序中产生的异常与系统中预定义的某个异常类相对应，系统就自动产生一个该异常类的对象，就可以用相应的机制处理异常，确保程序能够安全、正常地继续运行。异常对象中包含运行错误的信息和异常发生时程序的运行状态等。

异常是一个事件，它发生在程序运行期间，干扰了正常的指令流程。Java 通过 API 中 Throwable 类的众多子类描述各种不同的异常，因而 Java 异常都是对象，是 Throwable 子类的实例，描述了出现在一段编码中的错误条件。当条件生成时，错误将引发异常。

针对各种类型的异常，Java 定义了许多标准异常类，所有的 Java 异常类都是系统类库中的 Exception 类的子类，它们分布在 java.lang、java.io、java.util 和 java.net 包中。每个异常类对应一种特定的运行错误，各个异常类采用继承的方式进行组织。异常类的层次结构如图 4-1 所示。

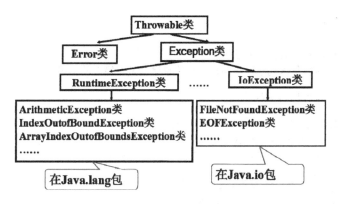

图 4-1　Java 异常类的层次结构

1. Throwable 类

Throwable 类属于 Java.lang 包，是所有异常类的父类。在 Throwable 类中定义了描述异常发生的位置和所有异常类共同需要的内容。它提供了一些构造函数和成员函数，其功能介绍如下。

(1) public Throwable()：以 null 作为错误信息串内容创建 Throwable 对象，同时调用该对象的另一方法 fillInStackTrace 记录异常发生的位置。

(2) public Throwable(String message)：以 message 的内容作为错误信息串创建 Throwable 对象，同时调用该对象的另一方法 fillInStackTrace 记录异常发生的位置。

(3) public String getMessage()：如果创建当前对象时以 message 的内容作为错误信息串，本方法返回串变量 message 的内容；若创建当前对象时未使用参数，则返回 null。

(4) public String toString()：若当前对象包含错误信息，本方法返回的字符串由三部分组成：当前对象的类名、一个冒号及空格和错误信息的字符串；若当前对象未包含错误信息，则仅返回当前对象的类名。

(5) public void printStackTrace()：将跟踪栈中的信息输出，输出的第一行是当前对象 toString()的返回值，其余各行是跟踪栈中的信息。

(6) public Trowable fillInStackTrace()：将当前异常对象的发生位置记录到跟踪栈对象中，如类、方法和所在文件的行号等。

2．Error 类

Error 类是 Throwable 类的子类，由系统保留，用户不能使用。也就是说，Error 类型的错误不允许用户插手处理，由 Java 系统自行处理。

Error 类描述系统错误，如将字节码装入内存的过程中和对字节码进行检查的过程中遇到的问题、Java 的内部错误、资源耗尽的情况。这类异常由 Java 直接处理，用户程序不需要处理此类异常。

3．Exception 类

Exception 类是 Throwable 类的子类，用户程序中可以直接使用 Exception 类处理 Exception 类型的异常。Exception 类继承了 Throwable 类的方法，同时，Exception 类有以下两个构造函数：

```
public Exception()
public Exception(String s)
//字符串 s 用来接收传入的字符串信息，该信息通常是对错误的描述
```

【例 4.1】 异常程序举例：

```
//Java 直接处理运行时异常
class TestSystemException {
    public static void main(String[] args) {
        int num[] = new int[2];
        for(int i=1; i<3; i++) {
            num[i] = i;
            System.out.println("num[" + i + "]=" + i);
        }
    }
}
```

4.1.2 异常的处理机制

一个好的应用程序，除了具备用户要求的功能外，还要求能预见程序执行过程中可能

产生的各种异常，并把处理异常的功能包括在用户程序中。异常处理机制是 Java 语言的重要特色之一。通过异常处理机制可防止程序执行期间因出现错误而造成不可预料的结果。

Java 对异常的处理涉及两方面的内容：
- 抛出(throw)异常。
- 捕捉(catch)异常。

如果程序在运行过程中出现了运行错误，并且产生的异常与系统中预定义的某个异常类相对应，系统就自动产生一个该异常类的对象，这个过程称为抛出(throw)异常。当有异常对象抛出时，将在程序中寻找处理这个异常的代码，如果找到处理代码，则把异常对象交给该段代码进行处理，这个过程称为捕捉(catch)异常。如果程序中没有给出处理异常的代码，则把异常交给 Java 运行系统默认的异常处理代码进行处理。默认的处理方式是首先显示描述异常信息的字符串，然后终止程序的运行。

1．异常的抛出(throw)

抛出异常有两种方式，由系统自动抛出和利用抛出语句抛出。

(1) 由系统自动抛出异常。

在程序运行过程中，如果出现了可被 Java 运行系统识别的错误，系统会自动产生与该错误相对应的异常类的对象，即自动抛出。

(2) 人为异常抛出。

人为异常抛出有两种方式。

① 利用 throws 语句，在方法头写出需要抛出的异常。

throws 语句抛出异常的格式为：

```
修饰符 返回值类型 方法名([形参表]) throws 异常类名1, 异常类名2, ……
{...}
```

在执行该方法的过程中，如果出现了由 throws 列出的异常，则可以抛出异常，并在程序中寻找处理这个异常的代码。如果程序中没有给出处理异常的代码，则把异常交给 Java 运行系统默认的异常处理代码进行处理。

【例 4.2】throws 语句举例：

```
class Throws_Exp {
    public static void main(String[] args)
      throws ArithmeticException, ArrayIndexOutOfBoundsException {
        int a=4, b=0, c[]={1,2,3,4,5};
        System.out.println(a/b);
        System.out.println(c[a+1]);
        System.out.println("end");
    }
}
```

② 利用 throw 语句，在方法体内抛出异常。

如果需要在方法内某个位置抛出异常，可以使用 throw 语句，通常将 throw 语句与 if 语句配合使用。

格式为：

```
throw  异常类对象名
throw  (new 异常类名());
```

执行 throw 语句时,程序终止执行后面的语句,在程序中寻找处理异常的代码,如果程序中没有给出处理代码,则把异常交给 Java 运行系统来处理。

【例 4.3】 throw 语句举例一:

```
class throw_Exp1 {
    public static void main(String[] args) {
        ArithmeticException e = new ArithmeticException();
        int a=4, b=0;
        System.out.println("Before ArithmeticException");
        if(b==0) throw e;
        System.out.println(a/b);
    }
}
```

【例 4.4】 throw 语句举例二:

```
class throw_Exp2 {
    public static void main(String[] args) {
        int a=5, c[]={1,2,3,4,5};
        System.out.println("Before throw ArrayIndexOutOfBoundsException");
        if(a>4) throw (new ArrayIndexOutOfBoundsException());
        System.out.println("After throw ArrayIndexOutOfBoundsException");
    }
}
```

【例 4.5】 throw 语句举例三:

```
class throw_Exp3 {
    public static void main(String[] args) {
        int a=5, b=0, c[]={1,2,3,4,5};
        System.out.println("Before throw");
        if(b==0) throw (new ArithmeticException());
        System.out.println(a/b);
        if(a>4) throw (new ArrayIndexOutOfBoundsException());
        System.out.println(a/b);
    }
}
```

2. 捕捉异常(catch)

在前面给出的例子中,由于程序中都没有给出处理异常的代码,因此抛出的异常都被 Java 运行系统捕捉,由 Java 运行系统进行相应的处理。

一般来说,在设计程序的过程中,如果能够预测程序中可能发生的异常,则应在程序中给出处理代码,而不交给 Java 运行系统处理;对于程序中那些不能预测的异常,可交给 Java 运行系统处理。

要由程序自己捕捉和处理异常,需要建立 try-catch-finally 语句块。

try-catch-finally 语句块的格式如下:

```
try {
    //在此区域内或能发生异常
}
catch(异常类1 e1) {
    //处理异常1
}
...
catch(异常类n en) {
    //处理异常n
}
[finally {
    //不论异常是否发生都要执行的部分
}]
```

对 try-catch-finally 结构说明如下。

(1) 将可能发生异常的程序代码放置在 try 程序块中。如果该块内的代码出现了异常,系统将终止 try 块代码的执行,自动跳转到所发生的异常类对应的 catch 块中,执行该块中的代码。如果程序运行正常,后面的各 catch 块不起任何作用。

(2) finally 块是个可选项,无论异常是否发生,finally 块的代码都必定执行。通常把对各种异常共同处理的部分放在 finally 块中,如输出统一信息、释放资源、清理内存、关闭已打开的文件等。

(3) 一个 try 块可以对应多个 catch 块,用于对多个异常类进行捕获。但最多只能选中一个执行。

(4) 异常对象与 catch 块中声明的实例的匹配原则:
● 异常对象是 catch 块中声明的异常类的实例。
● 异常对象是 catch 块中声明的异常类的某一子类的实例。

【例 4.6】try-catch-finally 语句举例一:

```
class Try_Catch_Exp1 {
    public static void main(String[] args) {
        int d=0, a;
        try {
            System.out.println("Before throw Exception");
            a = 5 / d;
            System.out.println(
              "the Exception is thrown, The statement is't run");
        }
        catch(ArithmeticException e) {
            System.out.println("处理算数异常的catch 语句块捕获了异常!");
            System.out.println("捕获的异常为" + e);
        }
        catch(ArrayIndexOutOfBoundsException e) {
            System.out.println("处理数组下标越界异常的catch 语句块捕获了异常!");
            System.out.println("捕获的异常为" + e);
        }
        finally {
```

```
            System.out.println("这是所有catch块的共有部分！");
        }
        System.out.println("try-catch-finally块后面的语句");
    }
}
```

【例4.7】try-catch-finally语句举例二：

```
class Try_Catch_Exp2 {
    public static void main(String[] args) {
        int a=5, b=0, c[]={1,2,3,4,5};
        try {
            System.out.println("Before throw");
            if(a>4) throw (new ArrayIndexOutOfBoundsException());
            System.out.println ("After throw");
        }
        catch(ArrayIndexOutOfBoundsException e) {
            System.out.println("处理数组下标越界异常的catch语句块捕获了异常！");
            System.out.println("捕获的异常为" + e);
        }
        finally {
            System.out.println("这是所有catch块的共有部分！");
        }
        System.out.println("try-catch-finally块后面的语句");
    }
}
```

3. 用户自定义的异常类

尽管Java提供了很多异常类，但用户还是可以根据需要定义自己的异常类，即创建自定义异常类。

说明：
- 用户自定义的异常类必须是Throwable类或Exception类的子类。
- 自定义的异常类，一般只要声明两个构造方法，一个是不用参数的，另一个以字符串为参数。作为构造方法参数的字符串应当反映异常的信息。

用户自定义的异常类格式如下：

```
class 自定义异常类名 extends Exception {
    异常类体；
}
```

用户定义的异常同样要用try-catch捕获，但必须由throw new MyException()语句由用户自己抛出。

【例4.8】用户自定义异常类举例：

```
class Exception_exp {
    public static void main(String[] args) {
        try {
            System.out.println("2+3=" + add(2,3));
            System.out.println("-8+10=" + add(-8,10));
```

```
        }
        catch (Exception e) {
            System.out.println("Exception is " + e);
        }
    }
    static int add(int n, int m) throws UserException {
        if (n<0|| m<0) throw new UserException();
        return n+m;
    }
}
class UserException extends Exception {
    UserException() { super("数据为负数"); }
}
```

编写程序时不可能十全十美，有可能会出现一些错误。这些错误分为两类：一是开发者编写的代码有问题，需要开发者改正错误；二是由外部环境造成的，也就是由于"某些出乎意料的事件"造成的，这时，应该合理有效地处理它，使程序能够正常运行。

这里所说的第二类错误，就是本节介绍的 Java 异常处理，即要求程序出错时要有对应的处理措施。异常处理是软件开发的重要内容，开发者必须清楚地意识到程序运行出错在所难免，而出错后的处理措施往往决定着程序的健壮性，进而影响程序乃至软件的质量。

作为一种主流的面向对象编程语言，Java 在异常处理方面拥有完备的机制和良好的处理性能。

4.2 线　　程

4.2.1 线程的基本概念

现在的操作系统多是并行完成多任务的操作系统。进程和多线程是实现多任务的一种方式。进程是指一个内存中运行的应用程序，每个进程都有自己独立的一块内存空间，一个进程中可以启动多个线程。比如在 Windows 系统中，一个运行的 EXE 文件就是一个进程。而线程是指进程中的一个执行流程，一个进程中可以运行多个线程。比如 java.exe 进程中可以运行很多线程。线程总是属于某个进程，进程中的多个线程共享进程的内存。

在进程概念中，每一个进程的内部数据和状态都是完全独立的。但与进程不同的是，同类的多个线程是共享一块内存空间和一组系统资源的，而线程本身的数据通常只有微处理器的寄存器数据，以及一个供程序执行时使用的堆栈。

1. 定义线程

(1) 用 Thread 类的子类创建线程。

Thread 类包含了线程运行所需要的方法，当一个类继承了 Thread 类后，就可以重写父类中的 run()方法，来执行指定的操作。

需要注意的是，线程子类的对象需要通过调用自己的 start()方法让线程执行，start()方法会自动调用 run()方法。

(2) 用 Runnable 接口创建线程。

实现线程的另外一种方法是通过使用 Thread 类的一个构造方法 public Thread(Runnable target)来创建一个新的线程，其中，创建参数 target 的类负责实现 Runnable 接口。Runnable 接口中只有一个 run()方法，实现该接口的类必须实现接口中的 run()方法，在其中定义具体操作，然后将实现了 Runnable 接口的类的对象作为参数创建一个 Thread 类的对象，调用该 Thread 类对象的 start()方法启动线程。

(3) 两种线程实现方式的对比分析。

通过继承 Thread 类来实现多线程的编程，这种方法简单明了，但它也有一个很大的缺点，那就是如果相应的多线程处理类已经继承了一个类，便无法再继承 Thread 这个类，所以我们一般情况下采用 Runnable 接口的方法来实现多线程的编程。使用 Runnable 接口实现多线程，开发时能够在一个类中包容所有的代码，从而便于封装。但是，使用 Runnable 接口方法的缺点在于，如果想创建多个线程并使各个线程执行不同的代码，就必须创建额外的类，这样的话，在某些情况下，不如直接用多个类分别继承 Thread 来得紧凑、方便。

2. 实例化线程

(1) 如果是扩展 java.lang.Thread 类的线程，则直接使用 new 语句创建即可。

(2) 如果是实现了 java.lang.Runnable 接口的类，则用下列 Thread 构造方法：

```
Thread(Runnable target)
Thread(Runnable target, String name)
Thread(ThreadGroup group, Runnable target)
Thread(ThreadGroup group, Runnable target, String name)
Thread(ThreadGroup group, Runnable target, String name, long stackSize)
```

在线程的 Thread 对象上是调用 start()方法启动线程，而不是 run()或者别的方法。在调用 start()方法之前，线程处于新状态中，在调用 start()方法之后，发生了一系列复杂的事情，如启动新的执行线程，该线程从新状态转移到可运行状态等，只有该线程获得机会执行时，其目标 run()方法才得以运行。

应当注意，对于 Java 来说，run()方法没有任何特别之处。像 main()方法一样，它只是新线程知道调用的方法名称。因此，在 Runnable 上或者 Thread 上调用 run()方法是合法的，但并不启动新的线程。

3. 线程例子

【例 4.9】实现 Runnable 接口的多线程例子：

```
/**
 * 实现 Runnable 接口的类
 */
public class DoSomething implements Runnable {
    private String name;
    public DoSomething(String name) {
        this.name = name;
    }
    public void run() {
        for (int i=0; i<5; i++) {
```

```
            for (long k=0; k<100000000; k++);
            System.out.println(name + ": " + i);
        }
    }
}
/**
 * 测试 Runnable 类实现的多线程程序
 *
 * @author leizhimin 2008-9-13 18:15:02
 */
public class TestRunnable {
    public static void main(String[] args) {
        DoSomething ds1 = new DoSomething("阿三");
        DoSomething ds2 = new DoSomething("李四");
        Thread t1 = new Thread(ds1);
        Thread t2 = new Thread(ds2);
        t1.start();
        t2.start();
    }
}
```

执行结果:

```
李四: 0
阿三: 0
李四: 1
阿三: 1
李四: 2
李四: 3
阿三: 2
李四: 4
阿三: 3
阿三: 4
Process finished with exit code 0
```

【例 4.10】扩展 Thread 类实现的多线程例子:

```
/**
 * 测试扩展 Thread 类实现的多线程程序
 *
 * @author leizhimin 2008-9-13 18:22:13
 */
public class TestThread extends Thread {
    public TestThread(String name) {
        super(name);
    }
    public void run() {
        for(int i=0; i<5; i++) {
            for(long k=0; k<100000000; k++);
            System.out.println(this.getName() + " :" + i);
        }
    }
```

```
    public static void main(String[] args) {
        Thread t1 = new TestThread("阿三");
        Thread t2 = new TestThread("李四");
        t1.start();
        t2.start();
    }
}
```

执行结果：

```
阿三 :0
李四 :0
阿三 :1
李四 :1
阿三 :2
李四 :2
阿三 :3
阿三 :4
李四 :3
李四 :4

Process finished with exit code 0
```

对于上面的多线程程序代码来说，输出的结果是不确定的。其中的一条语句 for(long k=0; k<100000000; k++)是用来模拟一个非常耗时的操作的。

4．关于线程的常见问题

(1) 线程的名字。一个运行中的线程总是有名字的，名字有两个来源，一个是虚拟机自己给的名字，一个是用户自定义的名字。在没有指定线程名字的情况下，虚拟机会自动为线程指定名字，并且主线程的名字总是 main，非主线程的名字不确定。

(2) 线程都可以设置名字，也可以获取线程的名字，连主线程也不例外，获取当前线程的对象的方法是 Thread.currentThread()。

(3) 一旦线程启动，它就永远不能再重新启动。只有一个新的线程可以被启动，并且只能一次。一个可运行的线程或死线程可以被重新启动。一系列线程以某种顺序启动并不意味着将按该顺序执行。对于任何一组启动的线程来说，调度程序不能保证其执行次序，持续时间也无法保证。当线程目标 run()方法结束时，该线程完成。

(4) 线程的调度是 Java 虚拟机 JVM 的一部分，在一个 CPU 的机器上，实际上，一次只能运行一个线程，即一次只有一个线程栈执行。JVM 线程调度程序决定哪个线程处于可运行状态。众多可运行线程中的某一个会被选中作为当前线程。可运行线程被选择运行的顺序是没有保障的。

(5) 尽管线程通常采用队列形式，但这是没有保障的。队列形式是指当一个线程完成"一轮"时，它移到可运行队列的尾部等待，直到它最终排队到该队列的前端为止，它才能被再次选中。事实上，我们把它称为可运行池，而不是一个可运行队列，目的是帮助认识线程并不都是以某种有保障的顺序排列成一个队列的事实。

4.2.2 Java 线程模型

尽管我们无法控制线程调度程序，但可以通过别的方式来影响线程调度的方式。要理解线程调度的原理，以及线程执行过程，必须理解线程栈模型。

线程栈是指某时刻内存中线程调度的栈信息，当前调用的方法总是位于栈顶。线程栈的内容是随着程序的运行动态变化的，因此，研究线程栈必须选择一个运行的时刻，其表现形式即为线程状态。

线程的状态转换是线程控制的基础。线程状态总地来说可分为五大状态：分别是生、死、可运行、运行、等待/阻塞等。图 4-2 用来描述线程状态转换流程。

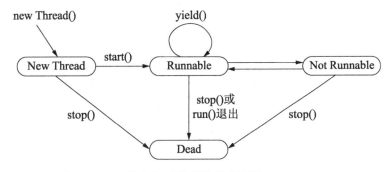

图 4-2　线程状态转换流程

(1) 新状态(new Thread)：线程对象已经创建，还没有在其上调用 start()方法。

(2) 可运行状态(Runnable)：当线程有资格运行，但调度程序还没有把它选定为运行线程时，线程所处的状态。当 start()方法调用时，线程首先进入可运行状态。在线程运行之后或者从阻塞、等待或睡眠状态回来后，也返回到可运行状态。

(3) 运行状态：线程调度程序从可运行池中选择一个线程作为当前线程时，线程所处的状态。这也是线程进入运行状态的唯一一种方式。

(4) 等待/阻塞/睡眠状态(Not Runnable)：这是线程有资格运行时所处的状态。实际上这个三状态组合为一种，其共同点是：线程仍旧是活的，但是当前没有条件运行。换句话说，它是可运行的，但是，如果某件事件出现，它可能返回到可运行状态。

Thread.sleep(long millis)和 Thread.sleep(long millis, int nanos)静态方法强制当前正在执行的线程休眠，即暂停执行，以"减慢线程"。当线程睡眠时，它入睡在某个地方，在苏醒之前，不会返回到可运行状态。当睡眠时间到期时，则返回到可运行状态。

睡眠状态的实现是调用静态方法 Thread.sleep()，其使用格式如下所示：

```
try {
   Thread.sleep(123);
} catch (InterruptedException e) {
   e.printStackTrace();
}
```

【例 4.11】在前面的例子中，将一个耗时的操作改为睡眠，以减慢线程的执行。可以这样写：

```
public void run() {
    for(int i=0; i<5; i++) {
        //很耗时的操作,用来减慢线程的执行
        //for(long k=0; k<100000000; k++);
        try {
            Thread.sleep(3);
        } catch (InterruptedException e) {
            e.printStackTrace();
        }
        System.out.println(this.getName() + " :" + i);
    }
}
```

运行结果:

```
阿三 :0
李四 :0
阿三 :1
阿三 :2
阿三 :3
李四 :1
李四 :2
阿三 :4
李四 :3
李四 :4

Process finished with exit code 0
```

【例 4.12】线程睡眠是帮助所有线程获得运行机会的最好方法:

```
/**
 * 一个计数器,计数到100,在每个数字之间暂停1秒,每隔10个数字输出一个字符串
 *
 * @author leizhimin 2008-9-14 9:53:49
 */
public class MyThread extends Thread {
    public void run() {
        for (int i=0; i<100; i++) {
            if ((i)%10 == 0) {
                System.out.println("-------" + i);
            }
            System.out.print(i);
            try {
                Thread.sleep(1);
                System.out.print("    线程睡眠1毫秒!\n");
            } catch (InterruptedException e) {
                e.printStackTrace();
            }
        }
    }

    public static void main(String[] args) {
```

```
        new MyThread().start();
    }
}
```

运行结果:

```
-------0
0       线程睡眠1毫秒!
1       线程睡眠1毫秒!
2       线程睡眠1毫秒!
3       线程睡眠1毫秒!
4       线程睡眠1毫秒!
5       线程睡眠1毫秒!
6       线程睡眠1毫秒!
7       线程睡眠1毫秒!
8       线程睡眠1毫秒!
9       线程睡眠1毫秒!
-------10
10      线程睡眠1毫秒!
11      线程睡眠1毫秒!
12      线程睡眠1毫秒!
13      线程睡眠1毫秒!
14      线程睡眠1毫秒!
15      线程睡眠1毫秒!
16      线程睡眠1毫秒!
17      线程睡眠1毫秒!
18      线程睡眠1毫秒!
19      线程睡眠1毫秒!
-------20
20      线程睡眠1毫秒!
21      线程睡眠1毫秒!
22      线程睡眠1毫秒!
23      线程睡眠1毫秒!
24      线程睡眠1毫秒!
25      线程睡眠1毫秒!
26      线程睡眠1毫秒!
27      线程睡眠1毫秒!
28      线程睡眠1毫秒!
29      线程睡眠1毫秒!
-------30
30      线程睡眠1毫秒!
31      线程睡眠1毫秒!
32      线程睡眠1毫秒!
33      线程睡眠1毫秒!
34      线程睡眠1毫秒!
35      线程睡眠1毫秒!
36      线程睡眠1毫秒!
37      线程睡眠1毫秒!
38      线程睡眠1毫秒!
39      线程睡眠1毫秒!
-------40
```

```
40    线程睡眠1毫秒！
41    线程睡眠1毫秒！
42    线程睡眠1毫秒！
43    线程睡眠1毫秒！
44    线程睡眠1毫秒！
45    线程睡眠1毫秒！
46    线程睡眠1毫秒！
47    线程睡眠1毫秒！
48    线程睡眠1毫秒！
49    线程睡眠1毫秒！
-------50
50    线程睡眠1毫秒！
51    线程睡眠1毫秒！
52    线程睡眠1毫秒！
53    线程睡眠1毫秒！
54    线程睡眠1毫秒！
55    线程睡眠1毫秒！
56    线程睡眠1毫秒！
57    线程睡眠1毫秒！
58    线程睡眠1毫秒！
59    线程睡眠1毫秒！
-------60
60    线程睡眠1毫秒！
61    线程睡眠1毫秒！
62    线程睡眠1毫秒！
63    线程睡眠1毫秒！
64    线程睡眠1毫秒！
65    线程睡眠1毫秒！
66    线程睡眠1毫秒！
67    线程睡眠1毫秒！
68    线程睡眠1毫秒！
69    线程睡眠1毫秒！
-------70
70    线程睡眠1毫秒！
71    线程睡眠1毫秒！
72    线程睡眠1毫秒！
73    线程睡眠1毫秒！
74    线程睡眠1毫秒！
75    线程睡眠1毫秒！
76    线程睡眠1毫秒！
77    线程睡眠1毫秒！
78    线程睡眠1毫秒！
79    线程睡眠1毫秒！
-------80
80    线程睡眠1毫秒！
81    线程睡眠1毫秒！
82    线程睡眠1毫秒！
83    线程睡眠1毫秒！
84    线程睡眠1毫秒！
85    线程睡眠1毫秒！
```

```
86    线程睡眠1毫秒!
87    线程睡眠1毫秒!
88    线程睡眠1毫秒!
89    线程睡眠1毫秒!
-------90
90    线程睡眠1毫秒!
91    线程睡眠1毫秒!
92    线程睡眠1毫秒!
93    线程睡眠1毫秒!
94    线程睡眠1毫秒!
95    线程睡眠1毫秒!
96    线程睡眠1毫秒!
97    线程睡眠1毫秒!
98    线程睡眠1毫秒!
99    线程睡眠1毫秒!

Process finished with exit code 0
```

(5) 死亡态(Dead)：当线程的 run()方法完成时，就认为它死去。这个线程对象也许是活的，但是，它已经不是一个单独执行的线程。线程一旦死亡，就不能复生。如果在一个死去的线程上调用 start()方法，会抛出 java.lang.IllegalThreadStateException 异常。

4.2.3 Java 线程的同步与锁

1. 线程的优先级和线程让步 yield()

线程的让步是通过 Thread.yield()来实现的。yield()方法的作用是暂停当前正在执行的线程对象，并执行其他线程。要理解 yield()，必须了解线程的优先级概念。线程总是存在优先级，优先级范围是 1~10。JVM 线程调度程序是基于优先级的抢先调度机制。在大多数情况下，当前运行的线程优先级将大于或等于线程池中任何线程的优先级。但这仅仅是大多数情况。

需要注意的是，当设计多线程应用程序的时候，一定不要依赖于线程的优先级。因为线程调度优先级操作是没有保障的，只能把线程优先级作用作为一种提高程序效率的方法，但是，要保证程序不依赖这种操作。

当线程池中的线程都具有相同的优先级时，调度程序的 JVM 实现自由选择它喜欢的线程。这时候，调度程序的操作有两种可能：一是选择一个线程运行，直到它阻塞或者运行完成为止；二是时间分片，为池内的每个线程提供均等的运行机会。

线程默认的优先级是创建它的执行线程的优先级。可以通过 setPriority(int newPriority) 更改线程的优先级。例如：

```
Thread t = new MyThread();
t.setPriority(8);
t.start();
```

线程优先级为 1~10 之间的正整数，JVM 从不会改变一个线程的优先级。然而，1~10 之间的值是没有保证的。一些 JVM 可能不能识别 10 个不同的值，而将这些优先级进行每两个或多个合并，变成少于 10 个的优先级，则两个或多个优先级的线程可能被映射为一个优先级。

线程的默认优先级是 5，Thread 类中有三个常量，用来定义线程优先级的范围。
- static int MAX_PRIORITY：线程可以具有的最高优先级。
- static int MIN_PRIORITY：线程可以具有的最低优先级。
- static int NORM_PRIORITY：分配给线程的默认优先级。

yield()应该做的是让当前运行线程回到可运行状态，以允许具有相同优先级的其他线程获得运行机会。因此，使用 yield()的目的，是让相同优先级的线程之间能适当地轮转执行。但是，实际中无法保证 yield()达到让步目的，因为让步的线程还有可能被线程调度程序再次选中。

2. 线程的同步

线程的同步是为了防止多个线程访问一个数据对象时对数据造成破坏。例如，两个线程 Thread-A、Thread-B 都操作同一个对象 Foo，并修改 Foo 对象上的数据，此时，两个操作均受影响，均有可能读到脏数据，如下面的代码所示：

```java
public class Foo {
    private int x = 100;
    public int getX() {
        return x;
    }
    public int fix(int y) {
        x = x - y;
        return x;
    }
}
public class MyRunnable implements Runnable {
    private Foo foo = new Foo();
    public static void main(String[] args) {
        MyRunnable r = new MyRunnable();
        Thread ta = new Thread(r, "Thread-A");
        Thread tb = new Thread(r, "Thread-B");
        ta.start();
        tb.start();
    }
    public void run() {
        for (int i=0; i<3; i++) {
            this.fix(30);
            try {
                Thread.sleep(1);
            } catch (InterruptedException e) {
                e.printStackTrace();
            }
            System.out.println(Thread.currentThread().getName()
                + " :当前 foo 对象的 x 值= " + foo.getX());
        }
    }
}
```

```
    public int fix(int y) {
        return foo.fix(y);
    }
}
```

运行结果：

```
Thread-A : 当前 foo 对象的 x 值= 40
Thread-B : 当前 foo 对象的 x 值= 40
Thread-B : 当前 foo 对象的 x 值= -20
Thread-A : 当前 foo 对象的 x 值= -50
Thread-A : 当前 foo 对象的 x 值= -80
Thread-B : 当前 foo 对象的 x 值= -80

Process finished with exit code 0
```

从结果发现，这样的输出值明显是不合理的。原因是两个线程不加控制地访问 foo 对象并修改其数据所致。如果要保持结果的合理性，只需要达到一个目的，就是将对 foo 的访问加以限制，每次只能有一个线程在访问。这样就能保证 foo 对象中数据的合理性了。

在具体的 Java 代码中，需要完成以下两个操作：

- 把竞争访问的资源类 Foo 变量 x 标识为 private。
- 同步修改变量的代码，使用 synchronized 关键字实现同步方法或代码。

通过在某个时刻只允许一个线程能够独占性访问共享数据的机制，就可以解决线程的安全问题。具体做法是：当一个线程进入共享数据操作代码时，其他想进入共享数据操作的代码就一直处于等待状态。在具有独占性权限的代码操作完成后，才允许另外一个线程进入共享数据操作代码，其他的线程继续等待。这个过程称为线程同步。

实现线程同步的两种方法如下。

方法一：用关键字 synchronized 修饰要同步的方法。当一个方法被 synchronized 修饰后，如果一个线程 A 使用这个方法时，其他线程想使用这个方法，就必须等待，直到线程 A 使用完该方法为止。

方法二：将要同步的代码放入 synchronized 块。

下面是 synchronized 语句的一般形式：

```
synchronized(object) {
    //statements to be synchronized
}
```

【例 4.13】线程的同步例子：

```
public static synchronized int setName(String name) {
    Xxx.name = name;
}
```

等价于：

```
public static int setName(String name) {
    synchronized(Xxx.class) {
        Xxx.name = name;
    }
}
```

}
```

在多个线程同时访问互斥(可交换)数据时，应该实现线程同步，以保护数据，确保两个线程不会同时修改它。当一个类已经很好地同步以保护它的数据时，这个类就称为"线程安全的"。即使是线程安全类，也应该特别小心，因为操作的线程间仍然不一定安全。举个形象的例子，比如一个集合是线程安全的，有两个线程在操作同一个集合对象，当第一个线程查询集合非空后，删除集合中所有元素的时候，第二个线程也来执行与第一个线程相同的操作。也许在第一个线程查询后，第二个线程也查询出集合非空，但是，当第一个执行清除后，第二个再执行删除显然是不对的，因为此时集合已经为空了。

【例 4.14】线程不安全的例子：

```
public class NameList {
    private List nameList =
      Collections.synchronizedList(new LinkedList());
    public void add(String name) {
        nameList.add(name);
    }
    public String removeFirst() {
        if (nameList.size() > 0) {
            return (String)nameList.remove(0);
        } else {
            return null;
        }
    }
}
public class Test {
    public static void main(String[] args) {
        final NameList nl = new NameList();
        nl.add("aaa");
        class NameDropperextends Thread {
            public void run() {
                String name = nl.removeFirst();
                System.out.println(name);
            }
        }
        Thread t1 = new NameDropper();
        Thread t2 = new NameDropper();
        t1.start();
        t2.start();
    }
}
```

虽然集合对象 private List nameList = Collections.synchronizedList(new LinkedList());是同步的，但是程序还不是线程安全的。出现这种事件的原因是，上例中，一个线程操作列表过程中无法阻止另外一个线程对列表的其他操作。解决上面问题的办法是，在操作集合对象的 NameList 上做一个同步。改写后的代码如下：

```
public class NameList {
    private List nameList =
```
```

```
        Collections.synchronizedList(new LinkedList());
    public synchronized void add(String name) {
        nameList.add(name);
    }

    public synchronized String removeFirst() {
        if (nameList.size() > 0) {
            return (String)nameList.remove(0);
        } else {
            return null;
        }
    }
}
```

这样,当一个线程访问其中一个同步方法时,其他线程只有等待。

3. 线程死锁

由多线程带来的性能改善是以可靠性为代价的,主要是因为这样有可能产生线程死锁。我们来想象这样一种情形:在人行道上两个人迎面相遇,为了给对方让道,两人同时向一侧迈出一步,双方无法通过,又同时向另一侧迈出一步,这样还是无法通过。双方都以同样的迈步方式堵住了对方的去路。假设这种情况一直持续下去,双方都没有办法通过。类似于让道情况,线程死锁时,第一个线程等待第二个线程释放资源,而同时第二个线程又在等待第一个线程释放资源,所有线程都会陷入无休止的相互等待状态,大家都动弹不得。我们将这种情况称为"死锁"。尽管这种情况并不经常出现,但一旦遇到,程序的调试将变得非常艰难。就 Java 语言本身来说,尚未直接提供防止死锁的帮助措施,需要我们通过谨慎的设计来避免。

死锁对 Java 程序来说,是很复杂的,也是很难发现的问题。当两个线程被阻塞后,每个线程在等待另一个线程时,就发生了死锁。

【例 4.15】直观的死锁例子:

```
public class DeadlockRisk {
    private static class Resource {
        public int value;
    }
    private Resource resourceA = new Resource();
    private Resource resourceB = new Resource();
    public int read() {
        synchronized (resourceA) {
            synchronized (resourceB) {
                return resourceB.value + resourceA.value;
            }
        }
    }
    public void write(int a, int b) {
        synchronized (resourceB) {
            synchronized (resourceA) {
```

```
                resourceA.value = a;
                resourceB.value = b;
            }
        }
    }
}
```

假设 read()方法由一个线程启动，write()方法由另外一个线程启动。读线程将拥有 resourceA 锁，写线程将拥有 resourceB 锁，两者都坚持等待的话，就出现死锁。

实际上，上面这个例子发生死锁的概率很小。因为在代码内的某个点，CPU 必须从读线程切换到写线程，所以，死锁基本上不会发生。但是，无论代码中发生死锁的概率有多小，一旦发生死锁，程序就死掉。有一些设计方法能帮助避免死锁，包括始终按照预定义的顺序获取锁这一策略。总之，线程同步的目的，是为了保护多个线程访问一个资源时避免对资源的破坏。而线程的同步方法是通过锁来实现的，每个对象都有且仅有一个锁，这个锁与一个特定的对象关联，线程一旦获取了对象锁，其他访问该对象的线程就无法再访问该对象的其他同步方法了。

4．线程通信

在线程同步中，一个线程进入了同步方法中后，其他想调用该方法的线程都必须等待，通过轮询的方式检测同步锁的状态，一旦前一个线程离开方法，同步锁解开后，马上调用这个方法，并且为该方法加上同步锁。由于轮询通常由重复监测条件的循环实现，所以这种做法在一定程度上会增加 CPU 的负担。

为了避免轮询，Java 提供了通过 wait()、notify()和 notifyAll()方法实现的一个进程间通信机制，其功能如表 4-1 所示。这三个方法仅在 synchronized 方法中才能被调用。

表 4-1 线程通信方法描述

方　　法	描　　述
void notify()	唤醒在此对象监视器上等待的单个线程
void notifyAll()	唤醒在此对象监视器上等待的所有线程
void wait()	导致当前的线程等待，直到其他线程调用此对象的 notify()方法或 notifyAll()方法

wait()、notify()、notifyAll()都是 Object 的实例方法。与每个对象具有锁一样，每个对象可以有一个线程列表，它们等待来自该线程的信号。线程通过执行对象上的 wait()方法获得这个等待列表。从那时候起，它不再执行任何其他指令，直到调用对象的 notify()方法为止。如果多个线程在同一个对象上等待，则将只选择一个线程(不保证以何种顺序)继续执行。如果没有线程等待，则不采取任何特殊操作。

【例 4.16】线程通信的例子：

```
/**
 * 输出其他线程锁计算的数据
 */
public class ThreadA {
    public static void main(String[] args) {
        ThreadB b = new ThreadB();
```

```
        //启动计算线程
        b.start();
        //线程A拥有b对象上的锁。线程为了调用wait()或notify()方法,
        //该线程必须是那个对象锁的拥有者
        synchronized (b) {
            try {
                System.out.println("等待对象b完成计算...");
                //当前线程A等待
                b.wait();
            } catch (InterruptedException e) {
                e.printStackTrace();
            }
            System.out.println("b对象计算的总和是: " + b.total);
        }
    }
}
/**
 * 计算1+2+3 ... +100 的和
 */
public class ThreadB extends Thread {
    int total;
    public void run() {
        synchronized (this) {
            for (int i=0; i<101; i++) {
                total += i;
            }
            //(完成计算了)唤醒在此对象监视器上等待的单个线程,在本例中,线程A被唤醒
            notify();
        }
    }
}
```

输出结果如下:

```
等待对象b完成计算...
b对象计算的总和是: 5050

Process finished with exit code 0
```

值得注意的是,在对象上调用 wait()方法时,执行该代码的线程立即放弃它在对象上的锁。然而调用 notify()时,并不意味着这时线程会放弃其锁。如果线程仍然在完成同步代码,则线程在移出之前不会放弃锁。因此,只调用 notify()并不意味着这时该锁变得可用。

在多数情况下,最好通知等待某个对象的所有线程。如果这样做,可以在对象上使用 notifyAll(),让所有在此对象上等待的线程冲出等待区,返回到可运行状态,下面给出例子进行说明。

【例4.17】

/**

```java
 * 计算线程
 */
public class Calculator extends Thread {
    int total;
    public void run() {
        synchronized (this) {
            for (int i=0; i<101; i++) {
                total += i;
            }
        }
        //通知所有在此对象上等待的线程
        notifyAll();
    }
}
/**
 * 获取计算结果并输出
 */
public class ReaderResult extends Thread {
    Calculator c;
    public ReaderResult(Calculator c) {
        this.c = c;
    }
    public void run() {
        synchronized (c) {
            try {
                System.out.println(
                    Thread.currentThread() + "等待计算结果");
                c.wait();
            } catch (InterruptedException e) {
                e.printStackTrace();
            }
            System.out.println(
                Thread.currentThread() + "计算结果为: " + c.total);
        }
    }
    public static void main(String[] args) {
        Calculator calculator = new Calculator();
        //启动三个线程,分别获取计算结果
        new ReaderResult(calculator).start();
        new ReaderResult(calculator).start();
        new ReaderResult(calculator).start();
        //启动计算线程
        calculator.start();
    }
}
```

运行结果:

```
Thread[Thread-1,5,main]等待计算结果
Thread[Thread-2,5,main]等待计算结果
Thread[Thread-3,5,main]等待计算结果
```

```
Exception in thread "Thread-0" java.lang.IllegalMonitorStateException:
current thread not owner
at java.lang.Object.notifyAll(Native Method)
at threadtest.Calculator.run(Calculator.java:18)
Thread[Thread-1,5,main]计算结果为: 5050
Thread[Thread-2,5,main]计算结果为: 5050
Thread[Thread-3,5,main]计算结果为: 5050

Process finished with exit code 0
```

运行结果表明，程序中有异常，并且多次运行结果可能有多种输出结果。这就说明，这个多线程的交互程序还存在问题。

实际上，上面的代码中，我们期望的是读取结果的线程在计算线程调用 notifyAll()之前等待即可。但是，如果计算线程先执行，并在读取结果线程等待之前调用了 notify()方法，那么它就不会再次调用 notify()，并且等待的读取线程将永远保持等待。无法保证线程的不同部分将按照什么顺序来执行。幸运的是，当读取线程运行时，它只能马上进入等待状态，没有做任何事情来检查等待的事件是否已经发生。因此，同样，如果计算线程已经调用了 notifyAll()方法，那么它就不会再次调用 notifyAll()，并且等待的读取线程将永远保持等待。这当然是开发者所不愿意看到的问题。

5. Java 线程的调度——休眠

Java 线程调度是 Java 多线程的核心，只有良好的调度，才能充分发挥系统的性能，提高程序的执行效率。线程休眠的目的，是使线程让出 CPU，这是最简单的做法之一，线程休眠时候，会将 CPU 资源交给其他线程，以便能够轮换执行；当休眠一定时间后，线程会苏醒，进入准备状态，等待执行。

线程休眠的方法是 Thread.sleep(long millis)和 Thread.sleep(long millis, int nanos)，均为静态方法，也就是说，哪个线程调用 sleep 方法，就休眠哪个线程。

【例 4.18】 Java 线程调度(至休眠)的例子：

```java
public class Test {
    public static void main(String[] args) {
        Thread t1 = new MyThread1();
        Thread t2 = new Thread(new MyRunnable());
        t1.start();
        t2.start();
    }
}
class MyThread1 extends Thread {
    public void run() {
        for (int i=0; i<3; i++) {
            System.out.println("线程1第" + i + "次执行!");
            try {
                Thread.sleep(50);
            } catch (InterruptedException e) {
                e.printStackTrace();
            }
        }
```

```
        }
    }
}
class MyRunnable implements Runnable {
    public void run() {
        for (int i=0; i<3; i++) {
            System.out.println("线程2第" + i + "次执行！");
            try {
                Thread.sleep(50);
            } catch (InterruptedException e) {
                e.printStackTrace();
            }
        }
    }
}
```

运行结果：

```
线程2第0次执行！
线程1第0次执行！
线程1第1次执行！
线程2第1次执行！
线程1第2次执行！
线程2第2次执行！

Process finished with exit code 0
```

6. Java 线程的调度——让步

线程的让步，含义就是使当前运行着的线程让出 CPU 资源，但是让给谁，并不知道，仅仅是让出，然后使该线程状态回到可运行状态。线程的让步使用 Thread.yield()方法来实现，它的功能是暂停当前正在执行的线程对象，并执行其他线程。

【例 4.19】线程让步的例子：

```
/**
 * Java 线程：线程的调度-让步
 */
public class Test {
    public static void main(String[] args) {
        Thread t1 = new MyThread1();
        Thread t2 = new Thread(new MyRunnable());
        t2.start();
        t1.start();
    }
}
class MyThread1 extends Thread {
    public void run() {
        for (int i=0; i<10; i++) {
            System.out.println("线程1第" + i + "次执行！");
        }
    }
```

```
}
class MyRunnable implements Runnable {
    public void run() {
        for (int i=0; i<10; i++) {
            System.out.println("线程2第" + i + "次执行!");
            Thread.yield();
        }
    }
}
```

运行结果：

```
线程2第0次执行!
线程2第1次执行!
线程2第2次执行!
线程2第3次执行!
线程1第0次执行!
线程1第1次执行!
线程1第2次执行!
线程1第3次执行!
线程1第4次执行!
线程1第5次执行!
线程1第6次执行!
线程1第7次执行!
线程1第8次执行!
线程1第9次执行!
线程2第4次执行!
线程2第5次执行!
线程2第6次执行!
线程2第7次执行!
线程2第8次执行!
线程2第9次执行!

Process finished with exit code 0
```

7. Java 线程的调度——合并

线程合并的含义，就是将几个并行线程合并为一个单线程执行，应用场景是当一个线程必须等待另一个线程执行完毕才能得到执行权利的时候。实现线程合并可以使用 join 方法。它的定义格式如下：

```
void join()  //等待该线程终止
void join(long millis)   //等待该线程终止的时间最长为 millis 毫秒
void join(long millis, int nanos)
    //等待该线程终止的时间最长为 millis 毫秒加 nanos 纳秒
```

【例 4.20】线程合并的例子：

```
/**
 * Java 线程：线程的调度-合并
 */
public class Test {
```

```java
    public static void main(String[] args) {
        Thread t1 = new MyThread1();
        t1.start();

        for (int i=0; i<20; i++) {
            System.out.println("主线程第" + i + "次执行！");
            if (i > 2) try {
                //t1 线程合并到主线程中，主线程停止执行过程，
                //转而执行 t1 线程，直到 t1 执行完毕后继续
                t1.join();
            } catch (InterruptedException e) {
                e.printStackTrace();
            }
        }
    }
}

class MyThread1 extends Thread {
    public void run() {
        for (int i=0; i<10; i++) {
            System.out.println("线程1第" + i + "次执行！");
        }
    }
}
```

运行结果：

```
主线程第 0 次执行！
主线程第 1 次执行！
主线程第 2 次执行！
线程 1 第 0 次执行！
主线程第 3 次执行！
线程 1 第 1 次执行！
线程 1 第 2 次执行！
线程 1 第 3 次执行！
线程 1 第 4 次执行！
线程 1 第 5 次执行！
线程 1 第 6 次执行！
线程 1 第 7 次执行！
线程 1 第 8 次执行！
线程 1 第 9 次执行！
主线程第 4 次执行！
主线程第 5 次执行！
主线程第 6 次执行！
主线程第 7 次执行！
主线程第 8 次执行！
主线程第 9 次执行！
主线程第 10 次执行！
主线程第 11 次执行！
主线程第 12 次执行！
主线程第 13 次执行！
```

```
主线程第 14 次执行!
主线程第 15 次执行!
主线程第 16 次执行!
主线程第 17 次执行!
主线程第 18 次执行!
主线程第 19 次执行!

Process finished with exit code 0
```

8．Java 线程的并发协作——生产者消费者模型

对于多线程程序来说，无论任何编程语言，生产者和消费者模型都是最经典的。对于此模型，应该明确以下几点。

(1) 生产者仅仅在仓储未满的时候生产，仓满则停止生产。
(2) 消费者仅仅在仓储有产品的时候才能消费，仓空则等待。
(3) 当消费者发现仓储没产品可消费的时候，会通知生产者生产。
(4) 生产者在生产出可消费产品时候，应该通知等待的消费者去消费。

【例 4.21】此模型将要结合 java.lang.Object 的 wait()与 notify()、notifyAll()等方法共同实现生产者消费者模型。示例代码如下：

```java
/**
 * Java 线程：并发协作-生产者消费者模型
 */
public class Test {
    public static void main(String[] args) {
        Godown godown = new Godown(30);
        Consumer c1 = new Consumer(50, godown);
        Consumer c2 = new Consumer(20, godown);
        Consumer c3 = new Consumer(30, godown);
        Producer p1 = new Producer(10, godown);
        Producer p2 = new Producer(10, godown);
        Producer p3 = new Producer(10, godown);
        Producer p4 = new Producer(10, godown);
        Producer p5 = new Producer(10, godown);
        Producer p6 = new Producer(10, godown);
        Producer p7 = new Producer(80, godown);

        c1.start();
        c2.start();
        c3.start();
        p1.start();
        p2.start();
        p3.start();
        p4.start();
        p5.start();
        p6.start();
        p7.start();
    }
}
```

```java
/*
 * 仓库
 */
class Godown {
    public static final int max_size = 100;  //最大库存量
    public int curnum;           //当前库存量

    Godown() {

    }

    Godown(int curnum) {
        this.curnum = curnum;
    }

    /**
     * 生产指定数量的产品
     *
     * @param neednum
     */
    public synchronized void produce(int neednum) {
        //测试是否需要生产
        while (neednum+curnum > max_size) {
            System.out.println("要生产的产品数量" + neednum + "超过剩余库存量"
                + (max_size - curnum) + ",暂时不能执行生产任务!");
            try {
                //当前的生产线程等待
                wait();
            } catch (InterruptedException e) {
                e.printStackTrace();
            }
        }
        //满足生产条件,则进行生产,这里简单地更改当前库存量
        curnum += neednum;
        System.out.println(
            "已经生产了" + neednum + "个产品,现仓储量为" + curnum);
        //唤醒在此对象监视器上等待的所有线程
        notifyAll();
    }

    /*
     * 消费指定数量的产品
     */
    public synchronized void consume(int neednum) {
        //测试是否可消费
        while (curnum < neednum) {
            try {
                //当前的生产线程等待
                wait();
```

```java
                } catch (InterruptedException e) {
                    e.printStackTrace();
                }
            }
            //满足消费条件，则进行消费，这里简单地更改当前库存量
            curnum -= neednum;
            System.out.println(
                "已经消费了" + neednum + "个产品，现仓储量为" + curnum);
            //唤醒在此对象监视器上等待的所有线程
            notifyAll();
        }
}
/*
 * 生产者
 */
class Producer extends Thread {
    private int neednum;                    //生产产品的数量
    private Godown godown;                  //仓库

    Producer(int neednum, Godown godown) {
        this.neednum = neednum;
        this.godown = godown;
    }

    public void run() {
        //生产指定数量的产品
        godown.produce(neednum);
    }
}
/*
 * 消费者
 */
class Consumer extends Thread {
    private int neednum;                    //生产产品的数量
    private Godown godown;                  //仓库

    Consumer(int neednum, Godown godown) {
        this.neednum = neednum;
        this.godown = godown;
    }

    public void run() {
        //消费指定数量的产品
        godown.consume(neednum);
    }
}
```

运行结果：

已经生产了10个产品，现仓储量为40
已经生产了10个产品，现仓储量为50

```
已经消费了 50 个产品，现仓储量为 0
已经生产了 80 个产品，现仓储量为 80
已经消费了 30 个产品，现仓储量为 50
已经生产了 10 个产品，现仓储量为 60
已经消费了 20 个产品，现仓储量为 40
已经生产了 10 个产品，现仓储量为 50
已经生产了 10 个产品，现仓储量为 60
已经生产了 10 个产品，现仓储量为 70

Process finished with exit code 0
```

9. Java 线程的并发协作——死锁

当需要资源的线程相互等待时，就会造成线程的死锁，即发生死锁的原因一般是两个对象的锁相互等待造成的。实际上，程序运行时，线程发生死锁的可能性很小，即使看似可能发生死锁的代码，在运行时，发生死锁的可能性也是小之又小。下面给出一个关于线程死锁的完整例子，说明线程死锁模型。

【例 4.22】线程死锁的例子：

```
/*
 * Java 线程：并发协作-死锁
 */
public class Test {
    public static void main(String[] args) {
        DeadlockRisk dead = new DeadlockRisk();
        MyThread t1 = new MyThread(dead, 1, 2);
        MyThread t2 = new MyThread(dead, 3, 4);
        MyThread t3 = new MyThread(dead, 5, 6);
        MyThread t4 = new MyThread(dead, 7, 8);

        t1.start();
        t2.start();
        t3.start();
        t4.start();
    }
}

class MyThread extends Thread {
    private DeadlockRisk dead;
    private int a, b;
    MyThread(DeadlockRisk dead, int a, int b) {
        this.dead = dead;
        this.a = a;
        this.b = b;
    }
    @Override
    public void run() {
        dead.read();
        dead.write(a, b);
    }
```

```java
}
class DeadlockRisk {
    private static class Resource {
        public int value;
    }

    private Resource resourceA = new Resource();
    private Resource resourceB = new Resource();

    public int read() {
        synchronized (resourceA) {
            System.out.println("read():"
              + Thread.currentThread().getName() + "获取了resourceA的锁!");
            synchronized (resourceB) {
                System.out.println("read():"
                  + Thread.currentThread().getName()
                  + "获取了resourceB的锁!");
                return resourceB.value + resourceA.value;
            }
        }
    }
    public void write(int a, int b) {
        synchronized (resourceB) {
            System.out.println("write():"
              + Thread.currentThread().getName() + "获取了resourceA的锁!");
            synchronized (resourceA) {
                System.out.println("write():"
                  + Thread.currentThread().getName()
                  + "获取了resourceB的锁!");
                resourceA.value = a;
                resourceB.value = b;
            }
        }
    }
}
```

该例子一运行,死锁的情况就发生了。

在复杂的软件系统中,我们有时也会设计线程池来解决线程的死锁问题。线程池的基本思想是使用对象池的思想来实现的,即在内存中开辟一块空间,里面存放众多未死亡的线程,此块空间即称为线程池。池中线程的调度是由池管理器来管理和处理的。当需要线程执行运行任务时,线程池管理器从线程池中取出线程,执行完毕后,将线程对象归池。这样的设计可以避免反复创建线程对象所带来的性能开销,节省了系统的资源,提高了Java线程管理效率。

本章小结

Java 作为流行的面向对象编程语言，为了提高程序编程的效率，提供了异常处理和线程两种较为实用的机制。

本章详细介绍了 Java 中异常的概念、异常体系、异常分类、异常处理机制、自定义异常和线程的创建及声明、线程的生命周期、线程的状态转换、线程的同步、线程死锁等 Java 的多线程内容，进一步诠释了 Java 的灵活多样性。

习 题

一、选择题

(1) 编写线程类，要继承的父类是(　　)。
　　A. Object　　　　　B. Runnable　　　　C. Serializable
　　D. Thread　　　　　E. Exception

(2) 编写线程类，可以通过哪个接口来实现？(　　)
　　A. Runnable　　　　B. Throwable　　　　C. Serializable
　　D. Comparable　　　E. Cloneable

(3) 什么方法用于终止一个线程的运行？(　　)
　　A. sleep　　　　　　B. join　　　　　　　C. wait
　　D. stop　　　　　　E. notify

(4) 一个线程通过什么方法将处理器让给另一个优先级别相同的线程？(　　)
　　A. wait　　　　　　B. yield　　　　　　C. join
　　D. sleep　　　　　　E. stop

(5) 如果要一个线程等待一段时间后再恢复执行此线程，需要调用什么方法？(　　)
　　A. wait　　　　　　B. yield　　　　　　C. join
　　D. sleep　　　　　　E. stop　　　　　　F. notify

(6) 用什么方法使等待队列中的第一个线程进入就绪状态？(　　)
　　A. wait　　　　　　B. yield　　　　　　C. join
　　D. sleep　　　　　　E. stop　　　　　　F. notify

(7) Runnable 接口定义了如下哪些方法？(　　)
　　A. start()　　　　　B. stop()　　　　　　C. resume()
　　D. run()　　　　　　E. suspend()

(8) Java 中用来抛出异常的关键字是(　　)。
　　A. try　　　　B. catch　　　　C. throw　　　　D. finally

(9) 关于异常，下列说法正确的是(　　)。
　　A. 异常是一种对象
　　B. 一旦程序运行，异常将被创建

C. 为了保证程序的运行速度，要尽量避免异常控制

D. 以上说法都不对

(10) ( )是异常类的父类。

  A. Throwable B. Error C. Exception D. AWTError

(11) Java 语言中，下列哪一子句是异常处理的出口？( )

  A. try{}子句   B. catch{}子句

  C. finally{}子句   D. 以上说法都不对

(12) 如下程序的执行，说法错误的是( )。

```java
public class MultiCatch {
    public static void main(String args[]) {
        try {
            int a = args.length;
            int b = 42 / a;
            int c[] = {1};
            c[42] = 99;
            System.out.println("b=" + b);
        }
        catch(ArithmeticException e) {
            System.out.println("除0异常: " + e);
        }
        catch(ArrayIndexOutOfBoundsException e) {
            System.out.println("数组超越边界异常: " + e);
        }
    }
}
```

  A. 程序将输出第 11 行的异常信息

  B. 程序第 7 行出错

  C. 程序将输出 "b=42"

  D. 程序将输出第 11 和 14 行的异常信息

(13) 针对如下程序的执行，说法正确的是( )。

```java
class ExMulti {
    static void procedure() {
        try {
            int c[] = {1};
            c[42] = 99;
        }
        catch(ArrayIndexOutOfBoundsException e) {
            System.out.println("数组超越界限异常: " + e);
        }
    }
    public static void main(String args[]) {
        try {
            procedure();
            int a = args.length;
            int b = 42 / a;
```

```
            System.out.println("b=" + b);
        }
        catch(ArithmeticException e) {
            System.out.println("除0异常: " + e);
        }
    }
}
```

A. 程序只输出第 8 行的异常信息
B. 程序只输出第 19 行的异常信息
C. 程序将不输出异常信息
D. 程序将输出第 8 行和第 19 行的异常信息

二、填空题

(1) catch 子句都带一个参数，该参数是某个异常的类及其变量名，catch 用该参数去与_____对象的类进行匹配。

(2) Java 虚拟机能自动处理_____异常。

(3) 捕获异常时，要求在程序的方法中预先声明，在调用方法时用 try-catch-____语句捕获并处理。

(4) Java 语言将那些可预料和不可预料的出错称为_____。

(5) 按异常处理方式的不同，可分为运行异常、捕获异常、声明异常和_____几种。

(6) 抛出异常的程序代码可以是_____或者是 JDK 中的某个类，还可以是 JVN。

(7) 抛出异常、生成异常对象都可以通过_____语句来实现。

(8) 捕获异常的统一出口通过_____语句来实现。

(9) Java 语言的类库中提供了一个_____类，所有的异常都必须是它的实例或其子类的实例。

(10) Throwable 类有两个子类：_____类和 Exception 类。

(11) 对程序语言而言，一般有编译错误和_____错误两类。

(12) 下面的程序定义了一个字符串数组，并打印输出，同时捕获数组超越界限异常。请在横线处填入适当的内容完成程序。

```
public class HelloWorld {
    int i = 0;
    String greetings[]= {
                        "Hello world!",
                        "No,I mean it!",
                        "HELLO WORLD!!"
                        };
    while(i<4) {
        _____ {
            System.out.println(greeting[i]);
        }
        _____(ArrayIndexOutOfBoundsException e) {
            System.out.println("Re-setting Index Value");
```

```
            i=-1;
        }
        finally {
            System.out.println("This is always printed");
        }
        i++;
    }
}
```

三、问答题

(1) 线程和进程有什么区别？

(2) Java 创建线程的方式有哪些？

四、编程题

(1) 编写多线程应用程序，模拟多个人通过一个山洞。这个山洞每次只能通过一个人，每个人通过山洞的时间为 5 秒，随机生成 10 个人，同时准备过此山洞，显示每次通过山洞者的姓名。

(2) 参考下面的程序，试修改程序，捕获相关异常，使得程序能正常运行。(提示：用错误数据测试，即可得到异常类名，运行时主方法参数输入 abc 测试)

```java
public class StringIndexOutOf {
    public static void main(String args[]) {
        System.out.println("字符串索引越界异常");
        String str = args[0];
        System.out.println("第四个字符为 " + str.charAt(3));
        int aa = Integer.parseInt(args[0]);
        System.out.println("平方为 "+aa*aa);
    }
}
```

第 5 章

Java I/O 流技术

在 Java 编程中，I/O 系统主要负责文件的读写，一般在运行程序时，Java I/O 程序将源磁盘文件或网络上的数据通过输入流类的相应方法读入到内存中，然后通过输出流类的相应方法将处理完的数据写回到目标文件、磁盘或指定的网络资源位置。I/O 系统类库位于 java.io 包中，提供了全面的 I/O 接口，包括文件读写、标准设备输入输出等机制。

Java 中，I/O 是以流为基础进行输入输出的，在具体使用时，很多初学者对 java.io 包的使用认识模糊，本章将详细介绍关于 Java I/O 系统的使用方法。

本章要点

- java.io.File 类的使用。
- I/O 原理。
- 流的分类。
- 文件流。
- 缓冲流。
- 转换流。
- 数据流。
- 打印流。
- 对象流。
- 随机存取文件流。
- ZIP 文件流。

学习目标

- 了解 Java 中 I/O 流的工作原理。
- 掌握 Java 中常用 I/O 流的使用方法。
- 熟悉字节流和字符流的概念。

5.1 java.io.File 类

几乎所有的应用程序在完成特定的任务时都需要与数据存储设备进行数据交换，最常见的数据存储设备主要有磁盘和网络，I/O 就是指应用程序对这些数据存储设备的数据输入和输出的操作行为。Java 作为一门高级编程语言，也提供了丰富的 API 来完成对数据的输入和输出功能。

5.1.1 文件和目录

在计算机系统中，文件可认为是相关记录或放在一起的数据的集合。为了便于分类管理文件，通常会使用目录组织文件的存放，即目录是一组文件的集合。这些文件和目录一般都存放在硬盘、U 盘、光盘等存储介质中。

在计算机系统中，所有的数据都被转换成二进制数进行存储。因此，文件中存放的数据其实就是大量的二进制数。读取文件就是把文件中的二进制数据读取出来，而将数据写入文件就是把二进制数据存放到对应的存储介质中的过程。

5.1.2 Java 对文件和目录的操作

Java 语言中，对物理存储介质中的文件和目录进行了抽象，使用 java.io.File 类来代表存储介质中的文件和目录。

也就是说，存储介质中的一个文件在 Java 程序中是用一个 File 类对象来代表的，存储介质中的一个目录在 Java 程序中也是用一个 File 类对象来表示的，操作 File 类对象就相当于在操作存储介质中的文件或目录。

File 类定义了一系列与操作系统平台无关的方法来操作文件和目录。通过查阅 Java API 帮助文档，可以了解 java.io.File 类的相关属性和方法，下面介绍常用的几种。

1．File 类常用的构造方法

public File(String pathname)构造方法以 pathname 为路径创建 File 类对象。pathname 可以是绝对路径，也可以是相对路径。如果 pathname 是相对路径，则是相对于 Java 系统属性 user.dir 中的路径(Java 系统属性的 user.dir 路径就是当前字节码运行的目录)。而绝对路径是指完整的描述文件位置的路径，用户不需要知道其他任何信息就可以根据绝对路径判断出文件的位置。

文件的相对路径是指从当前目录为参照点描述文件位置的路径，亦即一个文件相对于另一个文件所在的地址，不是完整的路径名。

2．File 类的常用属性

public static final String separator 存储了当前系统的路径分隔符。在 Unix 系统上，此字段的值为 "/"；在 Windows 系统上为 "\\"。为了实现程序的跨平台特性，文件的路径应该用这个属性值来代表。

3．File 类中常用的访问属性的方法

(1) public boolean canRead()：判断文件是否可读。
(2) public boolean canWrite()：判断文件是否可写。
(3) public boolean exists()：判断文件是否存在。
(4) public boolean isDirectory()：判断是否为目录。
(5) public boolean isFile()：判断是否为文件。
(6) public boolean isHidden()：判断文件是否隐藏。
(7) public long lastModified()：返回最后修改的时间。
(8) public long length()：返回文件以字节为单位的长度。
(9) public String getName()：获取文件名。
(10) public String getPath()：获取文件路径。
(11) public String getAbsolutePath()：获取此文件的绝对路径名。
(12) public String getCanonicalPath()：获取此文件的规范路径名。
(13) public File getAbsoluteFile()：得到绝对路径规范表示的文件对象。
(14) public String getParent()：得到该文件的父目录路径名。

(15) public URI toURI()：返回此文件的统一资源标识符名。

【例 5.1】 如何访问存储介质中一个指定文件的属性：

```java
import java.io.IOException;
import java.io.File;
public class FileAttributeTest {
    public static void main(String [] args) throws IOException {
        //把存储介质中指定路径中的文件抽象成 File 类对象
        File file = new File("D:\\IOTest\\source.txt");
        //指定路径下一定要有这个文件存在，否则会有异常
        //后面的 IO 程序基本上都是在 D:/IOTest 下操作的
        System.out.println("文件或目录是否存在：" + file.exists());
        System.out.println("是文件吗：" + file.isFile());
        System.out.println("是目录吗：" + file.isDirectory());
        System.out.println("名称：" + file.getName());
        System.out.println("路径：" + file.getPath());
        System.out.println("绝对路径：" + file.getAbsolutePath());
        System.out.println("绝对路径规范表示：" + file.getCanonicalPath());
        System.out.println("最后修改时间：" + file.lastModified());
        System.out.println("文件大小：" + file.length() + "字节");
    }
}
```

输出结果为：

```
文件或目录是否存在：true
是文件吗：true
是目录吗：false
名称：source.txt
路径：D:\IOTest\source.txt
绝对路径：D:\IOTest\source.txt
绝对路径规范表示：D:\IOTest\source.txt
最后修改时间：1239338235515
文件大小：25 字节
```

4．对文件 File 类的常用操作方法

(1) public boolean createNewFile()：不存在时创建此文件对象所代表的空文件。

(2) public boolean delete()：删除文件函数，如果是目录，必须是空才能删除。

(3) public boolean mkdir()：创建此抽象路径名指定的目录。

(4) public boolean mkdirs()：创建此抽象路径名指定的目录，包括所必需但还不存在的父目录。

(5) public boolean renameTo(File dest)：重新命名此抽象路径名表示的文件。

5．浏览目录中的文件和子目录的方法

(1) public String[] list()：返回此目录中的文件名和目录名的数组。

(2) public File[] listFiles()：返回此目录中的文件和目录的 File 示例数组。

(3) public File[] listFile(FilenameFilter filter)：返回此目录中满足指定过滤器的文件和

目录。java.io.FilenameFilter 接口用于完成文件名过滤的功能。

【例 5.2】 如何操作一个文件或目录：

```java
import java.io.File;
import java.io.IOException;
/**文件操作演示*/
public class FileOperateTest {
    public static void main(String[] args) throws IOException {
        File dir1 = new File("D:/IOTest/dir1");
        if (!dir1.exists()) { //如果 D:/IOTest/dir1 不存在，就创建为目录
            dir1.mkdir();
        }
        File dir2 = new File(dir1, "dir2");
        //创建以 dir1 为父目录，名为 dir2 的 File 对象
        if (!dir2.exists()) {//如果还不存在，就创建为目录
            dir2.mkdirs();
        }
        File dir4 = new File(dir1, "dir3/dir4");
        if (!dir4.exists()) { //如果还不存在，就创建为目录
            dir4.mkdirs();
        }
        File file = new File(dir2, "test.txt");
        //创建以 dir2 为父目录，名为 test.txt 的 File 对象
        if (!file.exists()) { //如果还不存在，就创建为目录
            file.createNewFile();
        }
        System.out.println(dir1.getAbsolutePath()); //输出 dir1 的绝对路径名
        listChilds(dir1, 0); //递归显示 dir1 下的所有文件和目录信息
        deleteAll(dir1); //删除目录
    }

    //递归显示指定目录下的所有文件和目录信息。level 用来记录当前递归的层次
    public static void listChilds(File dir, int level) {
        //生成有层次感的空格
        StringBuilder sb = new StringBuilder("|--");
        for (int i=0; i<level; i++) {
            sb.insert(0, "|");
        }
        File[] childs = dir.listFiles();
        //递归出口
        int length = childs==null? 0 : childs.length;
        for (int i=0; i<length; i++) {
            System.out.println(sb.toString() + childs[i].getName());
            if (childs[i].isDirectory()) {
                listChilds(childs[i], level+1);
            }
        }
    }

    //删除文件或目录，如果参数 file 代表目录，就删除当前目录以及目录下的所有内容
```

```java
public static void deleteAll(File file) {
    //如果file代表文件，就删除该文件
    if (file.isFile()) {
        System.out.println("删除文件: " + file.getAbsolutePath());
        file.delete();
        return;
    }
    // 如果file代表目录，先删除目录下的所有子目录和文件
    File[] lists = file.listFiles();
    for (int i=0; i<lists.length; i++) {
        deleteAll(lists[i]); //递归删除当前目录下的所有子目录和文件
    }
    System.out.println("删除目录: " + file.getAbsolutePath());
    file.delete();
}
```

输出结果为：

```
D:\IOTest\dir1
|--dir2
||--test.txt
|--dir3
||--dir4
删除文件: D:\IOTest\dir1\dir2\test.txt
删除目录: D:\IOTest\dir1\dir2
删除目录: D:\IOTest\dir1\dir3\dir4
删除目录: D:\IOTest\dir1\dir3
删除目录: D:\IOTest\dir1
```

5.2 Java IO 原理

流(stream)是一个抽象的概念，代表一串数据的集合，当 Java 程序需要从数据源读取数据时，就需要开启一个到数据源的流。同样，当程序需要输出数据到目的地时，也需要开启一个流。流的创建就是为了更方便地处理数据的输入和输出。

可以把数据流比喻成现实生活中的水流。每户人家中要用上自来水，就需要在家和自来水厂之间接上一根水管，这样，水厂的水才能通过水管流到用户家中。同样，要把河流中的水引导到自来水厂，也需要在河流和水厂之间接上一根水管，这样，河流中的水才能流到水厂中。

在 Java 程序中，要想获取数据源中的数据，需要在程序和数据源之间建立一个数据输入的通道，这样就能从数据源中获取数据了。如果要在 Java 程序中把数据写到数据源中，也需要在程序和数据源之间建立一个数据输出的通道。

在 Java 程序中创建输入流对象时就会自动建立数据输入通道，而创建输出流对象时就会自动建立数据输出通道，如图 5-1 所示。

图 5-1 Java IO 流的原理

5.3 流类的结构

Java 中的流可以按如下方式分类：

(1) 按数据流向分类。

① 输入流：程序可以从中读取数据的流。

② 输出流：程序能向其中输出数据的流。

(2) 按数据传输单位分类。

① 字节流：以字节为单位传输数据的流。

② 字符流：以字符为单位传输数据的流。

(3) 按流的功能分类。

① 节点流：用于直接操作数据源的流。

② 过滤流：也叫处理流，是对一个已存在的流进行再次连接和封装，从而提供更为强大、灵活的读写功能。

Java 所提供的流类位于 java.io 包中，分别继承自四种抽象流类，四种抽象流按分类方式显示在表 5-1 中。

表 5-1 四种抽象流类

	字 节 流	字 符 流
输入流	InputStream	Reader
输出流	OutputStream	Writer

下面分别介绍这些抽象流类的基本知识。

5.3.1 InputStream 和 OutputStream

InputStream 和 OutputStream 都是以字节为单位的抽象流类。它们规定了字节流所有输入和输出的基本操作。

1. InputStream 流

InputStream 抽象类是表示字节输入流的所有类的超类，它以字节为单位，从数据源中读取数据。InputStream 定义了 Java 的输入流模型。下面是其常用方法的简要说明。

(1) public abstract int read() throws IOException：从输入流中读取数据的下一个字节，并返回读到的字节值。若遇到流的末尾，则返回-1。

(2) public int read(byte[] b) throws IOException：从输入流中读取 b.length 个字节的数据并存储到缓冲区数组 b 中，返回的是实际读到的字节数。

(3) public int read(byte[] b, int off, int len) throws IOException：读取 len 个字节的数据，并从数组 b 的 off 位置开始写入到指定数组中。

(4) public void close() throws IOException：关闭此输入流并释放与此流关联的所有系统资源。

(5) public int available() throws IOException：不受阻塞地返回输入流读取(或跳过)的估计字节数。

(6) public skip(long n) throws IOException：跳过和丢弃此输入流中数据的 n 个字节，返回实现的字节数。

2. OutputStream 流

OutputStream 抽象类是表示字节输出流的所有类的超类。它以字节为单位，向数据源写出数据。下面是 OutputStream 类的常用方法介绍。

(1) public abstract void write(int b) throws IOException：将指定的字节写入此输出流。

(2) public void write(byte[] b) throws IOException：将 b.length 个字节从指定的 byte 数组写入此输出流。

(3) public void write(byte[] b, int off, int len) throws IOException：将指定 byte 数组中从偏移量 off 开始的 len 个字节写入此输出流。

(4) public void flush() throws IOException：刷新此输出流，并强制写出所有缓冲的输出字节。

(5) public void close() throws IOException：关闭此输出流，并释放与此输出流有关的所有系统资源。

5.3.2 Reader 和 Writer

Reader 和 Writer 都是以字符为单位的抽象流类。它们规定了所有字符流输入和输出的基本操作。

1. Reader

Reader 抽象类是表示字符输入流的所有类的超类，它以字符为单位，从数据源中读取数据。下面是 Reader 类提供的常用方法介绍。

(1) public int read() throws IOException：读取单个字符，返回作为整数读取的字符，如果已到达流的末尾，返回-1。

(2) public int read(char[] cbuf) throws IOException：将字符读入数组，返回读取的字符个数。

(3) public abstract int read(char[] cbuf, int off, int len) throws IOException：读取 len 个字符的数据，并从数组 cbuf 的 off 位置开始写入到这个数组中。

(4) public abstract void close() throws IOException：关闭该流并释放与之关联的所有系统资源。

(5) public long skip(long n) throws IOException：跳过 n 个字符。

2．Writer

Writer 抽象类是表示字符输出流所有类的超类，它以字符为单位，向数据源写出数据。下面是 Writer 类提供的常用方法介绍。

(1) public void write(int c) throws IOException：写入单个字符。

(2) public void write(char[] cbuf) throws IOException：写入字符数组。

(3) public abstract void write(char[] cbuf, int off, int len) throws IOException：写入字符数组的某一部分。

(4) public void write (String str) throws IOException：写入字符串。

(5) public void write(String str, int off, int len) throws IOException：写字符串的某一个部分。

(6) public abstract void close() throws IOException：关闭此流，但要先刷新它。

(7) public abstract void flush() throws IOException：刷新该流的缓冲，将缓冲的数据全部写到目的地。

5.4 文 件 流

文件流是指那些专门用于操作数据源中的文件的流，文件流主要有 FileInputStream、FileOutStream、FileReader、FileWriter 四个类。下面根据它们读写数据时的操作单位，分成两组来介绍。

5.4.1 FileInputStream 和 FileOutputStream

FileInputStream 和 FileOutputStream 是以字节为操作单位的文件输入流和文件输出流。利用这两个类，可以对文件进行读写操作。

【例 5.3】使用 FileInputStream 类来读取指定文件的数据：

```java
import java.io.*;
/** 用 FileInputStream 类来读取数据源中的数据 */
public class FileInputStreamTest {
    public static void main(String[] args) {
        FileInputStream fin = null;
        try {
            //step1: 创建一个连接到指定文件的 FileInputStream 对象
            fin = new FileInputStream("D:\\IOTest\\source.txt");
```

```
                System.out.println("可读取的字节数: " + fin.available());
                //step2: 读数据，一次读取一个字节的数据，返回的是读到的字节
                int i = fin.read();
                while (i != -1) { //若遇到流的末尾，会返回-1
                    System.out.print((char)i);
                    i = fin.read();  //再读
                }
            } catch (FileNotFoundException e) {
                e.printStackTrace();
            } catch (IOException e) {  //捕获IO异常
                e.printStackTrace();
            } finally {
                //step3: 关闭输入流
                try {
                    if (null != fin) {
                        fin.close();
                    }
                } catch (IOException e) {
                    e.printStackTrace();
                }
            }
        }
    }
```

其中 D:\\IOTest\source.txt 中的内容如下：

```
abc
你好吗
中国
i1234o
```

运行该程序，在控制台的输出结果为：

```
可读取的字节数: 25
abc
??????
???ú
i1234o
```

上述程序中使用字节文件输入流从指定文件中读取数据，并输出到控制台中。从输出结果可以看到，中文字符会乱码。这是因为在 Unicode 编码中，一个英文字符是用一个字节编码的，而一个中文字符则是用两个字节编码的。所以用字节流读取中文时，肯定会出问题的。

【例 5.4】下面再来看一个使用 FileOutputStream 类往指定文件中写入数据的示例：

```
import java.io.*;
/** 用FileOutputStream类往指定文件中写入数据 */
public class FileOutputStreamTest {
    public static void main(String[] args) {
        FileOutputStream out = null;
        try {
```

```java
            //step1：创建一个向指定名的文件中写入数据的 FileOutputStream
            //第二个参数设置为 true 表示：使用追加模式添加字节
            out = new FileOutputStream("D:\\IOTest\\dest.txt", true);
            //step2：写数据
            out.write('#');
            out.write("helloworld".getBytes());
            out.write("你好".getBytes());
            //step3：刷新输出流
            out.flush();
        } catch (FileNotFoundException e) {
            e.printStackTrace();
        } catch (IOException e) { //捕获 IO 异常
            e.printStackTrace();
        } finally {
            if (out != null) {
                try {
                    out.close(); //step3：关闭输出流
                } catch (IOException e) {
                    e.printStackTrace();
                }
            }
        }
    }
}
```

这个例子运行后可以看到，用字节文件输出流向文件中写入的中文字符没有乱码，这是因为程序先把中文字符转成了字节数组，然后再向文件中写入，Windows 操作系统的记事本程序在打开文本文件时，能自动"认出"中文字符。

从上面 IO 流操作文件的代码中，可以归纳出使用 IO 流类操作文件的一般步骤如下。

(1) 创建连接到指定数据源的 IO 流对象。

(2) 利用 IO 流类提供的方法进行数据的读取或写入，在整个操作过程中，都需要处理 java.IOException 异常。另外，如果是向输出流写入数据，还需要在写入操作完成后，调用 flush()方法来强制写出所有缓冲的数据。

(3) 操作完毕后，一定要调用 close()方法关闭该 IO 流对象。

IO 流类的 close()方法会释放流所占用的系统资源，因为这些资源在操作系统中的数量是有限的。一般来说，FileInputStream 和 FileOutputStream 类用来操作二进制文件比较合适，如图片、声音、视频等文件。

5.4.2　FileReader 和 FileWriter

FileReader 和 FileWriter 是以字符为操作单位的文件输入流和文件输出流。因此，用 FileReader 和 FileWriter 来操作字符文本文件是最合适的读写流。

【例 5.5】实现复制字符文本文件的功能：

```java
import java.io.*;
/** 用 FileReader 和 FileWriter 实现字符文本文件复制的功能 */
```

```java
public class TextCopyTest {

    public static void main(String[] args) {
        FileReader fr = null;
        FileWriter fw = null;
        int c = 0;
        try {
            //创建IO流对象
            fr = new FileReader("d:\\IOTest\\source.txt");
            fw = new FileWriter("d:\\IOTest\\dest2.txt");
            while ((c = fr.read()) != -1) { //从源文件中读取字符
                fw.write(c); //往目标文件中写入字符
            }
            fw.flush(); //刷新输出流
        } catch (FileNotFoundException e) {
            e.printStackTrace();
        } catch (IOException e) {
            e.printStackTrace();
        } finally {
            //关闭所有的IO流对象
            try {
                if (null != fw) {
                    fw.close();
                }
            } catch (IOException e) {
                e.printStackTrace();
            }
            try {
                if (null != fr) {
                    fr.close();
                }
            } catch (IOException e) {
                e.printStackTrace();
            }
        }
    }
}
```

运行上述程序后，在 D:\IOTest 目录下新产生了一个 dest2.txt 文件，其内容跟 source.txt 的内容完全相同，中文也不乱码了。

为了提高读取和写入数据的效率，还可以使用一次读取一个字节数组和一次写入一个字节数组的方法，代码如下所示：

```
int length = 0;  //读取到的长度
char[] cbuf = new char[8192];   //字符数组
while ((c=fr.read(cbuf)) != -1) {    //一次性读取指定字符数组的长度
    fw.write(cbuf, 0, length);       //一次性写入指定字符数组指定位置的数据
}
```

5.5 缓 冲 流

为了提高数据的读写速度，Java API 提供了带缓冲功能的流类，在使用这些带缓冲功能的流类时，会创建一个内部缓冲区数组。在读字节或字符时，会先把从数据源读取到的数据填充到其内部缓冲区，然后再完成输入流的传输任务。在写入字节或字符时，仍然先把要写入的数据填充到其内部缓冲区，然后一次性写入到目标数据源中。

根据数据操作单位，可以把缓冲流分为两类。

(1) BufferedInputStream 和 BufferedOutputStream：针对字节的缓冲输入和输出流。

(2) BufferedReader 和 BufferedWriter：针对字符的缓冲输入和输出流。

缓冲流都属于过滤流，也就是说，缓冲流并不直接操作数据源，而是对直接操作数据源节点流的一个包装，以此增强它的功能。

【例 5.6】用缓冲流来改写字符文本文件的复制功能：

```java
import java.io.*;
/** 用 BufferedReader 和 BufferedWriter 实现字符文本文件复制的功能 */
public class BufferedTextCopyTest {
   public static void main(String[] args) {
     BufferedReader br = null;
     BufferedWriter bw = null;
     try {
         //创建缓冲对象：它是过滤流，是对节点流的包装
         br = new BufferedReader(
           new FileReader("d:\\IOTest\\source.txt"));
         bw = new BufferedWriter(
           new FileWriter("d:\\IOTest\\destBF.txt"));
         String str = null;
         while ((str = br.readLine()) != null) {
             //一次读取字符文本文件的一行字符
             bw.write(str); //一次写入一行字符串
             bw.newLine(); //写入行分隔符
         }
         bw.flush(); //刷新缓冲区
     } catch (IOException e) {
         e.printStackTrace();
     } finally {
         //关闭 IO 流对象
         try {
             if (null != bw) {
                 bw.close(); //关闭过滤流时，会自动关闭它所包装的底层节点流
             }
         } catch (IOException e) {
             e.printStackTrace();
         }
         try {
             if (null != br) {
                 br.close();
```

```
            }
        } catch (IOException e) {
            e.printStackTrace();
        }
    }
}
```

在操作字节文件或字符文本文件时，建议使用以上介绍的缓冲流，这样程序的效率会更高一些。另外，在使用过滤流的过程中，当关闭过滤流时，会自动关闭它所包装的底层节点流，所以，在这种情况下，就无须再手动关闭节点流了。

5.6 转 换 流

为了便于操作，有时我们需要在字节流和字符流之间进行转换。Java SE API 提供了两个转换流：InputStreamReader 和 OutputWriter。

1. InputStreamReader

InputStreamReader 用于将字节流中读取到的字节转换成字符。它的功能实现需要与 InputStream 套接，有以下两种套接形式。

(1) public InputStreamReader(IntputStream in)：这种方式可以创建一个使用默认字符集的 InputStreamReader。

(2) public InputStreamReader(InputStream in, String charsetName)：创建使用指定字符集的 InputStreamReader。

2. OutputStreamWriter

OutputStreamWriter 用于将要写入到字节流中的字符转换成字节，其功能实现需要与 OutputStream 套接，有以下两种套接形式。

(1) public OutputStreamWriter(OutputStream out)：这种方式可以创建使用默认字符编码的 OutputStreamWriter。

(2) public OutputStreamWriter(OutputStream out, String charsetName)：创建使用指定字符集的 OutputStreamWriter。

【例 5.7】转换流的使用示例：

```
import java.io.*;
/** 转换流的使用示例 */
public class ByteToCharTest {
    public static void main(String[] args) {
        System.out.println("请输入信息(退出输入 e 或 exit):");
        //把"标准"输入流(键盘输入)这个字节流包装成字符流，再包装成缓冲流
        BufferedReader br =
          new BufferedReader(new InputStreamReader(System.in));
        String s = null;

        try {
```

```
            //读取用户输入的一行数据 --> 阻塞程序
            while ((s=br.readLine()) != null) {
                if (s.equalsIgnoreCase("e") || s.equalsIgnoreCase("exit")){
                    System.out.println("安全退出！!");
                    break;
                }
                //将读取的整行字符串转成大写输出
                System.out.println("-->:" + s.toUpperCase());
                System.out.println("继续输入信息");
            }
        } catch (IOException e) {
            e.printStackTrace();
        } finally {
            try {
                if (null != br) {
                    br.close(); //关闭过滤流时，会自动关闭它包装的底层节点流
                }
            } catch (IOException e) {
                e.printStackTrace();
            }
        }
    }
}
```

在这个程序中，首先把"标准"输入流 System.in 这个字节流包装成字符流，为了进一步提高效率，又把它包装成了缓冲流，然后利用这个缓冲流来读取从键盘输入的数据并转成大写字符输出。

5.7 数 据 流

有时，为了更加方便地操作 Java 语言的基本数据类型的数据，可以使用数据流。数据流主要有两个类：DataInputStream 和 DataOutputStream，分别用来读取和写出基本数据类型的数据。

(1) DataInputSteam 类中提供的读取基本数据类型数据的方法如下。
- boolean readBoolean()：从输入流中读取一个布尔型的值。
- byte readByte()：从输入流中读取一个 8 位的字节。
- char readChar()：读取一个 16 位的 Unicode 字符。
- float readFloat()：读取一个 32 位的单精度浮点数。
- double readDouble()：读取一个 64 位的双精度浮点数。
- float readFloat()：读取一个 32 位的单精度浮点数。
- short readShort()：读取一个 16 位的短整数。
- int readInt()：读取一个 32 位的整数。
- long readLong()：读取一个 64 位的长整数。
- void readFully(byte[] b)：从当前数据输入流中读取 b.length 个字节到该数组。

- void readFully(byte[] b, int off, int len)：从当前数据输入流中读取 len 个字节到该字节数组。
- String readUTF()：读取一个由 UTF 格式字符组成的字符串。
- int skipBypes(int n)：跳过 n 个字节。

(2) DataOutputStream 类中提供的写出基本数据类型数据的方法如下。

- void writeBoolean(boolean v)：将一个 boolean 值以 byte 值形式写入基础输出流。
- void writeByte(int v)：以 byte 值形式写出到基础输出流中。
- void writeBytes(String s)：将字符串按字节顺序写出到基础输出流中。
- void writeChar(int v)：将一个 char 值以 byte 值形式写入基础输出流中，先写入高字节。
- void writeChars(String s)：将字符串按字符顺序写入基础输出流。
- void writeDouble(double v)：使用 Double 类中的 doubleToLongBits 方法将 double 参数转换为一个 long 值，然后将该 long 值以 byte 值形式写入基础输出流中，先写入高字节。
- void writeFloat(float v)：使用 Float 类中的 floatToIntBits 方法将 float 参数转换为一个 int 值，然后将该 int 值以 byte 值形式写入基础输出流中，先写入高字节。
- void writeInt(int v)：将一个 int 值以 byte 值形式写入到基础输出流中，先写入高字节。
- void writeLong(long v)：将一个 long 值以 byte 值形式写入基础输出流中，先写入高字节。
- void writeShort(int v)：将一个 short 值以 byte 值形式写入基础输出流中，先写入高字节。
- void writeUTF(String str)：以与机器无关方式使用 UTF-8 修改版编码将一个字符串写入基础输出流。

【例 5.8】数据流使用示例，如下是往指定文件中写入 Java 基本类型数据的代码：

```
import java.io.*;
/** 数据流使用示例 */
public class DataOutputStreamTest {
    public static void main(String[] args) {
        DataOutputStream dos = null;
        try {
            //创建连接到指定文件的数据输出流对象
            dos = new DataOutputStream(
              new FileOutputStream("d:\\Iotest\\destdata.dat"));
            dos.writeUTF("ab 中国"); //写 UTF 字符串
            dos.writeBoolean(false); //写入布尔值
            dos.writeLong(1234567890L); //写入长整数
            System.out.println("写文件成功！");
        } catch (IOException e) {
            e.printStackTrace();
        } finally {
            //关闭流对象
```

```
            try {
                if (null != dos) {
                    dos.close();    //关闭过滤流时，会自动关闭它包装的底层节点流
                }
            } catch (IOException e) {
                e.printStackTrace();
            }
        }
    }
}
```

5.8 打 印 流

PrintStream 和 PrintWriter 都属于打印流，提供了一系列的 print 和 println 方法，可以实现将基本数据类型的数据格式转化成字符串输出。PrintStream 和 PrintWriter 的输出操作可能不会抛出 IOException 异常。

在前面章节的程序中，我们大量使用到 System.out.println 语句，其中的 System.out 就是 PrintStream 类的一个实例。

【例 5.9】演示打印流的使用：

```
import java.io.*;

/** 把标准的输出改成指定的文件输出 */
public class PrintStreamTest {
    public static void main(String[] args) {
        FileOutputStream fos = null;
        try {
            fos = new FileOutputStream(new File("D:\\text.txt"));
        } catch (FileNotFoundException e) {
            e.printStackTrace();
        }
        //创建打印输出流，设置为自动刷新模式(写入换行或字节'\n'时都会刷新输出缓冲区)
        PrintStream ps = new PrintStream(fos, true);
        if (ps != null) {
            //把标准输出流(控制台输出)改成文件
            System.setOut(ps);
        }
        for (int i=0; i<=255; i++) {  //输出ASCII字符
            System.out.print((char) i);
            if (i%50 == 0) {  //每50个数据一行
                System.out.println();  //换行
            }
        }
        ps.close();
    }
}
```

5.9 对象流

5.9.1 序列化和反序列化操作

JDK 提供的 ObjectOutputStream 和 ObjectInputStream 类是用于存储和读取基本类型数据或对象的过滤流,它的功能就是可以把 Java 中的对象写到数据源中,也能把对象从数据源中还原回来。

用 ObjectOutputStream 类保存基本类型数据或对象的机制叫作序列化。

用 ObjectInputStream 类读取基本数据类型或对象的机制叫作反序列化。

但是,ObjectOutputStream 和 ObjectInputStream 不能序列化 static 或 transient 修饰的成员变量。

另外,需要说明的是,能被序列化的对象所对应的类必须实现 java.io.Serializable 这个标识性接口,只有这样,才能允许使用对象流进行序列化。

【例 5.10】定义一个可序列化的 Student 类:

```java
/** 可序列化的 POJO */
public class Student implements java.io.Serializable {
    private int id;
    private String name;
    private transient int age;  //不需要序列化的属性

    public Student() {
    }

    public Student(int id, String name, int age) {
        this.id = id;
        this.name = name;
        this.age = age;
    }

    public int getId() {
        return id;
    }

    public String getName() {
        return name;
    }

    public int getAge() {
        return age;
    }

    public String toString() {
        return "id=" + id + ",name=" + name + ",age=" + age;
    }
}
```

在 Student 类的实例被序列化时,它的成员变量 age 不会被保存和读取。

序列化的好处在于,它可以将任何实现了 Serializable 接口的对象转换为字节数据。这些数据可以保存在数据源中,以后仍可以还原为原来的对象状态,即使这些数据通过网络传输到别处,也能还原回来。

【例 5.11】 下面创建一个学生对象,并把它序列化到一个文件(objectSeri.dat)中:

```java
import java.io.*;
/** 序列化示例 */
public class SerializationTest {
    public static void main(String[] args) {
        ObjectOutputStream oos = null;
        try {
            //创建连接到指定文件的对象输出流实例
            oos = new ObjectOutputStream(
              new FileOutputStream("D:\\IOTest\\objestSeri.dat"));
            oos.writeObject(
              new Student(101, "张三", 22));  //把 stu 对象序列化到文件中
            oos.flush();  //刷新输出流
            System.out.println("序列化成功!!!");
        } catch (IOException e) {
            e.printStackTrace();
        } finally {
            try {
                if (null != oos) {
                    oos.close();  //关闭输出流实例
                }
            } catch (IOException e) {
                e.printStackTrace();
            }
        }
    }
}
```

【例 5.12】 把指定文件中的数据反序列化回来,打印输出它的信息:

```java
import java.io.*;
/** 反序列化示例 * */
public class DeserializationTest {
    public static void main(String[] args) {
        ObjectInputStream ois = null;
        try {
            //创建连接到指定文件的对象输入流实例
            ois = new ObjectInputStream(
              new FileInputStream("D:\\IOTest\\objectSeri.dat"));
            Student stu = (Student)ois.readObject();  //读取对象
            System.out.println(stu);  //输出读的对象信息
        } catch (ClassNotFoundException e) {
            e.printStackTrace();
        } catch (IOException e) {
            e.printStackTrace();
```

```
        } finally {
          try {
            if (null != ois) {
                ois.close();  //关闭对象流实例
            }
          } catch (IOException e) {
            e.printStackTrace();
          }
        }
    }
}
```

程序的运行结果如下：

```
id=101,name=张三,age=0
```

从运行结果看，读取出来的数据中 age 的值丢了，这是因为它是用 transient 修饰的，它的值根本没序列化到文件中。

5.9.2 序列化的版本

凡是实现 Serializable 接口的类都有一个表示序列化版本标识符的静态变量 private static final long serialVersionUID。变量 serialVersionUID 用来表明类的不同版本间的兼容性。默认情况下，如果类没有显式定义这个静态变量，它的值是 Java 运行时环境根据类的内部细节自动生成的。如果对类的源代码做了修改，再重新编译，新生成的类文件的变量 serialVersionUID 的取值有可能也会发生变化。如果这时仍用老版本的类来反序列化对象，就会因为老版本不兼容而失败。

类的 serialVersionUID 的默认值完全依赖于 Java 编译器的实现。对于同一个类，用不同的 Java 编译器编译，有可能会导致不同的 serialVersionUID 值。

为了保持 serialVersionUID 的独立性和确定性，强烈建议在一个可序列化类中显式地定义 serialVersionUID，为它赋予明确的值。

负责 Java 编译运行的 Eclipse 工具可以根据类的信息自动生成一个 serialVersionUID 的值，在没有给实现 Serializable 接口的类显式指定 serialVersionUID 时，Eclipse 会发出"警告"，开发人员只需要单击"警告"对话框中的 Add generated serial version ID，就可以自动为这个类添加一个 serialVersionUID 变量。

5.10 随机存取文件流

RandomAccessFile 是一种特殊的流类，它可以在文件的任何地方读取或写入数据。打开一个随机存取文件后，要么对它进行只读操作，要么对它同时进行读写操作。具体的选择是用构造方法的第二个参数 mode 指定的。mode 参数指定用以打开文件的访问模式，其允许的值及其含义如下。

- "r"：以只读方式打开。选择这种方式后，调用结果对象的任何 write 方法都将导致抛出 IOException。

- "rw"：打开以便读取和写入。如果该文件尚不存在，则尝试创建该文件。
- "rws"：打开以便读取和写入，还要求对文件的内容或元数据的每个更新都同步写入到基础存储设备。
- "rwd"：打开以便读取和写入，还要求对文件内容的每个更新都同步写入到基础存储设备。

例如：

```
RandomAccessFile in = new RandomAccessFile("d:\\IOTest\\bjhyn.wmv", "r");
RandomAccessFile inout =
  new RandomAccessFile("d:\\IOTest\\dest.wmv", "rwd");
```

随机存取文件的行为类似于存储在文件系统中的一个大型 byte 数组，它提供了一个指向该数组的光标或索引，称为文件指针，该文件指针用来标志将要进行读写操作的下一字节的位置，getFilePointer 方法可以返回文件指针的当前位置。而使用 seek 方法可以将文件指针移动到文件内部的任意字节位置。

【例 5.13】使用 RandomAccessFile 类多线程下载网络资源的示例程序：

```java
import java.io.*;
import java.net.*;

/** 利用多线程下载文件的示例 **/
public class MultThreadDownloadTest {
   public static void main(String[] args, File destFile)
     throws IOException {
       String urlStr = "http://www.yckl.com/soft/bjhyl.mp3"; //资源地址
       URL url = new URL(urlStr); //创建 URL
       URLConnection con = url.openConnection(); //建立连接
       int contentLen = con.getContentLength(); //获得资源总长度
       int threadQut = 10; //线程数
       int subLen = contentLen / threadQut; //每个线程要下载的大小
       int remainder = contentLen & threadQut; //余数

       //创建并启动线程
       for (int i=0; i<threadQut; i++) {
          int start = subLen * i; //开始位置
          int end = start + subLen - 1; //结束位置
          if (i == threadQut-1) {  //最后线程的结束位置
             end += remainder;
          }
          Thread t = new Thread(
            (Runnable) new DownloadRunnable(start, end, url, destFile));
          t.start();
       }
   }
}

class DownloadRunnable implements Runnable {
   private final int start; //开始位置
   private final int end; //结束位置
```

```java
private final URL srcURL; //数据源
private final File destFile; //目标文件
public static final int BUFFER_SIZE = 8192; //缓冲区大小

public DownloadRunnable(int start, int end,
  URL srcURL, File destFile) { //构造方法
    this.start = start;
    this.end = end;
    this.srcURL = srcURL;
    this.destFile = destFile;
}

public void run() {
    System.out.println(Thread.currentThread().getName() + "启动…");
    BufferedInputStream bis = null;
    RandomAccessFile ras = null;
    byte[] buf = new byte[BUFFER_SIZE]; //创建一个缓冲区
    URLConnection con = null;
    try {
        con = srcURL.openConnection(); //创建按网络连接
        //设置连接的请求头字段：获取资源数据的范围从 start 到 end
        con.setRequestProperty("Range", "bytes=" + start + "-" + end);
        //网络连接中获取输入流并包装成缓冲流
        bis = new BufferedInputStream(con.getInputStream());
        //创建 RandomAccessFile
        ras = new RandomAccessFile(destFile, "rw");
        ras.seek(start); //把文件指针移动到 start 位置
        int len = -1; //读取到的字节数
        while ((len=bis.read(buf)) != -1) { //从网络中读取数据
            ras.write(buf, 0, len); //用随机存取流写到目标文件
        }
        System.out.println(
          Thread.currentThread().getName() + "已经下载完毕");
    } catch (IOException e) {
        e.printStackTrace();
    } finally {
        //关闭所有的 IO 流对象
        if (ras != null) {
            try {
                ras.close();
            } catch (IOException e) {
                e.printStackTrace();
            }
        }
        if (bis != null) {
            try {
                bis.close();
            } catch (IOException e) {
                e.printStackTrace();
            }
```

```
            }
        }
    }
}
```

5.11 ZIP 文件流

ZIP 文件是一种特殊的文件，其中包含了一个或多个文件，通常采用压缩格式存放。Java 中可以处理 GZIP 和 ZIP 两种格式。这里以大家比较熟悉的 ZIP 格式来讲解，GZIP 格式跟它类似。

处理 ZIP 文件的类存放在 java.util.zip 包中，这个包中与 ZIP 直接相关的类介绍如下。

- ZipEntity：代表 ZIP 文件条目。ZIP 文件中存放的是一个个条目。要压缩的文件都需要转换成条目。
- ZipFile：代表 ZIP 文件读取条目。
- ZipInputStream：ZIP 文件输入流。用于从 ZIP 条目中读取数据。
- ZipOutputStream：ZIP 文件输出流。用于把 ZIP 条目写入 ZIP 文件中。

【例 5.14】 利用 ZipOutputStream 把指定目录的所有文件都压缩到一个文件中：

```java
import java.io.*;
import java.util.*;
import java.util.zip.*;
/** ZIP 压缩的示例 * */
public class ZipTest {
    public static void main(String[] args) {
        zipFile("D:\\IOTest", "D:\\abc.zip");
    }

    /** ZIP 压缩功能。压缩 baseDir(文件夹目录)下的所有文件，包括子目录 */
    public static void zipFile(String baseDir, String filename) {
        List<File> fileList = getSubFiles(new File(baseDir));
        ZipOutputStream zos = null;//ZIP 输出流
        ZipEntry ze = null;//条目
        byte[] buf = new byte[8192]; //缓冲区
        try {
            zos = new ZipOutputStream(new FileOutputStream(filename));
            for (File f : fileList) {
                //条目的名只能使用相对于基目录的相对路径
                ze = new ZipEntry(getAbsFileName(baseDir, f));
                //文件要当作条目用
                ze.setSize(f.length());
                ze.setTime(f.lastModified());
                zos.putNextEntry(ze); //开始一个新文件的写入
                //创建连接到指定文件的输入流
                InputStream is =
                 new BufferedInputStream(new FileInputStream(f));
                int readLen = -1;
```

```java
            while ((readLen=is.read(buf)) != -1) { //从指定文件中读数据
                zos.write(buf, 0, readLen);//往 ZIP 输出流中写
            }
            zos.closeEntry(); //关闭当前条目
            is.close();
        }
    } catch (IOException e) {
        e.printStackTrace();
    } finally {
        try {
            zos.close();
        } catch (IOException e) {
            e.printStackTrace();
        }
    }
}

/** 给定根目录，返回另一个文件名的相对路径，用于 ZIP 文件中的路径 */
private static String getAbsFileName(String baseDir, File file)
    throws IOException {
    String result = file.getName(); //记住文件名
    File base = new File(baseDir);
    File temp = file;
    while (true) {
        temp = temp.getParentFile();
        if (temp == null || temp.equals(base)) {
            break;
        } else {
            result = temp.getName() + "/" + result;
        }
    }
    result = base.getName() + "/" + result;
    return result;
}

/** 递归获取指定目录下的所有子孙文件、目录列表 */
private static List<File> getSubFiles(File baseDir) {
    List<File> list = new ArrayList<File>();
    File[] temp = baseDir.listFiles();
    for (int i=0; i<temp.length; i++) {
        if (temp[i].isFile()) {
            list.add(temp[i]);
        }
        if (temp[i].isDirectory()) {
            list.addAll(getSubFiles(temp[i])); //递归
        }
    }
    return list;
}
}
```

运行这个程序后，就会把 D:\IOTest 目录下的所有文件和目录都压缩到 D:\abc.zip 文件之中。

本 章 小 结

Java 中 IO 是以流为基础进行输入输出的，在具体使用时，很多初学者对 java.io 包的使用认识非常模糊，本章详细介绍了关于常用 Java IO 流，如文件流、缓冲流、转换流、数据流、打印流、对象流、随机存取文件流和 ZIP 文件流的概念及使用方法，让读者进一步领会 Java 语言的面向对象编程技巧。

习　题

(1) 上机实现：用 IO 流编写一个复制音乐文件功能的程序。
(2) 上机实现：用 IO 流编写一个程序，统计并输入某个文本文件中 a 字符的个数。
(3) 简述 Java 中 IO 流的工作原理，并举例说明。
(4) 简述 Java 中 File 类的作用。

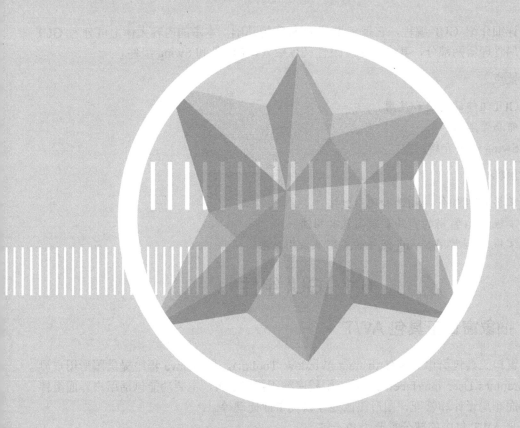

第 6 章

GUI 界面设计

本章详细介绍 GUI 编程，它是 C/S 构架程序的基础，本章的内容大体上可分为 GUI 组件和布局管理器两部分，其中，GUI 组件又包括 AWT 组件和 Swing 组件。

本章要点

- GUI 组件的构造和使用。
- 布局管理器。
- Swing 组件介绍。

学习目标

- 掌握 GUI 组件的构造和使用方法。
- 掌握 Java 常用的布局管理器及其用法。
- 掌握 Java 常用 Swing 组件的类别及使用方法。

6.1 GUI 组件

6.1.1 抽象窗口工具包 AWT

抽象窗口工具包简称 AWT(Abstract Window Toolkit)，是为 Java 程序提供图形用户界面 GUI(Graphics User Interface)的一组应用程序编程接口 API。主要功能包括用户界面组件设计、界面布局设计和管理、图形图像处理以及事件处理等。

下面是 AWT 包中的部分重要类和子包。

(1) java.awt.Component：是 AWT 包所有组件类的超类。
(2) java.awt.datatransfer：提供数据传输和剪贴板功能的包。
(3) java.awt.dnd：提供用户拖曳操作功能的包。
(4) java.awt.event：提供事件处理功能的包。
(5) java.awt.image：提供图像处理功能的包。
(6) java.awt.peer：提供 AWT 程序运行所需要界面的同位体运行的包。
(7) java.swing：Swing 组件包。

组件是构成 GUI 的基本元素，Component 类是 AWT 包所有组件类的超类，它为其他子类提供了很多组件设计功能，如位置、大小、字体、颜色和同位体等。

其中"同位体"(peer)是对窗体界面系统的抽象。当程序员调用 AWT 对象时，此次调用被转发到对象所对应的一个 peer 上，再由 peer 调用本地对象方法，完成对象的显示。不同的系统，有不同的同位体实现，这也是为什么同样的 AWT 程序窗口在不同的 Windows 系统平台下显示不同外观的原因。

从同位体的使用机制来看，AWT 包组件的显示要受到本地平台的影响，故现在大多使用 Swing 包来代替 AWT 包。

除 AWT 包之外，Swing 包也提供了 GUI 设计功能，它们都是 Java 基本类库 JFC(Java Foundation Class)的一部分，不过 Swing 提供了比 AWT 包更强大的功能，且具备完全跨平台的能力，Swing 包将在后面的章节中介绍。

6.1.2 GUI 组件与容器

所有 AWT 组件都是 Component 类和 MenuComponent 类的扩展子类。

MenuComponent 类是各菜单类的超类，Component 类是基本组件的超类。Component 类封装了所有 AWT 组件通用的方法和属性，其常用方法如表 6-1 所示，其中 XXX 代表具体的事件类型，例如行为监听器 ActionListener。

表 6-1 Component 组件类的常用方法

常用方法	功 能
addXXXListener(XXXListener i)	添加指定的 XXX 监听器，接收此组件发出的事件
SetBackground(Color c)	设置组件的背景色
getBackground()	获得组件的背景色
getForeground(Color c)	设置组件的前景色
getForeground()	获得组件的前景色
getFont(Font f)	设置组件的字体
getSize()	获得组件的大小
getFont()	获得组件的字体
getWidth()	获得组件的当前宽度
getHeight()	获得组件的当前高度
getX()	获得组件原点的当前 X 坐标
getY()	获得组件原点的当前 Y 坐标
paint(Graphics g)	绘制此组件
repaint()	重绘此组件
requestFocus()	请求此组件获得输入焦点，并且此组件的顶层组件成为获得焦点的 Window
setBounds(int x, int y, int width, int height)	移动组件并调整其大小
setEnabled(Boolean b)	根据参数 b 的值启用或禁用此组件
setVisible(Boolean b)	根据参数 b 的值显示或隐藏此组件
toString()	返回此组件及其值的字符串表示形式
update(Graphics g)	更新组件

1．AWT 容器

AWT 容器是 Container 类的子类，它们是可以容纳其他组件的特殊组件。下面介绍常用的窗体容器 Frame、对话框容器 Dialog 和面板容器 Panel 等。

(1) 窗体(又称框架)容器 Frame。

Frame 类是窗口 Window 类的子类，它具有边框、标题栏、系统菜单、最大化按钮、最小化按钮的具备完全窗口功能的窗体。

Frame 的构造方法如下。
- Frame()：默认的构造方法，创建没有标题的窗体。
- Frame(String title)：创建以 title 为标题的窗体。

Frame 的主要成员方法如下。
- getSize(int width, int height)：为窗体设置大小，width 为窗体的宽度，height 为窗体的高度。
- pack()：以紧凑组件的方式设置窗体大小。
- setTitle(String title)：为窗体设置标题。
- setVisible(Boolean b)：为窗体设置可见性，默认时窗体为不可见。

【例 6.1】 创建简单窗体：

```
import java.awt.*;
public class FrameDemo extends Frame {
    public FrameDemo(String title) { //自定义构造方法，title 为窗体标题
        Super(title); //调用超类的带参数的构造方法
        this.setSize(200, 100);
        setVisible(true);
    }
    public static void main(String[] args) {
        new FrameDemo("简单窗体");
    }
}
```

(2) 对话框容器 Dialog。

对话框是可以接收用户输入的弹出式窗体，它也是一种带边框的容器，与 Frame 不同的是，对话框依赖于其他的窗体，当窗体最小化时，对话框也会随之最小化。

对话框可分为模态对话框和非模态对话框，其中，模态对话框只能响应对话框范围内的事件，对话框外部的事件则不能响应。而非模态对话框则不受这个限制。因此，模态对话框通常用于"注册"窗口或"另存为"窗口等必须由用户首先响应的情况。

Dialog 的构造方法如下。
- Dialog(Frame frm)：创建一个不可见、无标题的非模态对话框，相关联的窗体是框架类的对象 frm。
- Dialog(Frame frm, String title, boolean modal)：创建一个不可见、以 title 为标题的对话框，相关联的窗体是框架类的对象 frm，第二个参数为 true 时，表示创建模态对话框，为 false 时，表示创建非模态对话框。

容器 Dialog 的方法继承自 Component 类，所以它具备 Component 类的所有特征，其他重要方法如下。
- boolean isModel()：返回对话框的类型，模态对话框返回 true，否则返回 false。
- void setModel(boolean b)：设置对话框的类型，参数为 true 时表示设置模态对话框，为 false 时表示设置非模态对话框。

【例 6.2】 创建对话框容器：

```
import java.awt.*;
```

第6章 GUI界面设计

```
public class MyFrame extends Frame {
    Button btnOpen = new Button("打开");
    MyFrame(String s) {
        super(s);    //调用父类的构造方法
        add(btnOpen);       //将按钮对象添加到窗体中
        setSize(200, 150);
        setVisible(ture);     //设置窗体是可见的
    }
    public static void main(String args[]) {
        MyFrame f = new MyFrame("窗口");       //创建窗体，标题为窗口
        MyDialog dlg = new MyDialog(f, "登录对话框", true);   //创建对话框
    }
}
class MyDialog extends Dialog {   //对话框类
    //构造方法，f是与对话框相关的窗体
    MyDialog(Frame f, String s, boolean b) {
        super(f, s, b);         //调用父类的构造方法，对话框依赖于f窗体
        setSize(120, 50);
        setVisible(true);     //设置对话框可见
    }
}
```

(3) 面板容器 Panel。

面板是一种容器，与上面两个容器明显不同的是，面板无边框、无标题、不能被移动、放大、缩小或关闭。因此，面板不能作为独立的容器使用，通常它作为中间容器，用以容纳其他组件或子面板。通常，面板被放置在其他能独立使用的容器中，例如，放置在窗体容器 Frame 内。

Panel 的构造方法如下。

- Panel()：创建一个默认的布局管理器的面板。
- Panel(LayoutManager layout)：创建一个使用指定布局管理器的面板。

【例6.3】面板的使用：

```
import java.awt.*;
public class MyFrame extends Frame {
    Button btnOpen = new Button("打开");
    Button btnClose = new Button("关闭");
    Panel p = new Panel();
    MyFrame(String s) {
        super(s); //调用父类的构造方法
        P.setBackground(Color.CYAN); //将面板p的背景颜色设为青色
        add(p); //把面板p添加到窗口中
        p.add(btnOpen); //将按钮添加到面板中
        p.add(btnClose);
        setSize(200, 100);
        setVisible(true);
    }
    public static void main(Sting args[]) {
        MyFrame f = new MyFrame("窗口"); //创建框架(窗口)，标题为"窗口"
    }
}
```

2. AWT 的基本组件

Component 类的子类除容器类之外就是基本组件类,如按钮、标签等。另外,还有比较特殊的一类,就是菜单组件,它不是 Component 类的子类,但菜单也是 GUI 界面常用的组成部分。

组件类常用的方法前面已经介绍过了,这里简要介绍各组件的常用构造和使用方式上的特点。

(1) 按钮组件 Button。

Button 的构造方法为:

```
Button(String label)      //创建标题为 label 的按钮
```

Button 常用的成员方法如下。
- setLabel(String label):将按钮的标签文字设置为指定的字符串。
- getLabel():获得此按钮的标签文字。
- setActionCommand():设置此按钮激发的操作事件的命令名称(默认即按钮的标签文字)。
- getActionCommand():得到此按钮激发的操作事件的命令名称。

(2) 标签组件 Label。

Label 的构造方法为:

```
Label(String label)      //构造一个内容为 label 的标签
```

Label 常用成员方法如下。
- setText():设置此标签的文本。
- getText():获取此标签的文本。

(3) 文本框组件 TextField。

TextField 的构造方法为:

```
TextField(String label)      //构造一个具有默认内容的文本框
```

TextField 常用的成员方法如下。
- setText(String str):将文本框显示的文本设置为指定文本。
- getText():获取文本框的文本。
- setEditable(Boolean b):设置判断此文本框是否可编辑的标志。
- setEchoChar(char c):设置此文本框的回显字符。

(4) 文本区组件 TextArea。

TextArea 的构造方法如下。
- TextArea(String label):构造一个新文本区,该文本区具有指定的文本。
- TextArea(String txt, int rows, int columns):构造一个新文本区,该文本区具有指定的文本以及指定的行数和列数。

TextArea 常用的成员方法如下。
- setText(String str):将文本框显示的文本设置为指定文本。

- getText()：获取文本框的文本。
- setEditable(Boolean b)：与文本框的功能相同。
- append(String str)：将给定的文本追加到文本区的当前文本。
- insert(String str, int pos)：在此文本区的指定位置插入指定的文本。

(5) 单选按钮与复选框组件 Checkbox。

在 AWT 组件包中，单选按钮与复选框使用同一个类 Checkbox。

Checkbox 的构造方法如下。

- Checkbox(String label)：使用指定的标签文字构造一个 Checkbox。
- Checkbox(String label, Boolean state, CheckboxGroup group)：使用指定的标签文字构造一个 Checkbox，使用布尔值 state 将其设置为指定的默认选择状态，并使其处于指定的复选框组中。

Checkbox 常用的成员方法如下。

- getLabel()：获得此复选框的标签。
- setState(boolean state)：设置复选框的"开"和"关"状态。
- getState()：返回此复选框的"开"和"关"状态。

(6) 列表框组件 List 与下拉选择框组件 Choice。

这两个组件的功能很接近，因此一起介绍。

List 的构造方法为：

```
List(int rows, boolean multipleMode)     //创建一个初始化显示为指定行数 rows
 //的滚动列表，如果 multipleMode 的值为 true，则可从列表中同时选择多项
```

Choice 的构造方法为：

```
Choice()      //创建默认选择框
```

List 与 Choice 共有的常用方法如下。

- add()：将一个项目添加到此 List 或 Choice 中，代替已经过时的 addItem()。
- getItem(int index)：获得此 List 或 Choice 中指定索引上的字符串。
- getItemCount()：返回此 List 或 Choice 中项目的数量。
- getSelectedIndex()：返回当前选定项的索引，如果没有选任何内容，则返回-1。
- getSelectedItem()：获得当前选择项目的字符串表示形式。
- insert(String item, int index)：将项目 item 插入指定位置 index 上。
- remove(int position)：从指定位置 position 向上移除一个项目。

(7) 菜单组件。

菜单组件由表示菜单的组件 Menu、表示菜单项的组件 MenuItem 和表示菜单栏组件的 MenuBar 等组成。

各菜单组件的构造方法如下。

- MenuItem(String label)：构造具有指定标签的新菜单项。
- MenuItem(String label, MenuItemShortcut s)：创建一个具有关联的键盘快捷方式的菜单项。

- Menu(String label):构造具有指定标签的新菜单。
- MenuBar():创建新的菜单栏。

【例 6.4】 构建菜单示例:

```
import java.awt.*;
public class ShortcutMenu extends Frame {
    MenuShortcut msOpen = new MenuShortcut('O');
    MenuShortcut msSave = new MenuShortcut('S');
    MenuShortcut msExit = new MenuShortcut('Z');
    MenuBar menuber = newMenuBer();
    Menu mnFile = new Menu("文件");
    Menu mnHelp = new Menu("帮助");
    Menu mnNew = new Menu("新建");   //"新建"是嵌套菜单
    MenuItem miOpen = new MenuItem("打开", msOpen);
    MenuItem miSave = new MenuItem("保存", msOpen);
    MenuItem miExit = new MenuItem("退出", msOpen);
    MenuItem miAbout = new MenuItem("关于");
    MenuItem miC = new MenuItem("C/C++ 文档");
    MenItem miJava = new MenuItem("java 文档");
    public shortcutMenu(String title) {
        Super(title);
        mnNew.add(miC);
        mnNew.add(miJava);
        mnFile.add(mnNew);       //将嵌套菜单 mnNew 加入到菜单 mnFile 上
        mnFile.add(miOpen);
        mnFile.add(miSave);
        mnFile.addSeparator();
        mnFile.add(miExit);
        mnHelp.add(miAbout);
        Menubar.add(mnFile);
        Menubar.setHelpMenu(mnHelp);
        this.setMenuBar(menubar);
        this.setSize(200,150);
        this.setVisible(true);
    }
    public static void main(String[] args) {
        new ShortcutMenu("菜单的快捷键示例");
    }
}
```

6.2 布局管理器

6.2.1 布局管理器概述

布局就是指组件在容器中的分布情况,布局管理器(LayoutManager)是 Java 中用来管理组件的排列、位置和大小等分布属性的类,Java 通过对容器设置相应的布局,来实现不同的效果。

通常的编程语言，在控制 GUI 显示时使用的是自身系统的坐标，例如 VB 的标准坐标系统的原点在界面的左上角，X 轴为水平方向，Y 轴为垂直方向，一般的 Windows 编程语言在设计界面布局时，组件的位置会严格按照这个坐标系统(X, Y)来定位，这称为"绝对坐标定位"，这就带来一个问题，因为不同平台的组件外观不尽相同，一个 GUI 界面在 Windows 平台中可以正常显示，但是移植到其他平台时将会导致混乱，这也是一般编程语言不具备跨平台能力的一个重要因素。

Java 处理 GUI 界面的方法是，按照一定规则，将容器界面划分为若干网格，然后根据网格中各单元格的位置及其相应布局规则放入指定组件，这种根据单元格定位组件的方法，称为"相对坐标定位"，因为这种方法与坐标(X, Y)无关，所以解决了跨平台时的 GUI 界面显示问题。

6.2.2 常用的布局管理器

常用的布局管理器主要有 FlowLayout(流水式布局)、BorderLayout(边界式布局)、GridLayout(网格式布局)和 CardLayout(卡片式布局)等。

1. 流水式布局 FlowLayout

FlowLayout 把组件按照从左到右，从上到下的顺序逐次排序，组件排满容器的一行时，会自动地切换到下一行继续排列，是 Panel 类及其子类(如 Applet)的默认布局。

FlowLayout 常用的构造方法如下。

- FlowLayout()：构造一个新的 FlowLayout，组件居中对齐，默认水平和垂直的间距是 5 个像素。
- FlowLayout(int align)：构造一个新的 FlowLayout，对齐方式由 align 指定。
- FlowLayout(int align, int hgap, int vgap)：创建一个新的 FlowLayout，具有指定的对齐方式 align 以及指定的水平间隙 hgap 和垂直间隙 vgap。

【例 6.5】流水式布局示例：

```
import java.awt.*;
public class FlowLayoutDemo extends Frame {
    Button b1 = new Button("Button1");
    Button b2 = new Button("Button2");
    Button b3 = new Button("Button3");
    Button b4 = new Button("Button4");
    Button b5 = new Button("Button5");
    public FlowlayoutDemo(String title) {
        super(title);
        this.setLayout(new FlowLayout());      //更改布局为流水布局
        this.add(b1);     //向容器内添加组件
        this.add(b2);
        this.add(b3);
        this.add(b4);
        this.add(b5);
        this.setSize(300, 100);
        this.setVisible(true);
```

```
    }
    public static void main(String[] args) {
        new FlowlayoutDemo("FlowlayoutDemo 示例");
    }
}
```

2. 边界式布局 BorderLayout

BorderLayout 按照位置将容器划分为 5 个区域：North、South、West、East、Center 等，分别代表"上"、"下"、"左"、"右"和"中"五个位置。这种布局是 Window 类及其子类(如 Frame、Dialog)的默认布局。

BorderLayout 的构造方法如下。

- BorderLayout()：构造一个新的边界布局，组件之间没有间距。
- BorderLayout(int hgap, int vgap)：构造一个边界布局，并指定组件之间的水平距离和垂直间距。

【例 6.6】边界式布局示例：

```java
import java.awt.*;
public class BorderLayout extends Frame {
    Button btnNorth = new Button("North");
    Button btnSouth = new Button("South");
    Button btnWest = new Button("West");
    Button btnEast = new Button("East");
    Button btnCenter = new Button("Center");
    public BorderLayout(String title) {
        super(title);
        this.add(btnNorth, "North");
        this.add(btnSouth, "South");
        this.add(btnWest, "West");
        this.add(btnEast, "East");
        this.add(btnCenter, "Center");
        this.setSize(300, 100);
        this.setVisible(true);
    }
    public static void main(String[] args) {
        new FlowLayoutDemo("BorderLayout 示例");
    }
}
```

3. 网格式布局 GridLayout

GridLayout 将容器分割成若干个具有一定规则的网格，网格中的各单元格大小完全一致，组件添加时按照"从左至右、先行后列"的方式排列，即组件先添加到网格的第一行的最左边的单元格，然后依次向右排列，如果排满一行，就自动切换到下一行继续排列。

GridLayout 构造方法如下。

- GridLayout()：创建具有默认值的网格布局，即每个组件占据一行一列。
- GridLayout(int rows, int cols)：创建具有指定行数和列数的网格布局。

- GridLayout(int rows, int cols, int hgap, int vgap)：创建具有指定行数和列数的网格布局，并指定组件行列的间隔。

【例 6.7】网格式布局示例：

```
import java.awt.*;
public class GridLayoutDemo extends Frame {
    Button[] btn = new Button[10];
    Panel p = new Panel();
    public GridLayoutDemo(String title) {
        super(title);
        p.setLayout(new GridLayout(3, 4, 5, 5));
        for(int i=0; i<10; i++) {
            btn[i] = new Button(Integer.toString(i));
            p.add(btn[i]);
        }
        this.add(p);
        this.setSize(200, 130);
        this.setVisible(true);
    }
    public static void main(String[] args) {
        new GridLayoutDemo("GridLayout 示例");
    }
}
```

4．卡片式布局 CardLayout

CardLayout 将容器中的每一个组件看作一张卡片，一次只能看到一张卡片，而容器充当卡片的堆栈。

CardLayout 的构造方法如下。

- CardLayout()：创建一个组件间隔大小为 0 的新卡片布局。
- CardLayout(int hgap, int vgap)：创建一个组件之间具有指定的水平和垂直间隔的新卡片布局。

【例 6.8】卡片式布局示例：

```
import java.awt.*;
import java.awt.event.*;  //导入了事件处理类包
//本例需要实现事件处理功能，因此本窗口实现了ActionListener 接口
public class CardLayoutDemo extends Frame implements ActionListener {
    Panel p1, p2, p_card, p_btn;
    Button btnPrev, btnNext;
    CardLayout card;
    Public CardLayoutDemo(String title) {
        Super(title);
        Rhis.setLayout(new FlowLayout());  //将本窗体改为流水式布局
        p1 = new Panel();
        p2 = new Panel();
        p_card = new Panel();
        p_bth = new Panel();
        bthPrev = new Button("前一页");
```

```
        bthNext = new Button("后一页");
        card = new CardLayout();
        p_card.setLayout(card);   //将面板 p_card 设为卡片布局
        p_bth.add(bthPrev);
        p_bth.add(bthNext);
        p1.add(new Label(
            "锦瑟无端五十弦,一弦一柱思华年。庄生梦晓迷蝴蝶,望帝春心托杜鹃"));
        p1.add(new Label(
            "沧海月明珠有泪,蓝田日暖玉生烟。此情可待成追忆,只是当时已惘然"));
        p_card.add("Previous", p1);  //将面板 p1 添加到卡片布局面板 p_card 中
        p_card.add("Next", p2);      //将面板 p2 添加到卡片布局面板 p_card 中
        this.add(p_card);
        this.add(p_bth);
        p_card.add(p1, "Previous");  //将面板 p1 添加到卡片布局面板 p_card 中
        p_card.add(p2, "Next");      //将面板 p2 添加到卡片布局面板 p_card 中
        this.setSize(430, 120);
        this.setVisible(true);
    }
    //实现ActionListener 接口中的方法
    public void actionPerformed(ActionEvent e) {
        if(e.getSource()==btnPrev) {  //判断是否触发了 btnPrev 按钮
            Card.previous(p_card);     //卡片容器 p_card 切换到前一张
        }
        if(e.getSource()==btnNext) {  //判断是否触发了 btnNext 按钮
            Card.next(p_card);         //卡片容器 p_card 切换到下一张
        }
    }
    public static void main(String[] args) {
        new CardLayoutDemo("CardLayout 示例");
    }
}
```

5. 空布局(null)

当布局设为空时,就相当于取消了相对坐标定位,这种依靠绝对坐标定位的组件定位方法有不能跨平台的缺陷,但在特定平台内部编程时,可以考虑这种快捷的布局方法。

setBounds(int x, int y, int width, int height)来自 Component 类,可以把组件定位在指定的位置,其中 x 和 y 参数为组件左上角顶点,width 和 height 参数为组件的宽度和高度。

【例 6.9】 空布局示例,要求显示一个数据库信息界面:

```
import java.awt.*;
public class NullLayoutDemo extends Frame {
    Label lab1 = new Label("姓名"); Label lab2 = new Label("性别");
    Label lab3 = new Label("年龄"); Label lab4 = new Label("成绩");
    TextField t1 = new TextField(); TextField t2 = new TextField();
    TextField t3 = new TextField(); TextField t4 = new TextField();
    Button b1 = new Button("查询"); Button b2 = new Button("更改");
    Button b3 = new Button("删除"); Button b4 = new Button("退出");
    int x=0, y=0, w=0, h=0;
    int s_x=0, s_y=0;
```

```
    NullLayoutDemo(String title) {
        super(title);
        setLayout(null);        //设置空布局
        this.setSize(300, 177); //大小
        this.setVisible(true);  //在此设置窗体显示
        Insets insets = this.getInsets(); //获得窗体的 Insets 实例
        w = this.getSize().width;  //获得窗体的宽度
        h = this.getSize().height; //获得窗体的高度
        x = (w-insets.left - insets.right)/4; //x 值为窗体容器空间的四分之一
        y = (w-insets.top - insets.bottom)/5; //y 值为窗体容器空间的五分之一
        s_x = insets.left; //获得窗体左侧的 Insets 值
        s_y = insets.top;  //获得窗体顶侧的 Insets 值
        //以下按顺序向窗体添加组件
        add(lab1); add(t1);
        add(lab2); add(t2);
        add(lab3); add(t3);
        add(lab4); add(t4);
        add(b1); add(b2); add(b3); add(b4);
        //逐个设置组件的位置和大小
        lab1.setBounds(0+s_x, 0+s_y, x, y);
        t1.setBounds(x+s_x, 0+s_y, 3*x, y);
        lab2.setBounds(0+s_x, y+s_y, x, y);
        t2.setBounds(x+s_x, y+s_y, 3*x, y);
        lab3.setBounds(0+s_x, 2*y+s_y, x, y);
        t3.setBounds(x+s_x, 2*y+s_y, 3*x, y);
        lab4.setBounds(0+s_x, 3*y+s_y, x, y);
        t3.setBounds(x+s_x, 3*y+s_y, 3*x, y);
        b1.setBounds(0+s_x, 4*y+s_y, x, y);
        b2.setBounds(0+s_x, 4*y+s_y, x, y);
        b3.setBounds(2*x+s_x, 4*y+s_y, x, y);
        b4.setBounds(3*x+s_x, 4*y+s_y, x, y);
    }
    public static void main(String[] args) {
        new NullLayoutDemo("空布局示例");
    }
}
```

6.2.3 容器嵌套

前面例 6.8 的卡片式布局实例中,包含了面板,面板又包含了子面板,这种容器互相套用的布局形式为"容器嵌套"。建议容器嵌套不要超过 3 层以上,因为那样会使构造过于复杂,这时可以考虑使用网络袋式布局。

下面以"调查卡程序"为例,简单介绍一下容器嵌套的使用。

【例 6.10】调查卡程序:

```
import java.awt.*;
public class AwtComponent extends Frame {
    Label labTip1 = new Label("姓名:");
```

```java
        Label labTip2 = new Label("学历:");
        Label labTip3 = new Label("年龄:");
        Label labTip4 = new Label("性别:");
        Label labTip5 = new Label("爱好:");
        Label labTip6 = new Label("自我介绍:");
        TextField txtName = new TextField(10);
        Choice choGrade = new Choice();
        List listAge = new List(3);
        Checkbox ckbBacketball = new Checkbox("篮球");
        Checkbox ckbBandmon = new Checkbox("篮球");
        Checkbox ckbPingpang = new Checkbox("篮球");
        CheckboxGroup ckg = new CheckboxGroup();
        Checkbox ckbMale = new Checkbox("男", ckg, true);
        Checkbox ckbFemale = new Checkbox("女", ckg, false);
        TextArea taReduce = new TextArea(3, 20);
        Button btnSubmit = new Button("提交");
        Button btnReset = new Button("重写");
        Panel p1 = new Panel();
        Panel p2 = new Panel();
        Panel p3 = new Panel();
        public AwtComponent(String title) {
            super(title);
            choGrade.add("专科");
            choGrade.add("本科");
            choGrade.add("硕士");
            listAge.add("18");
            listAge.add("19");
            listAge.add("20");
            listAge.add("21");

            p1.add(labTip1);
            p1.add(txtName);
            p1.add(labTip2);
            p1.add(choGrade);
            p1.add(labTip3);
            p1.add(listAge);
            p2.add(labTip4);
            p2.add(ckbMale);
            p2.add(ckbFemale);
            p2.add(labTip5);
            p2.add(ckbBacketball);
            p2.add(ckbBandmon);
            p2.add(ckbPingpang);

            p3.add(labTip6);
            p3.add(taReduce);
            p3.add(btnSubmit);
            p3.add(btnReset);

            this.add(p1, "North");
```

```
            this.add(p2, "Center");
            this.add(p3, "South");
            this.pack();
            this.setVisible(true);
    }
    public static void main(String[] args) {
        new AwtComponent("调查卡程序");
    }
}
```

6.3　Swing 组件

前面详细介绍了 AWT 组件，AWT 组件是 Swing 组件的基础，它的特点就是使用简洁，处理速度快，但 AWT 组件的缺陷也很明显，那就是不具备跨平台的能力。

Swing 组件最早引入自 JDK 1.2，它们大部分是 AWT 组件的子组件，是由 100%纯 Java 代码编写的，不依赖本地平台的同位体运行，具备完全跨平台的能力，因此我们也把 Swing 组件称为"轻组件"，而把 AWT 组件称为"重组件"。

同 AWT 组件一样，Swing 组件也是 JFC 的一部分，Swing 组件继承了 AWT 组件的特点，其中一些功能有所增强，如增加了剪切板、树形目录和动态按钮等，并且可以自由设置和改变界面的整体风格。

Swing 组件以"J"开头，大多数都来自于 javax.swing 包，只有 JTableHesder 和 JTextComponet 不在 Swing 包中，它们分别在 swing.table 和 swing.txt 子包中，因此在使用一般 Swing 组件的时候，需要在程序中写入其头文件 import javax.swing.*。

JFC 是一组 API 的集合，包含以下的一些模块：
- 抽象窗口工具包(Abstract Window Toolkit，AWT)。
- 新 GUI 类库(Swing)。
- 支持二维模型的类库(Java 2D)。
- 支持拖放的类库(Drag and Drop)。
- 支持易用性的类库(Accessibility)。

同 AWT 容器组件一样，Swing 容器也分为"顶级容器"和"中间容器"。"顶级容器"是指例如 JFrame 和 JDialog，而"中间容器"主要指 JPanel。因为 Java 不允许直接将组件添加在 Swing"顶级容器"中，所以需要在 Swing"顶级容器"中创建一个"中间容器"，然后将组件添加到"中间容器"。

【例 6.11】简单 Swing 组件风格示例：

```
import java.awt.*;
import javax.swing.*;
public class SwingDemo extends JFrame {
    public SwingDemo(String title) {
        super(title);
        JTextField  t1 = new JTextField(20);
        JButton b1 = new JButton("Login");
        Container pane = this.getContentPane();
```

```
        pane.add(t1, "Center");
        pane.add(b1, "South");
        pack();
        setVisible(true);
    }
    public static void main(Sting[] args) {
        try {
            UIManager.setLookAndFeel(
              UIManager.getCrossPlatformLookAndFeelClassName());
            //UIManager.setLookAndFeel(
            // UIManager.getSystemLookAndFeelClassName());
        }
        catch(Exception e) { }
        new SwingDemo("Swing 简单示例");
    }
}
```

本 章 小 结

本章详细介绍了 GUI 编程，它是 C/S 构架程序的基础，本章的内容大体可分为 GUI 组件和布局管理器两部分，其中 GUI 组件又包括 AWT 组件和 Swing 组件，Swing 组件都是 Container 类的子类，因此它们具有更丰富的特性。在本章详细讲解的常用布局管理器的种类有 FlowLayout(流水式布局)和 BorderLayout(边界式布局)、GridLayout(网格式布局)、CardLayout(卡片式布局)等。

习 题

一、选择题

(1) 下面的(　)类不是 Container 类的子类。
　　A. Button　　　　B. Panel　　　　　C. Scrollbar　　　　D. MenuBar

(2) 组件按照在一行上从左到右的顺序加入到容器，排满一行后，自动在下一行开始放置组件。上面描述的是(　)布局的特点。
　　A. FlowLayout　　B. BorderLayout　　C. GridLayout　　D. CardLayout

(3) JFrame 的默认布局管理器是(　)。
　　A. FlowLayout　　B. BorderLayout　　C. GridLayout　　D. CardLayout

(4) 下面的组件(　)是容器。
　　A. TextArea　　　B. Label　　　　　C. Frame　　　　D. Panel

二、编程题

(1) 自行选择组件和布局，创建一个 GUI 界面。
(2) 设计一个记事本形式的菜单窗体。

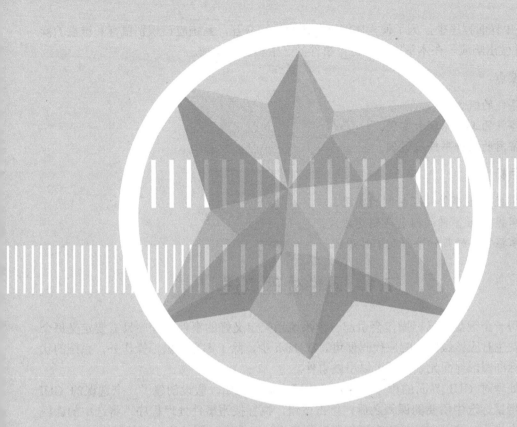

第 7 章

事件及事件处理

在 GUI 界面程序中，为了使程序能够与用户进行交互，系统应该识别鼠标和键盘的操作(事件)并做出响应。在本章中，将讨论事件的产生和工作原理。

本章要点

- 事件的概念。
- 事件的工作原理和实现。
- 常用的几种事件及案例。

学习目标

- 掌握 Java 事件处理机制的实现。
- 掌握 Java 事件的概念与创建方式。
- 掌握常用的几种事件及工作原理。

7.1 事件处理概述

通常每一个键盘或鼠标操作会引起一个系统预先定义好的事件，程序只需要定义每个特定事件发生时应该做出的响应代码便可。在 Java 中，除了键盘和鼠标操作外，系统的状态改变、标准图形界面元素等都可以引发事件。

事件处理对 GUI 界面的程序设计是必不可少的。例如，假设创建了一个选课的 GUI 界面，使用鼠标选中所要的课程之后，单击按钮，执行按钮事件处理程序，将选中的课程在文本框中显示，这种方法就称为事件驱动程序设计，这个过程就称为事件处理。在 Java 中，一个事件包含以下 3 个组件。

(1) 事件对象。

在 Java 中，每一个事件都是对象。Java.util.EventObject 是所有事件对象的根类。每一个事件对象都有其事件发起者和事件使用者。事件发起者对应了将要介绍的事件源，而事件使用者对应事件监听器。同时，为了在使用事件时能够访问到事件源，在每一个事件对象中都保存了一个指向事件源的引用。由于用户对组件的操作有所不同，因此，Java 为这些不同类型的操作定义了相应的事件及事件处理程序。

(2) 事件源。

顾名思义，事件源就是事件的源头，即事件产生的地方。例如，单击一个命令按钮时，就会生成一个系统对象 ActionEvent，ActionEvent 对象包含了事件对象命令按钮的有关操作信息等。

(3) 事件处理程序。

事件处理程序就是处理事件的代码，由事件源自动触发。而且它将事件对象作为一个参数接收过来，从而做出相应的事件处理操作。

7.2 事件工作原理

事件处理工作原理可分为"三步曲"来形容，具体步骤如下。

(1) 创建事件对象。在 Java 中，每一个事件都是对象，因此首先使用 new 语句创建事件对象，创建事件对象的格式如下：

事件类名 事件对象名 = new 事件类名();

(2) 为事件源安装事件对象。将上一步所创建的事件对象，通过系统一系列 add 方法，安装在事件源上。

(3) 触发事件处理程序。被监听的事件源一旦有所动作，则自动触发相应的事件处理程序，前提是事先已经编写了事件相关处理程序。

下面举例说明事件处理的工作原理。

【例 7.1】在一个框架中加入一个命令按钮，当用户单击按钮时，即发生了一个单击事件，这时按钮上的文本被改变。

代码如下：

```
import javax.swing.*;
import java.awt.event.*;

class ButtonEventDemo extends JFrame {
    JButton btn;
    public ButtonEventDemo() {
        super("Window Title");
        btn = new JButton("Click here");
        getContentPane().add("Center", btn);
        //第一步，创建事件对象 Listen
        ButtonListener Listen = new ButtonListener();
        //第二步，为事件源 btn 安装事件对象 Listen
        btn.addActionListener(Listen);
        setSize(200, 300);
        setVisible(true);
        setDefaultCloseOperation(EXIT_ON_CLOSE);
    }

    class ButtonListener implements ActionListener {
        //第三步，自动触发的事件处理程序
        public void actionPerformed(ActionEvent e) {
            JButton source = (JButton)e.getSource();
            source.setText("Button clicked");
        }
    }

    public static void main(String args[]) {
        new ButtonEventDemo();
    }
}
```

运行该程序后，显示的用户界面如图 7-1 所示，应用程序等待用户与其交互，当用户单击事件源按钮"Button clicked"时，系统将自动调用事件处理程序 actionPerformed()方法，做出算法指定的操作。

7.3 常用的几种事件

7.3.1 行为监听器 ActionListener

ActionListener 称为行为监听器，主要用于操作事件的接收和响应。应用该组件时，首先，需要让处理操作事件的类实现此接口，然后让它所创建的对象使用该监听器的 addActionListener 方法向该组件注册，从而启动监听功能。在被监听的对象发生操作事件时，行为监听器就会调用它的 actionPerformed 方法做出事件响应。

【例 7.2】 ActionListener 示例：

```java
import javax.swing.*;
import java.awt.datatransfer.*;
public class ConcreteMediator {
    JMenu menu;
    JMenuItem copyItem, cutItem, pasteItem;
    JTextArea text;
    public void openMenu() {
        Clipboard clipboard = text.getToolkit().getSystemClipboard();
        String str = text.getSelectedText();
        if(str == null) {
            copyItem.setEnabled(false);
            cutItem.setEnabled(false);
        }
        else {
            copyItem.setEnabled(true);
            cutItem.setEnabled(true);
        }
        boolean boo =
          clipboard.isDataFlavorAvailable(DataFlavor.stringFlavor);
        if(boo) {
            pasteItem.setEnabled(true);
        }
    }
    public void paste() {
        text.paste();
    }
    public void copy() {
        text.copy();
    }
    public void cut() {
        text.cut();
    }
    public void registerMenu(JMenu menu) {
        this.menu = menu;
    }
    public void registerPasteItem(JMenuItem item) {
        pasteItem = item;
```

```java
    }
    public void registerCopyItem(JMenuItem item) {
        copyItem = item;
        copyItem.setEnabled(false);
    }
    public void registerCutItem(JMenuItem item) {
        cutItem = item;
        cutItem.setEnabled(false);
    }
    public void registerText(JTextArea text) {
        this.text = text;
    }
}
import javax.swing.*;
import java.awt.event.*;
import java.awt.*;
import javax.swing.event.*;
public class Application extends JFrame {
    ConcreteMediator mediator;
    JMenuBar bar;
    JMenu menu;
    JMenuItem copyItem, cutItem, pasteItem;
    JTextArea text;
    Application() {
        mediator = new ConcreteMediator();
        bar = new JMenuBar();
        menu = new JMenu("编辑");
        menu.addMenuListener(new MenuListener() {
            public void menuSelected(MenuEvent e) {
                mediator.openMenu();
            }
            public void menuDeselected(MenuEvent e) {}
            public void menuCanceled(MenuEvent e) {}
        });
        copyItem = new JMenuItem("复制");
        copyItem.addActionListener(new ActionListener() {
            public void actionPerformed(ActionEvent e) {
                mediator.copy();
            }
        });
        cutItem = new JMenuItem("剪切");
        cutItem.addActionListener(new ActionListener() {
            public void actionPerformed(ActionEvent e) {
                mediator.cut();
            }
        });
        pasteItem = new JMenuItem("粘贴");
        pasteItem.addActionListener(new ActionListener() {
            public void actionPerformed(ActionEvent e) {
                mediator.paste();
```

```java
            }
        });
        text = new JTextArea();
        bar.add(menu);
        menu.add(cutItem);
        menu.add(copyItem);
        menu.add(pasteItem);
        setJMenuBar(bar);
        add(text, BorderLayout.CENTER);
        register();
        setDefaultCloseOperation(JFrame.DISPOSE_ON_CLOSE);
    }
    private void register() {
        mediator.registerMenu(menu);
        mediator.registerCopyItem(copyItem);
        mediator.registerCutItem(cutItem);
        mediator.registerPasteItem(pasteItem);
        mediator.registerText(text);
    }
    public static void main(String args[]) {
        Application application = new Application();
        application.setBounds(100, 200, 300, 300);
        application.setVisible(true);
    }
}
```

7.3.2 键盘监听器 KeyListener

KeyListener 称为键盘监听器，主要用于键盘事件的接收和响应。

应用该组件时，首先需让处理键盘事件的类实现此接口，然后让它所创建的对象使用该监听器的 addKeyListener 方法向该组件注册，从而启动监听功能。在被监听的对象发生键盘事件时，键盘监听器就会调用它的键盘相关方法做出事件响应。键盘监听器的具体响应方法如下。

(1) void keyPressed(KeyEvent e)：当键盘上的某个键被按下时的响应方法。
(2) void keyReleased(KeyEvent e)：当键盘上的某个键被释放时的响应方法。
(3) void keyTyped(KeyEvent e)：当已经按下并释放键盘上某个键时的响应方法。

【例 7.3】KeyListener 示例：

```java
import java.awt.*;
import java.awt.event.*;
public class e20 extends Frame implements ActionListener, KeyListener {
    TextArea textArea1 = new TextArea(6, 30);
    TextField textField1 = new TextField(30);
    Button button1 = new Button("发送");
    Panel panel1 = new Panel();
    e20() {
        super("聊天室");
```

```
        panel1.setLayout(new FlowLayout());
        panel1.add(textField1);
        panel1.add(button1);
        add(textArea1, BorderLayout.CENTER);
        add(panel1, BorderLayout.SOUTH);
        textField1.addKeyListener(this);
        button1.addActionListener(this);   //向本对象添加按钮动作的事件监听
        addWindowListener(new WindowAdapter() {
            public void windowClosing(WindowEvent e) {
                System.exit(0);
            }
        });
        setSize(400, 300);
    }
    public void actionPerformed(ActionEvent e) {   //实现单击按钮的处理方法
    {
        textArea1.append("月明风清说："  + textField1.getText() + "\n");
    }
    }   //单击按钮时在文本域中显示内容
    public void keyPressed(KeyEvent e) {
        if(e.getKeyCode() == KeyEvent.VK_ENTER){
            textArea1.append("月明风清说：" + textField1.getText()+"\n");
        }
    }
    public void keyReleased(KeyEvent e) {}
    public void keyTyped(KeyEvent e) {}

    public static void main(String[] args) {
        new e20().setVisible(true);
    }
}
```

7.3.3 窗口监听器 WindowListener

WindowListener 称为窗口监听器，主要用于窗口事件的接收和响应。应用该组件时，首先需让处理窗口事件的类实现此接口，然后让它所创建的对象使用该监听器的 addWindowListener 方法向该组件注册，从而启动监听功能。在被监听的对象发生窗口事件时，窗口监听器就会调用它的窗口相关方法做出事件响应。

窗口监听器的具体响应方法如下。

(1) public void windowClosed(WindowEvent e)：窗口被完全关闭时调用的方法。
(2) public void windowDeactivated(WindowEvent e)：窗口失去焦点时调用的方法。
(3) public void windowActivated(WindowEvent e)：窗口被完全激活时调用的方法。
(4) public void windowIconified(WindowEvent e)：窗口被最小化时调用的方法。
(5) public void windowDeiconified(WindowEvent e)：从最小化还原时调用的方法。
(6) public void windowOpened(WindowEvent e)：窗口打开时调用的方法。
(7) public void windowClosing(WindowEvent e)：窗口正在被关闭时调用的方法。

【例 7.4】 WindowListener 示例：

```java
import java.awt.*;
import java.awt.event.*;
public class e19 extends Frame
 implements WindowListener {  //实现窗口事件监听接口
    TextArea textArea1 = new TextArea(6, 30);
    e19() {
        super("窗口事件示例");
        add(textArea1, BorderLayout.CENTER);
        addWindowListener(this);  //向本对象添加窗口事件监听
        setSize(400, 300);
        setVisible(true);
    }
    public void windowClosing(WindowEvent e) {
        System.exit(0);  //系统退出
    }
    public void windowClosed(WindowEvent e) {}
    public void windowOpened(WindowEvent e) {
        textArea1.append("窗口被打开\n");
    }
    public void windowActivated(WindowEvent e) {
        textArea1.append("窗口被激活\n");
    }
    public void windowDeactivated(WindowEvent e) {
        textArea1.append("窗口失去焦点\n");
    }
    public void windowIconified(WindowEvent e) {
        textArea1.append("窗口最小化\n");  //窗口最小化时显示"窗口最小化"
    }
    public void windowDeiconified(WindowEvent e) {
        textArea1.append("窗口还原\n");  //窗口还原时显示"窗口还原"
    }
    public static void main(String[] args) {
        new e19();
    }
}
```

7.3.4 鼠标监听器 MouseListener

　　MouseListener 称为鼠标监听器，主要用于鼠标事件的接收和响应。应用该组件时，首先需让处理鼠标事件的类实现此接口，然后让它所创建的对象使用该监听器的 addMouseListener 方法向该组件注册，从而启动监听功能。在被监听的对象发生鼠标事件时，鼠标监听器就会调用它的窗口相关方法，做出事件响应。鼠标监听器的具体响应方法如下。

　　(1) public void mouseClicked(MouseEvent e)：当鼠标单击时触发的方法。
　　(2) public void mousePressed(MouseEvent e)：当鼠标按下时触发的方法。

(3) public void mouseReleased(MouseEvent e)：当鼠标被释放时触发的方法。
(4) public void mouseEntered(MouseEvent e)：当鼠标移入组件范围时触发的方法。
(5) public void mouseExited(MouseEvent e)：当鼠标离开组件范围时触发的方法。

此外还有一个专门监听鼠标移动行为的监听器 MouseMotionListener，称为鼠标移动监听器，其自动触发方法是 mouseMoved 和 mouseDragged，分别完成鼠标移动跟踪功能和鼠标拖动跟踪功能。

【例 7.5】MouseListener 示例：

```java
import java.awt.*;
import javax.swing.*;
import java.awt.event.*;
public class Demo13 extends JFrame {
    MyPanel mp = null;
    public static void main(String[] args) {
        //TODO Auto-generated method stub
        Demo13 tt = new Demo13();
    }
    public Demo13() {
        mp = new MyPanel();
        this.add(mp);
        //注册监听
        this.addMouseListener(mp);
        this.addKeyListener(mp);
        this.addMouseMotionListener(mp);
        this.addWindowListener(mp);
        //设置窗体属性
        this.setSize(300, 300);
        this.setTitle("监听");
        this.setLocation(300, 200);
        this.setVisible(true);
        this.setDefaultCloseOperation(JFrame.EXIT_ON_CLOSE);
    }
}
//让MyPanel知道鼠标按下的消息,并且点击的位置(x, y)
//让MyPanel知道哪个键按下(注册另外一种监听)

class MyPanel extends JPanel implements
 MouseListener,KeyListener,MouseMotionListener,WindowListener {
    public void paint(Graphics g) {
        super.paint(g);
    }

    public void mouseClicked(MouseEvent arg0) {
        System.out.println(
          "鼠标点击了:x=" + arg0.getX() + " y=" + arg0.getY());
    }
    //鼠标移动到MyPanel
    public void mouseEntered(MouseEvent arg0) {
        // TODO Auto-generated method stub
```

```java
        System.out.println("鼠标来了");
    }
    //鼠标离开MyPanel
    public void mouseExited(MouseEvent arg0) {
        //TODO Auto-generated method stub
        System.out.println("鼠标走了");
    }
    //鼠标按下去，但未松开
    public void mousePressed(MouseEvent arg0) {
        System.out.println("鼠标按下了");
    }
    //鼠标松开了
    public void mouseReleased(MouseEvent arg0) {
        System.out.println("鼠标松下了");
    }
    public void keyPressed(KeyEvent arg0) {
        //TODO Auto-generated method stub
    }
    //键松开
    public void keyReleased(KeyEvent arg0) {
        System.out.println(arg0.getKeyChar() + "键被按下");
    }
    //键输入
    public void keyTyped(KeyEvent arg0) {
        //TODO Auto-generated method stub
    }
    public void mouseDragged(MouseEvent arg0) {
        //TODO Auto-generated method stub
    }
    //移动
    public void mouseMoved(MouseEvent arg0) {
        //TODO Auto-generated method stub
        System.out.println("鼠标点钱坐标x=" + arg0.getX());
    }
    public void windowActivated(WindowEvent arg0) {
        //TODO Auto-generated method stub
        System.out.println("1");
    }
    //窗口关闭了
    public void windowClosed(WindowEvent arg0) {
        //TODO Auto-generated method stub
    }
    //窗口正在关闭
    public void windowClosing(WindowEvent arg0) {
        //TODO Auto-generated method stub
    }
    //窗口最小化了
    public void windowDeactivated(WindowEvent arg0) {
        //TODO Auto-generated method stub
    }
```

```
    public void windowDeiconified(WindowEvent arg0) {
        //TODO Auto-generated method stub
    }
    public void windowIconified(WindowEvent arg0) {
        //TODO Auto-generated method stub
    }
    //窗口打开了
    public void windowOpened(WindowEvent arg0) {
        //TODO Auto-generated method stub
    }
}
```

本 章 小 结

在本章中介绍了事件的概念、工作原理及 Java 中常用的几种事件，通过事件的创建和使用，提高程序与用户之间的交互程度，从而提高软件设计的灵活性和可操作性。

习 题

一、问答题

(1) 请描述有几种事件组件？
(2) 简述事件处理的"三步曲"。

二、编程题

(1) 编写使用行为事件 ActionListener 的应用程序。
(2) 编写使用键盘事件 KeyListener 的应用程序。
(3) 请完善下面的鼠标监听函数代码：

```
Button bt;
bt.addMouseListener(new MouseAdapter() {
    //鼠标进入
    public void mouseEntered(MouseEvent e) {
        bt.setVisible(false);
    }

    //鼠标移出
    public void mouseExited(MouseEvent e) {
        bt.setVisible(true);
    }
});
```

第 8 章

Java 的常用类与集合

Java 中包含了大量的类。其中 Java API 是系统提供的已实现的标准类的集合。在程序设计中，合理和充分利用现有的类，可以方便地完成字符串处理、绘图、网络应用、数学计算等多方面的工作。这样可以大大提高编程效率，使程序简练、易懂。

在编程中，我们常会遇到这样的问题：把若干条数据存储在一个特定的数据结构中。如果这些数据类型相同，我们可以使用数组来实现；如果这些数据类型不相同，我们就束手无策了，因为数组在使用的过程中限制了存入其中的数据类型必须相同，所以按照我们前面所讲解的知识，要解决这样的问题就相当困难。

为了解决上述问题，Java 的开发者为我们提供了集合。集合是程序开发中一种常用的数据结构，用于存取对象。集合中提供了大量的接口、类和方法，方便开发者存入不同类型的对象，并且可对存入集合的对象进行增加、删除、修改、指定位置查找、清空等一系列操作。

本章要点

- String 类和 StringBuffer 类的使用方法以及它们的区别。
- 使用 Math 类进行数学计算。
- 使用包装类进行类型转换。
- 使用日期类和 Random 类实现程序目的。
- Collection 接口、List 接口、Map 接口。
- ArrayList 类的使用方法、Map 接口实现类的基本用法。

学习目标

- 掌握常用的 String 类和 StringBuffer 类的使用方法以及它们的区别。
- 掌握常用的 Math 类、包装类、Random 类的使用方法。
- 掌握如何进行类型转换。
- 使用日期类实现程序目的。
- 通过所学知识学会集合的基本应用。

8.1 常 用 类

8.1.1 Object 类

Object 类是 Java 中所有类的最终祖先，在 Java 中，每个类都是由它扩展而来的，但是，在程序编写过程中，并不需要直接引用，因为只要没有明确地指出超类，Object 就被认为是这个类的最终超类。可以使用 Object 类型的变量引用任何类型的对象，例如：

```
Object obj = new 具体类名("Harry Hacker", 35000);
```

默认情况下，用户定义的类扩展自 Object 类。当然，Object 类型的变量只能用于作为各种值的通用持有者。要想对其进行特定的操作，还需要清楚对象的原始类型，并按照下面的格式进行相应的类型转换：

```
具体类名 e =(具体类名)obj;
```

在 Java 中，只有基本类型，如数值、字符和布尔类型的值不是对象，而所有的数组类型，不管是对象数组还是基本类型的数组，都扩展于 Object 类。

Object 的常用方法有以下几种。

(1) Boolean equals(Object obj)：将当前对象实例与给定的对象进行比较，检查它们是否相等。

(2) void finalize() thows Throwable：当垃圾回收器确定不存在对该对象的更多引用时，由对象的垃圾回收器调用此方法，该方法通常被子类重写。

(3) String toString()：返回此对象的字符串表示。

(4) void wait() throws InterruptedException：使当前线程进入等待状态。

【例 8.1】Object 类的使用：

```java
public class ObjectTest {
    /**这是main 方法
    *它演示 Object 类
    *@param args 传递至 main 方法的参数
    */
    public static void main(String[] args) {
        if (args[0].equals("Java")) {
            System.out.equals("是的,Java 是一项非常好的技术！");
        }
        else {
            System.out.println("你输入的是什么啊！")
        }
    }
}
```

该程序通过 args 参数向 main 方法中传递一个字符串，如果传入的是"Java"，输出"是的，Java 是一项非常好的技术！"，否则输出"你输入的是什么啊！"。

8.1.2 String 类

String 类是不可变字符串类，因此，用于存放字符串常量。一个 String 字符串一旦创建，其长度和内容就不能再被更改了。每一个 String 字符串对象创建的时候，就需要指定字符串的内容。

字符串 String 类的构造方法有以下几种形式。

声明和创建同时完成。例如：

```java
String a = new String("Hello");
```

利用一个已经存在的字符串常量，来创建一个新的 String 对象。例如：

```java
String str = "有志者事竟成";
```

利用已经存在的字符数组的内容，来创建新的 String 对象。例如：

```java
char a[] = {'g','i','r','l'};
String str = new String(a);
```

利用已有的字符型数组创建新的 String 对象。例如：

```
char[] myChars = {'h','e','l','l','o'};
String s3 = new String(myChars);  //使用字符串"hello"初始化 s3
```

利用已有的一个字符串对象对新的字符串对象的内容初始化。例如：

```
String s4 = new String(s3);  //这时 s4 也是"hello"了
```

尽管 Java 的 char 类型使用 16 位表示 Unicode 编码字符集，但在 Internet 中，字符串的典型格式是使用由 ASCII 字符集构成的 8 位数组，因为 8 位 ASCII 字符串是共同的，当给定一个字节(byte)数组时，String 类提供了上述初始化字符串的构造函数。

下面列举出了 String 类常用的一些方法。

(1) int compareTo(String str)：用于将当前字符串与参数中的字符串对象 str 按字典顺序比较，若完全相同，则返回 0；若大于参数字符串，则返回正整数，否则返回负整数。

(2) boolean equals(Object o)：用于将当前字符串与方法参数列表中给出的字符串比较，若完全相同，则返回 true，否则返回 false。区分大小写。

(3) boolean equalsIgnoreCase(String str)：用于将当前字符串与方法参数列表中给出的字符串对象 str 比较，若相同，则返回 true，否则返回 false。不区分大小写。

(4) int indexOf(char a)：用于查找某个特定字符 a 第一次出现的位置，返回找到的第一个匹配的位置索引。如果没有找到匹配项，则返回-1。

在这里需要再次说明，String 类的对象一经创建，就不会再发生改变。但 String 类中的很多方法，好像是改变了字符串的内容，而其实并不是这样。先来看一个代码片断：

```
...
String s = "Hello!";
System.out.println(s.concat("world"));
System.out.println(s);
...
```

运行这段代码后，会发现结果是：

```
Hello!world
Hello!
```

也就是说，String 类是不可变字符串，调用方法前后，String 类对象 s 的内容并没有发生变化，发生变化的只是 s.concat()的值。换句话说，字符串对象 s 调用了 concat()方法后，返回一个新的字符串，而字符串对象 s 本身并没有变。

注意：不可以用 "==" 来比较两个字符串是否相等，"=="使用于对象对比，是用来对比两个对象名称是否引用自同一个对象的。比较字符串是否一样时，应选用 cquals()方法。

【例 8.2】String 类对象的创建：

```
public class StringNew {
    public static void main(String[] args) {
        byte ascii[] = {65,66,67,68,69,70};  //数组
        String s1 = new String(ascii);  //创建对象 s1
```

```
            System.out.println(s1);  //输出对象s1
            String s2 = new String(ascii, 2, 3);  //创建对象s2
            System.out.println(s2);  //输出s2
            String s3 = "hello World!";  //创建对象s3
            System.out.println(s3);  //输出s3
            String s4 = s3;  //创建对象s4
            System.out.println(s4);  //输出s4
    }
}
```

运行结果：

```
ABCDEF
CDE
hello World!
hello World!
```

该程序用 4 种不用的方法创建了 s1、s2、s3、s4 这四个字符串对象。

【例 8.3】利用 String 类完成字符串的比较等操作：

```
public class chap06_04 {
    public static void main(String[] args) {
        String str1 = "abc";
        String str2 = "aab";
        String str3 = "abd";
        String str4 = "abc";
        String str5 = "ABC";
        String str6 = "abcdefgabcde";
        //以上完成字符串的声明及初始化
        int i = str1.compareTo(str2);
        int j = str1.compareTo(str3);
        int k = str1.compareTo(str4);
        //以上调用 String 的 compareTo()方法来比较字符串
        System.out.println("str1 is:" + str1);
        System.out.println("str2 is:" + str2);
        System.out.println("str3 is:" + str3);
        System.out.println("str4 is:" + str4);
        System.out.println("str5 is:" + str5);
        System.out.println("str6 is:" + str6);
        System.out.println("The result of str1 compareTo str2 is:");
        System.out.println(i);
        System.out.println("The result of str1 compareTo str3 is:");
        System.out.println(j);
        System.out.println("The result of str1 compareTo str4 is:");
        System.out.println(k);
        System.out.println("The result of str1 compareTo str5 is:");
        System.out.println(str1.equals(str5));
        //调用 String 的 equals()方法来比较字符串
        System.out.println("The result of str1 equalsIgnoreCase str5 is:");
        System.out.println(str1.equalsIgnoreCase(str5));
        //调用 String 的 equalsIgnoreCase()方法来比较字符串
```

```
            int m = str6.indexOf((int)'d');
            //调用 String 的 indexOf()方法,返回字符'd'第一次出现的位置
            System.out.println("The char \"d\"first appear position is:" + m);
            int n = str6.indexOf((int)'d', 4);
            //调用 String 的 indexOf()方法,返回字符'd'从第四位后首次出现的位置
            System.out.println(
              "After 4th position The char\"d\"appear position is:" + n);
        }
    }
```

运行结果:

```
Str1 is:abc
Str2 is:aab
Str3 is:abd
Str4 is:abc
Str5 is:ABC
Str6 is:abcdefgabcde
The result of str1 compareTo str2 is:1
The result of str1 compareTo str3 is:-1
The result of str1 compareTo str4 is:0
The result of str1 equals str5 is:false
The result of str1 equalsIgnoreCase str5 is:true
The char "d" first appear position is:3
After 4th position The char "d" appear position is:10
```

该程序举例说明了 String 对象中的 compareTo()方法、indexOf()方法的使用,同时使用并比较了 equals()及 equalsIgnoreCase()方法。

【例 8.4】String 类对象的检查:

```
public class SearchString {
    /**这是main 方法
    *它演示在字符串内搜索
    */
    public static void main(String[] args) {
        String name = JohnSmith@123.com;
        System.out.println("Email ID是: " + name);
        System.out.println("@的索引是: ");
        System.out.println(name.indexOf('@'));
        System.out.println(".的索引是: ");
        System.out.println(name.indexOf('.'));

        /**if-结构检查 "@" 是否在 "." 之前 */
        if(name.indexOf('.') > name.indexOf('@')) {
            System.out.println("E-mail ID 有效");
        } else {
            System.out.println("Email ID 无效");
        }
    }
}
```

运行结果：

```
Email ID是：JohnSmith@123.com
```

@的索引是：

```
9
.的索引是：
13
E-mail ID 有效
```

程序首先定义了一个 String 类型的对象 name，然后根据字符串中"."和"@"的位置来判断该字符串是否是一个合法的 E-mail 地址。

在 Java 中，String 类还有一些方法，可以使用这些方法来完成字符串的一些操作。

(1) int indexof(String s)和 int lastindexof(String s)：用于查找一个字符串 s 在另一个字符串中的位置。indexof()是从字符串的第一个字符开始向后检索，而 lastindexof()是从字符串的最后一个字符开始向前检索。若找到，则返回 s 第一次出现的位置，否则返回-1。

(2) int indexof(String s, int beginindex)和 int lastindexof(String s, int beginindex)：用于从 beginindex 位置开始向后(向前)搜索字符串 s，若找到，则返回 s 第一次出现的位置，否则返回-1。

(3) String substring(int index)：用于提取从位置索引开始的字符串部分。

(4) String substring(int beginindex, int endindex)：用于提取从 beginindex 到 endindex 位置之间的字符串部分。

(5) String concat(String str)：用于将字符串 str 连接在当前字符串的尾部，并返回新的字符串。

(6) String replace(char old, char new)：用于将调用字符串中出现某个字符的所有位置都替换为另一个字符。

(7) toLowerCase()和 toUpperCase()：用于将字符串中所有的大写字母转换成小写，以及将字符串中所有的小写字母转换成大写。需要注意的是，这种转换只对于原字符串调用该方法的返回值有效，而原字符串则不会发生变化。

(8) String trim()：用于返回一个前后不含任何空格的调用字符串的副本。

(9) char charAt(int index)：用于从指定位置提取单个字符，该位置由索引指定，索引中的值必须为非负。

(10) int Length()：用于获得当前字符串对象中字符的个数。例如：

```
String s1="Hello!", s2="我的祖国";
int n1, n2;
n1 = s1.length();
n2 = s2.length();
```

那么 n1 的值是 6，n2 的值是 4。字符串常量也可以使用 length()获取长度。例如"我的祖国".length()的值是 4。

(11) boolean startsWith(String value)和 boolean endsWith(String value)：用于检查一个字符串是否以另一个字符串开始和结束。

【例 8.5】 提取字符串，演示字符串不同方法的用法：

```java
public class StringMethods {
    public static void main(String[] args) {
        String s = "Java is a " + "platform independent language";
        String s1 = "Hello world";
        String s2 = "Hello";
        String s3 = "HELLO";
        System.out.println(s);
        System.out.println("index of t=" + s.indexOf('t'));
        System.out.println("last index of t=" + s.lastIndexOf('t'));
        System.out.println("index of(t,10)=" + s.indexOf('t', 10));
        System.out.println("last index of(t,60)=" + s.lastIndexOf('t',60));
        System.out.println(s1.substring(6));
        System.out.println(s2.substring(3, 8));
        System.out.println(s2.replace('l', 'w'));
        System.out.println(s3.toLowerCase());
        System.out.println(s1.trim());
    }
}
```

运行结果：

```
Java is a platform independent language
Index of t=13
Last index of t=29
Last index of(t,60)=29
World
Lo wo
HelloWord
Hewwo
hello
Hello world
```

该程序运用了 String 对象中的方法完成了字符串的检索、连接、替换等操作。

8.1.3 StringBuffer 类

在 Java 中，使用 StringBuffer 类创建的字符串对象，包括声明和为对象分配内存两部分含义。StringBuffer 对象的常用方法有以下几种。

(1) setCharAt(int index, char ch)：将指定的字符 ch 放到 index 指定的位置。

(2) insert(int offset, char ch)：在 offset 位置插入字符 ch。

例如：

```java
StringBuffer s = new StringBuffer("wecome");
s.insert(2, 'l');
```

则 s 为"welcome"。

(3) append()：在字符串末尾添加内容。

例如：

```
StringBuffer s = new StringBuffer("we");
char d = {"l","c","o","m","e"};
s.append(d);
```

则 s 为 "welcome"。

(4) toString()：转换为不变字符串。

(5) length()：获取字符串的长度。

例如：

```
StringBuffer s = new StringBuffer("www");
int i = s.length();
```

(6) s.capacity()：获取字符串容量。

(7) ensureCapacity()：重新设置字符串容量的大小。

例如：

```
s.ensureCapacity(100);
```

(8) s.setlength()：设置字符串缓冲区的大小。

例如：

```
s.setlength(10);
```

如果用小于当前字符串长度的值调用 setlength()方法，则新长度后面的字符将丢失。

(9) getChars(int start, int end, char chars[], int charsStart)：将字符串的子字符串复制给数组。

例如：

```
String s1 = "This is a test";
int start = 0;
int end = 10;
char ch1[] = new char[end - start];
s1.getChars(start, end, ch1, 0);
System.out.println(ch1);
```

(10) reverse()：字符串反转。

(11) delete(int start, int end)：删除指定字符串中的字符。

例如：

```
s.delete(0, s.length()); //删除字符串 s 的全部字符
```

(12) deleteCharAt(int index)：删除指定字符串索引为 index 的字符。

例如：

```
s.deleteCharAt(4); //删除字符串 s 索引为 4 的字符
```

(13) replace(int start, int end, String str)：替换字符串。

(14) substring(int start)：返回从 start 到 end-1 的子字符串。

String 类和 StringBuffer 类均是字符串类型，但它们是有区别的。这里举例说明二者的

区别，代码如下。

使用 String 类实现字符串拼接功能，其代码为：

```
String str = "You are nice, ";
str += "I love you so much.";
```

使用 StringBuffer 类实现字符串拼接功能，其代码为：

```
StringBuffer str = new StringBuffer("You are nice, ");
Str.append("I love you so much.");
```

从表面看来，String 类只用了一个加号(+)便完成了字符串的拼接，而 StringBuffer 类却要调用一个 append()方法。在用 String 类对象直接拼接时，JVM 会创建一个临时的 StringBuffer 类对象。并调用其 append()方法完成字符串的拼接，这是因为 String 类是不可变的，拼接操作不得不使用 StringBuffer 类，并且 JVM 会将"You are nice,"和"I love you so much."创建为两个新的 String 对象。之后再将这个临时的 StringBuffer 对象转换为一个 String 类。由此可见，在这一次简单的拼接过程中，程序创建了四个对象，两个待拼接的 String 对象、一个临时产生的 StringBuffer 对象和最后从 StringBuffer 类转换过来的 String 对象。而如果直接使用 StringBuffer 类，程序将只产生两个对象，最初的 StringBuffer 对象和拼接时的 String("I love you so much.")对象，也不再需要创建临时的 StringBuffer 类对象而后还得将其转换回 String 对象了。

当字符串要被循环拼接若干段时，用 String 类直接操作会带来很多额外的系统开销，生成很多无用的临时 StringBuffer 对象，并处理很多次无谓的强制类型转换，故在这种情况下，应选用 StringBuffer 对象，更便于处理字符串操作。

【例 8.6】StringBuffer 类的创建和使用：

```
public class StringBuf {
    public static void main(String[] args) {
        StringBuffer buf = new StringBuffer("Java");
        //追加
        buf.append("Guide Verl/");
        buf.append(3);

        //插入
        int index = 5;
        buf.insert(index, "Student");

        //设置
        index = 23;
        buf.setCharAt(index, '.');

        //替换
        int start = 24;
        int end = 25;
        buf.replace(start, end, "4");

        //转换为字符串
        String S = buf.toString();
```

```
        System.out.println(s);
    }
}
```

运行结果：

```
Java Student Guide Vel.4
```

该程序首先创建一个 StringBuffer 对象 buf，并调用该对象的 append()方法对字符串进行追加，然后调用 insert()方法、replace()方法对字符串插入和替换，最终转换为 String 对象显示出来。

8.1.4 日期相关类

Date 类对象表示当前日期与时间，并提供操作日期和时间各组成部分的方法。必须将 Date 对象转换为字符串，才能将其输出。

Date 对象的创建方式有如下两种。

public Date()：创建的日期类对象的日期时间被设置成与创建时刻相对应的日期时间。例如：

```
Date today = new Date(); //today被设置成当前系统日期时间
```

public Date(long date)：long 型的参数 date 可以通过调用 Date 类中的 static 方法 parse(String s)来获得。例如：

```
long d1 = Date.parse("Mon 6 Jun 1997 13:3:00");
Date day = new Date(d1); //day 中的时间为1997年1月6号星期一，13:3:00
```

Date 对象的常用方法如下。

String toString()：返回日期的格式化字符串，包括星期几。

void getTime()：返回距 1970 年 1 月 1 日之间的毫秒数。

根据给定的 Date 类，Calendar 类可以以整型形式检索信息，如用一组整型 YEAR, MONTH, DAY, HOUR 等。

类 Calendar 是一个表示日历类的抽象类，使用 Calendar 类的 static 方法 genInstance() 可以初始化一个日历对象，Calendar 对象的常用方法如下。

public int get(int field)：可以获取有关年份、月份、星期、小时等信息，参数 field 的有效值由 Calendar 的静态常量指定。

Calendar.get(Calendar.MONTH)：返回一个整数，如果该整数是 0，表示当前日历是在 1 月；如果该整数是 1，表示当前日历是在 2 月等。

Long getTimeMillis()：日历对象调用此方法可以将时间表示为毫秒。

【例 8.7】演示 Date 类的创建和使用：

```
import java.lang.System;
import java.util.Date;
public class DateTest {
    public static void main(String args[]) {
        Date today = new Date();
```

```
        //获取当前系统时间
        System.out.println("Today's date is" + today);
        String strDate, strTime="";
        System.out.println("今天的日期是: " + today);
        long time = today.getTime();
        System.out.println(
           "自1970年1月1日起" + "以毫秒为单位的时间(GMT):" + time);
        StrDate = today.toString();
        //提取GMT时间
        StrTime = strDate.substring(11, (strDate.length()-4));
        //按小时、分钟和秒提取时间
        StrTime = "时间: " + strTime.substring(0, 8);
        System.out.println(strTime);
    }
}
```

运行结果

```
Today's date is sun Apr 11 18:37:22 CST 2010
今天的日期是: sun Apr 11 18:37:22 CST 2010
自1970年1月1日起以毫秒为单位的时间(GMT):1270982242875
时间: 18:37:2
```

【例 8.8】演示 Calendar 类的创建和使用：

```
import java.util.*;
public class Calendarest {
    public static void main(string args[]) {
        Calendar calendar = Calendar.getIntance(); //创建一个日历对象。
        Calendar.setTime(new Date()); //用当前时间初始化日历时间
        Sting 年 = Sting.valueof(calendar.get(Calendar.YEAR)),
            月 = Sting.valueof(calendar.get(Calendar.MONTH)+1),
            日 = Sting.valueof(calendar.get(Calendar.DAY_OF_MONTH)),
            星期 = Sting.valueof(calendar.get(Calendar.DAY_OF_WEEK)-1);
        int hour = calendar.get(Calendar.HOUR_OF_DAY),
            Minute = Calendar.get(Calendar.MINUTE),
            Second = Calendar.get(Calendar.SECOND);
        System.out.println("现在的时间是: ");
        System.out.println(
          "" + 年 + "年" + 月 + "月" + 日 + "日" + "星期" + 星期);
        System.out.println(
          "" + hour + "时" + minute + "分" + second + "秒");
        Calender.set(1998, 4, 20); //将日历翻到1998年5月20日, 注意4表示5月
        Long time1998 = calendar.getTimeMillis();
        Calender.set(2007, 8, 5); //将日历翻到2007年9月5日, 注意8表示9月
        Long time2007 = calendar.getTimeMillis();
        long 相隔天数 = (time2007 - time1998) / (1000*60*60*24);
        System.out.println(
          "2007年9月5日和1998年5月20日相隔" + 相隔天数 + "天");
    }
}
```

运行结果:

现在的时间是:
2010 年 4 月 11 日 星期日
18 时 48 分 46 秒
2007 年 9 月 5 日和 1998 年 5 月 20 日相隔 3395 天

该程序演示了 Calendar 类的用法。这个程序获得了当前系统日期,并显示了不同日期之间相隔的时间。

8.1.5 包装类

在 Java 中,用原始数据类型声明的变量不是对象,不能用方法来访问,原始数据类型也不能被继承。为了能将基本类型视为对象来处理,并能连接相关的方法,Java 为每个基本类型都提供了包装类。包装类只是用来封装一个不可变值的类。Integer 类封装 int 值,Float 类封装 float 值。这些包装类提供的方法具有某些基本功能,比如类型转换、值测试、相等性检查等。常用的包装类如表 8-1 所示。

表 8-1 常用的包装类

原始数据类型	包 装 类
byte(字节)	Byte
char(字符)	Character
int(整型)	Integer
long(长整型)	Long
float(浮点型)	Float
double(双精度)	Double
boolean(布尔)	Boolean
short(短整型)	Short

包装类通用的方法有以下几种。

(1) 带有基本值参数并创建包装类对象的构造方法。例如,可以利用 Integer 包装类创建对象:

```
Integer obj = new Integer(145);
```

(2) 带有字符串参数并创建包装类对象的构造方法。例如:

```
new Integer("-45.36");
```

(3) 生成字符串表示法的 toString() 方法。例如:

```
obj.toString();
```

(4) 对同一个类的两个对象进行比较的 equals() 方法。例如:

```
obj1.equals(obj2);
```

(5) 生成哈希表代码的 hashCode()方法。例如：

```
obj.hashCode();
```

(6) 将字符串转换为基本值的 parseType()方法(Type 代表基本数据类型)。例如：

```
Integer.parseInt(args[0]);
```

(7) 可生成对象基本值的 typeValue()方法(type 代表 Java 的基本数据类型)。例如：

```
obj.intValue();
```

在一定场合，运用 Java 包装类来解决问题，能大大提高编程效率。

【例 8.9】演示如何使用包装类：

```java
public class NumberWrap {
    /**这是main方法，它将原始值转换为其相应的包装
    *@param  args 传递至main方法的参数
    */
    public static void main(String[] args) throws IOException {
        BufferedReader br =
          new BufferedReader(new InputStreamReader(System.in));
        System.out.println("请输入数字");
        String number = br.readLine();
        Byte byNum = Byte.valueOf(number);
        Short shNum = short.valueOf(number);
        Integer num = Integer.valueOf(number);
        Long lgNum = Long.valueOf(number);
        System.out.println("输出");
        System.out.println(byNum);
        System.out.println(shNum);
        System.out.println(num);
        System.out.println(lgNum);
    }
}
```

运行结果：

```
123
输出
123
123
123
123
```

这个程序从键盘上获得了字符串"123"，通过包装类，分别把它转换为 Byte、Short、Integer、Long 类型的对象，并把它们的值输出。

8.1.6 Math 类

在程序设计时要用到很多数学计算，java.lang.math 类提供了所有用于几何学的几种一般用途的浮点函数，包括指数运算、对数运算、平方根运算和三角运算等。Math 类还提供

了两个静态常量：E(自然数，近似为 2.72)和 PI(圆周率，近似为 3.14)。

Math 类的常用方法如下。

(1) double sin(double numvalue)：计算角 numvalue 的正弦值。

(2) double cos(double numvalue)：计算角 numvalue 的余弦值。

(3) double pow(double a, double b)：计算 a 的 b 次方。

(4) double sqrt(double numvale)：计算给定值的平方根。

(5) int abs(int numvale)：计算 int 类型值 numvale 的绝对值，也接收 long、float 和 double 类型的参数。

(6) double ceil(double numvalue)：返回大于等于 numvalue 的最小整数值。

(7) double floor(double numvalue)：返回小于等于 numvalue 的最大整数值。

(8) int max(int a, int b)：返回 int 型值 a 和 b 中的较大值，也接收 long、float 和 double 类型的参数。

(9) int min(int a, int b)：返回 a 和 b 中的较小值，也可接收 long、float 和 double 类型的参数。

(10) double exp(double a)：返回 e 的 a 次幂的值。

(11) double log(double a)：返回 a 的自然对数。

(12) int round(float a)：返回最接近参数 a 的 int 型值。

【例 8.10】演示如何使用 Math 类：

```
public class MathTest {
    public static void main(String[] args) {
        double d = 30;
        double r = Math.toRadians(d);
        System.out.println(d + "度角所对应的弧度值是：" + r);
        System.out.println(d + "度角的正弦值是：" + Math.sin(d));
        System.out.println(d + "度角的余弦值是：" + Math.cos(d));
        System.out.println(d + "度角的正切值是：" + Math.tan(d));
        d = 1;
        r = Math.toDegress(d);
        System.out.println(d + "度角所对应的弧度值是：" + r);
        System.out.println(d + "度角的正弦值是：" + Math.sin(d));
        System.out.println(d + "度角的余弦值是：" + Math.cos(d));
        System.out.println(d + "度角的正切值是：" + Math.tan(d));
    }
}
```

运行结果：

```
30.0 度角所对应的弧度值是：0.5235987755982988
30.0 度角的正弦值是：0.49999999999999994
30.0 度角的余弦值是：0.8660254037844387
30.0 度角的正切值是：0.5773502691896257
弧度为 1.0 的角的度数是：57.29577951308232
弧度为 1.0 的角的正弦值是：0.8414709848078965
弧度为 1.0 的角的余弦值是：0.5403023058681398
弧度为 1.0 的角的正切值是：1.5774077246549023
```

这个程序演示了使用 math 中的方法求 30 度角对应的度数、正弦值、余弦值、正切值，求弧度为 1.0 的角对应的度数、正弦值、余弦值、正切值的过程。

8.1.7 Random 类

java.util 包中的 Random 类提供了产生各种类型随机数的方法。它可以产生 int、long、float、double 以及 Gaussian 等类型的随机数。这也是它与 java.lang.math 中的方法 Random() 的最大不同之处，后者只产生 double 型的随机数。每当需要以任意或非系统方式生成数字或是模拟大自然中随机出现的情况时使用。比如抛硬币时，抛出来的正反面是不可以预测的，要在程序中模拟此效果，可以使用 Random 类的这些方法，生成一个大于 0 且小于 1 的数。

类 Random 中常用的方法如下。

(1) int nextInt()：产生一个整型随机数。
(2) long nextLong()：产生一个 long 型随机数。
(3) float nextFloat()：产生一个 float 型随机数。
(4) double nextDouble()：产生一个 double 型随机数。
(5) double nextGaussian()：产生一个 double 型的高斯分布的随机数。生成的高斯值的中间值为 0.0，而标准差为 1.0。

【例 8.11】Random 类的使用。模拟自然抛硬币 10 次，输出正面和反面各多少次：

```
import java.util.Random;
public class RandomTest {
    Random randomObj = new Random();
    public static void main(String[] args) {
        Random randomObj = new Random();
        int ctr = 0;
        int zheng=0, fan=0;
        while (ctr < 10) {
            float val = randomObj.nextFloat();
            if(val < 0.5) {
                zheng++;
            }
            else { fan++; }
            ctr++;
        }
        system.out.println("正面" + zheng + "次");
        system.out.println("反面" + fan + "次");
    }
}
```

运行结果：

正面 7 次
反面 3 次

这个程序利用 Random 类的 nextFloat()方法自动生成(0, 1)之间的数，当数小于 0.5 的时候，认为硬币是正面，否则为反面。

8.2 集　　合

集合在程序开发中非常重要，灵活运用集合，可以减少很多数据结构的计算，大幅度提高程序的效率。本节将以列表(List)和集合(Set)为代表介绍实现 java.util.Collection 接口的集合类，这些类可以方便地存取各自独立的数据对象。

8.2.1 集合类

在集合中，Java 的开发者为我们提供了几个主要的接口，用户在使用集合类的时候，只要实现相应的接口，就可以方便地使用接口中的方法来实现各种功能。下面介绍常用的 Java 集合类和接口。

(1) Collection 接口。

该接口是 Java 最基本的集合接口，是集合类的父接口，所有继承和实现 Collection 的接口和类都必须实现 Collection 提供的核心方法，常用的方法如下。

- add(Object o)：把对象存入集合中。添加成功返回 true，否则返回 false。Object 是所有对象的父类，所以，任何对象都能通过 add()方法存入集合中。但是，有些类型，如 int、char、double 类型在使用 add()方法存入集合时，需要调用简单集合的包装类。
- addAll(Collection c)：把一个集合添加到另一个集合中。添加成功返回 true，失败返回 false。
- remove(Object o)：把对象从集合中删除。删除成功返回 true，失败返回 false。
- retainAll(Collection c)：把除了参数之外的所有元素都从集合中删除。删除成功返回 true，失败返回 false。
- contains(Object)：用来判断集合中是否包含特定的对象。包含返回 true，不包含则返回 false。
- containsAll(Collection c)：用来判断集合中是否包含特定的集合。包含返回 true，不包含则返回 false。
- isEmpty()：判断一个集合是否为空，如果为空，返回 true，不为空，返回 false。
- toArray()：返回一个调用了该方法的集合中所有元素的数组。
- clear()：用于清空集合，该方法不带返回值。
- size()：用来得到集合中元素的个数。
- equals()：用于比较两个集合是否相等，返回值是一个 boolean 变量，相等则返回 true，不相等则返回 false。

另外，Collection 中提供了一个重要的方法，即 iterator()方法。它返回一个指向集合的迭代器，用于访问该集合中的元素。

(2) List 接口。

该接口实现并扩展了 Collection 接口，是有序的 Collection 集合，使用此接口，能够精确地控制每个元素插入的位置。用户能够使用索引(元素在 List 中的位置，类似于数组下标)来访问 List 中的元素，索引的初始值为 0。

List 接口除了实现 Collection 接口中的核心方法外，还实现了自己的一些方法，包括通过索引对集合内的元素进行增加、删除、修改等操作。

- add(int index, Object o)：该方法把对象 o 插入 index 索引位置，插入点位置后的所有元素顺序后移。该方法没有返回值。
- addAll(int index, Collection c)：该方法将集合插入在特定的位置，插入点位置后的所有元素顺序后移，因此集合中的元素没有被改写。该方法返回 boolean 值。
- get(int index)：返回一个对象，该对象是集合中 index 索引位置的对象。
- set(int index, Object o)：将对象 o 插入到 index 索引位置，集合中原 index 位置的对象被 o 替换。
- remove(index)：删除集合列表中 index 索引位置上的对象。
- indexOf(Object o)：返回集合列表中 o 出现的第一个索引位置，如果该集合中没有 o 实例，则返回-1。
- lastIndexOf(Object o)：返回集合列表中 o 出现的最后一个索引位置，如果该集合中没有 o 实例，则返回-1。
- subList(int start, int end)：返回集合列表中从 start 索引位置开始，到 end 索引位置结束的一个列表。

List 除了具有 Collection 接口必备的 iterator()方法外，还提供一个 listIterator()方法，返回一个 ListIterator 接口，与标准的 Iterator 接口相比，ListIterator 多了一些 add()之类的方法，允许添加、删除、设定元素，还能向前或向后遍历。

在使用 List 接口时，我们需要注意一点，即 List 中可以存放相同的元素。

(3) ArrayList 类。

该对象是 List 接口实现类中最常用的一个类。它扩展了 AbstractList 接口，并且实现了 List 接口，是一个泛指类，实现了 List 接口中所有的方法，可以存放相同的对象，包括 null 值。

需要注意的是，ArrayList 对象是一个可变对象。每次实例化该类时，实例化的对象会有一个容量。如果向 ArrayList 中不断地添加元素，其容量会自动增长。但是，该类并未指定增长策略的细节。因此，在使用过程中，不必过多关注 ArrayList 的容量问题，但是如果需要在 ArrayList 中添加大量元素，在添加前，可以使用 ensureCapacity()方法来增加 ArrayList 实例的容量，以减少 ArrayList 递增式分配的数量。

(4) Vector 类。

该类与 ArrayList 相似，在某些地方可以与 ArrayList 互换。Vector 同样实现了 List 接口，可以实现可增长的对象数组，它包含可以使用整数索引进行访问的组件，其大小可以根据需要增大或缩小，以适应创建 Vector 后进行添加或移除项的操作。但是二者之间还是有些细微的差别。

Vector 是可以同步化的，意思就是说，任何操作 Vector 内容的方法都是线程安全的，相反，ArrayList 是不可同步化的，所以也不是线程安全的。从内部实现机制来讲，ArrayList 和 Vector 都是使用数组(Array)来控制集合中的对象。但是，当 ArrayList 和

Vector 的内存空间不够的时候，Vector 在默认情况下是产生一个双倍的空间，而 ArrayList 是增加 50%的空间。

(5) Queue 接口。

该接口扩展了 Collection 接口，并声明一个队列行为，通常是一个先进先出列表，但是，很多类型的队列顺序是基于其他标准的，该接口是一个广泛接口，它除了基本的 Collection 操作外，还提供了其他几个方法。

- element()和 peek()方法：用于获得队列的头元素。二者的区别是，如果队列为空，peek()方法返回 null，而 element()方法则抛出一个异常。
- poll()方法：返回顶部元素，如果队列为空，返回 null。
- remove()方法：删除队列顶部元素并返回删除过程中的元素，如果队列为空，该方法抛出异常。
- offer()方法：向队列中添加一个元素，添加成功返回 true，失败返回 false。如果队列已满，该方法抛出异常。

(6) LinkedList 类。

该类扩展了 AbstractSequentialList 类，并实现了 List 接口和 Queue 接口，它提供了链表型的数据结构，是一个泛型类。LinkedList 除了实现 List 接口和 Queue 接口中的方法，还声明了一些操作和访问链表的方法：

- addFirst()方法把元素增加到链表头，addLast()方法把元素增加链表结尾，这两个方法都带有一个 Object 参数，没有返回值。
- getFirst()方法返回链表的第一个元素，getLast()方法返回链表的最后一个元素，这两个方法的返回值都是 Object 类型。
- removeFirst()方法删除链表的头元素，removeLast()方法删除链表结尾元素，两个方法的返回值都是 Object 型的，返回删除过程中的元素。

(7) Set 接口。

该接口实现了 Collection 接口，是与 Collection 完全一样的接口，未声明自己的方法。

需要注意的是，Set 接口与 List 接口不同，它是一种不包含重复元素的 Collection，在使用 Set 接口时，如果需要存入可变的对象，必须时刻关注对象的变化，防止造成两个元素出现相同的情况。

(8) TreeSet 类。

该类继承了 AbstractSet 类，实现了 SortedSet 接口，它提供了一个使用树型结构的存储 Set 接口的实现。该类保证存入 Set 中的元素按照升序排序。当然，在排序时，也可以根据提供的构造方法不同，实现不同的排序方法。根据排序方式的不同，该类提供了 4 种构造方法。

- TreeSet()方法：构造一个新的空 Set，该 Set 按照元素的自然顺序排序。
- TreeSet(Collection<extends E> c)方法：构造一个新的 Set，包含指定 collection 中的元素，这个新 Set 按照元素的自然顺序排序。
- TreeSet(Comparator<super E> c)方法：构造一个新的空 Set，该 Set 根据指定的比较器进行排序。
- TreeSet(SortedSet<E> s)方法：构造了一个新的 Set，该 Set 所包含的元素与指定的已排序 Set 包含的元素相同，并按照相同的顺序对元素进行排序。

(9) Comparable 接口。

Comparable 接口强行对实现它的每个类的对象进行整体排序，此排序被称为该类的自然排序，实现该接口的类的 compareTo()方法称为自然比较方法，用户可以改写该方法，用于自定义用户自己的排序方式。需要注意的是，该接口不是 Java 集合中的接口。

【例 8.12】一个队伍要参加一场比赛，队伍共有 15 名队员，每次最多有 5 名队员上场比赛，中途允许进行一次队员更换。要求打印出场比赛的队员信息，并且打印队员得分信息，以及队员得分从大到小的统计信息。代码如下：

```
public class Player implements Comparable {
    private String name;
    private int Id;
    private int score;
    public Player() {}
    public Player(String name, int Id, int score) {
        this.name = name;
        this.Id = Id;
        this.score = score;
    }
    public String getName() {
        return name;
    }
    public void setName() {
        this.name = name;
    }
    public int getId() {
        return Id;
    }
    public void setId(int id) {
        Id = id;
    }
    public int getScore() {
        return score;
    }
    public void set score(int score) {
        this.score = score;
    }
    //重写 comparable 中的 compareTo 方法
    public int compareTo(Object o) {
        //TOOO Auto-generated method stub
        Player player = (Player)o;
        //排序：按照 score 字段从大到小排序
        int result = player.score>score? 1:(player.score==score?0:-1);
        return result;
    }
}
import java.util.ArrayList;
import java.util.List;
```

```java
//TeamInfo 类，实现了球队球员设置，球队上场队员设置，分数设置，打印信息的设置
public class TeamInof {
    List<Player> team = new ArrayList<Player>();
    //设置球队信息的方法
    public List<Player>getComTeam() {
        team.add(new Player("小张",1,0));
        team.add(new Player("Tom",2,0));
        team.add(new Player("小郭",3,0));
        team.add(new Player("小赵",4,0));
        team.add(new Player("小姚",5,0));
        team.add(new Player("小刘",6,0));
        team.add(new Player("Jack",7,0));
        team.add(new Player("王强",8,0));
        team.add(new Player("赵志",9,0));
        team.add(new Player("刘明",10,0));
        team.add(new Player("李杰",11,0));
        team.add(new Player("陈强",12,0));
        team.add(new Player("孙志",13,0));
        team.add(new Player("吴杰",14,0));
        team.add(new Player("郑新",15,0));

        return team;
    }
    //得到球队中一个球员的信息
    public Player getPlayer(int Id) throws Exception {
        try {
            Player p = (Player)team.get(Id);
            return p;
        }
        catch(RuntimeException e) {
            //TOO Auto-generated catch block
            System.out.println(e.getMessage());
            throw e;
        }
    }
    //设置上场球员信息，规定每次上场 5 名球员
    public void getCompetitionTeam(int Id[]) throws Exception {
        try {
            List<Player> competitionTeam = new ArrayList<Player>();
            //设置上场球员信息
            competitionTeam.add(getPlayer(Id[0]));
            competitionTeam.add(getPlayer(Id[1]));
            competitionTeam.add(getPlayer(Id[2]));
            competitionTeam.add(getPlayer(Id[3]));
            competitionTeam.add(getPlayer(Id[4]));
            //打印上场球员信息
            System.out.println("第" + (Id[0]+1) + "号队员："
              + competitionTeam.get(0).getName());
            System.out.println("第" + (Id[1]+1) + "号队员："
              + competitionTeam.get(1).getName());
```

```java
                    System.out.println("第" + (Id[2]+1) + "号队员: "
                        + competitionTeam.get(2).getName());
                    System.out.println("第" + (Id[3]+1) + "号队员: "
                        + competitionTeam.get(3).getName());
                    System.out.println("第" + (Id[4]+1) + "号队员: "
                        + competitionTeam.get(4).getName());
                    //清空上场球员信息
                    competitionTeam.clear();
                }
                catch(Exception e) {
                    //TOO Auto-generated catch block
                    System.out.println(e.getMessage());
                    throw e;
                }
            }
            //给每次上场的球员设置得分信息,得分信息存储在球队信息中
            public void PlayScore(int Id[], int score[]) {
                //调用set方法替换原位置上的Player对象
                team.set(Id[0].new Player(team.get(Id[0]).getName(),
                    team.get(Id[0]).getId(), team.get(Id[0]).getScore()+score[0]));
                team.set(Id[1].new Player(team.get(Id[1]).getName(),
                    team.get(Id[1]).getId(), team.get(Id[1]).getScore()+score[1]));
                team.set(Id[2].new Player(team.get(Id[2]).getName(),
                    team.get(Id[2]).getId(), team.get(Id[2]).getScore()+score[2]));
                team.set(Id[3].new Player(team.get(Id[3]).getName(),
                    team.get(Id[3]).getId(), team.get(Id[3]).getScore()+score[3]));
                team.set(Id[4].new Player(team.get(Id[4]).getName(),
                    team.get(Id[4]).getId(), team.get(Id[4]).getScore()+score[4]));
            }
        }


import java.util.ArrayList;
import java.util.Iterator;
import java.util.List;
import java.util.SortedSet;
import java.util.TreeSet;

public class Game {
    public static void main(String args[]) {
        try {
            int i = 1;
            //指定上场球员编号
            int Id[] = {2,3,4,5,6};
            //指定更换球员的编号
            int ChangeId[] = {2,8,4,10,13};
            //第一阶段球员得分
            int score[] = {15,20,24,20,23};
            //第二阶段球员得分
            int ChangeScore[] = {17,21,18,9,17};
            //声明一个迭代器
```

```java
            Iterator iter;
            List<Player> ComTeam = new ArrayList<Player>();
            //实例化一个 TreeSet 类,用于排序
            TreeSet<Player> treeSet = new TreeSet<Player>();

            TeamInfo teamInfo = new TeamInfo();
            //调用 TeamInfo 中的设置球队信息的方法
            ComTeam = teamInfo.getComTeam();
            //球队比赛过程
            System.out.println(
              "---------比赛开始,以下是本场比赛本队队员上场情况---------");
            teamInfo.getCompetitionTeam(Id);
            teamInfo.PlayerScore(Id, score);
            System.out.println(
              "---------上场球员已更变,以下是本场比赛本队队员上场情况---------");
            teamInfo.getCompetitionTeam(changeId);
            teamInfo.PlayerScore(changeId, changeScore);
            System.out.println(
              "---------比赛结束,以下是本场比赛本队队员得分情况---------");
            //通过调用 iterator 方法打印球队信息
            iter = ComTeam.iterator();
            while(iter.hasNext()) {
                Player p = new Player();
                //通过调用迭代器中的 next()方法得到集合中的元素
                p = (Player)iter.next();
                //把球员信息存放在 treeSet 中
                treeSet.add(p);
            }
            System.out.println(
              "----------以下是本场比赛本队所有得分队员得分情况统计--------");
            while(iter.hasNext()) {
                Player p = new Player();
                p = iter.next();
                if(p.getScore()==0) {
                    break;
                }
                System.out.println(
                   "球员" + p.getName() + "的得分是: " + p.getScore());
            }
        }
        catch(Exception e) {
            System.out.println(e.getMessage());
        }
    }
}
```

本任务需要一个队员类(Player),该类封装了三个属性:队员编号(Id),队员姓名(Name),队员得分(Score)。为了可以使球员按照得分情况进行排序,该类还实现了接口 Comparable,并重写了该类的 compareTo()方法。

球队信息类实现了球队的业务逻辑,用了 4 个方法。

① 球队队员信息设置 getComTeam()：该方法调用类中的构造方法，为球队设置了 15 名队员，并且把这些队员封装在球队信息集合 team 中。

② 得到球队中一名球员的信息 getPlayer(int Id)：该方法通过接收的参数得到一名球员的信息。

③ 设置上场队员的方法 getCompetitionTeam(int Id)：该方法通过参数数组中的值，从球队列表里取出 5 名队员，加入到上场队员列表中，并打印上场队员。

④ 设置队员得分的方法 PlayerScore(int Id[], score[])：该方法通过参数数组、数组得到上场队员列表和上场队员所得分数，并且使用 get()方法对球队列表(team)中的上场队员信息重置，达到设置分数的效果。

比赛类(Game)调用了 TeamInfo 中的 getComTeam()、getCompetitionTeam(int Id)和 PlayerScore(int Id[], score[])方法，这三个方法分别实现了上场球员的设置、上场球员的分数设置，以及球员的更换等。同时，这些方法通过 TreeSet 类实现了得分球员按照得分从高到低排序。

8.2.2 映射类

Java 中的映射，通俗地说，其实就是给一个对象起唯一的一个名字，下面介绍几个常用的映射类。

(1) Map 接口。Map 接口是一个映射，它将唯一的键映射一个值，键是用来查找值的对象。因此，给定一个键和其相对应的值，就可以把键存放在 Map 对象中，并且可以通过键来检索。该接口定义了映射的核心方法。

- Set<Map.Entry<K,Y>> entrySet()方法：返回映射中所有项的集合，这个集合包含 Map.Entry 类型的对象。同时，该方法还提供了调用映射的集合视图。
- clear()方法：用于删除映射中所有的键值对，没有返回值。
- get(Object k)方法：返回映射中与 k 键相关联的值，如果没有找到，则返回 null。
- containsKey(Object k)方法：查找包含指定键的映射关系，如果映射中包含关键字 k，返回 true，否则，返回 false。
- containsValue(Object v)方法：查找映射中是否包含 v 的一个值，找到返回 true，未找到返回 false。
- get(Object k)方法：返回映射中映射到指定键 k 的值，如果没找到，返回 null。
- hashCode()方法：返回映射中的哈希码值。
- isEmpty()方法：判断映射是否包含键值映射关系，包含返回 true，不包含返回 false。
- keySet()方法：返回映射中包含的键的 Set 视图。它的基本功能是把元素中的键值对中的键按照视图存放在迭代器中。
- put(k, v)方法：将指定的值 v 与映射中的指定键 k 相关联，覆盖以前 k 键相关联的值。如果 k 存在，则返回先前与 k 相关联的值，否则返回 false。
- putAll(Map<? extends K,? extends V> t)方法：将 t 中所有的键值对复制到此映射中，该方法没有返回值。

- size()方法：返回此映射中键值映射关系的个数。
- values()方法：返回映射中所有值的集合，该方法还可以调用映射中所有值的集合视图。

需要注意的是，Map 是映射，不是集合。因此该接口不实现 Collection 接口。但是可以通过 entrySet()方法得到映射的集合视图。

(2) HashMap 类。该类实现了 Map 接口并扩展了 AbstractMap 类，并没有实现自己的方法。HashMap 类是使用哈希表实现的 Map 接口，并实现接口提供的所有可选的映射操作，而且它并没有使用 null 值和 null 键。该类不保证存入其中的映射的顺序不变。同时，HashMap 的基本操作 get()与 put()的执行时间保持不变，即使对于大集合也是如此。该类定义了 4 个构造方法。

- HashMap()方法：构造一个具有默认初始容量的空 HashMap。
- HashMap(int initialCapacity)方法：构造一个带指定初始容量的空 HashMap。
- HashMap(int initialCapacity, float loadFactor)方法：构造一个带指定初始容量和加载因子的空 HashMap。
- HashMap(Map<? extends K, ? extends V> m)方法：构造一个映射关系与指定映射 m 相同的 HashMap。

需要注意的是，哈希映射不保证元素的顺序，因此元素读入顺序如哈希映射中的顺序不一定是迭代器读出的位置。

(3) HashTable 类。该类与 HashMap 类大致相同，也是使用哈希表实现的 Map 接口，并实现接口提供的所有可选的映射操作。与 HashMap 不同的是，该类不允许使用 null 值和 null 键。该类定义了 4 个构造方法。

- Hashtable()方法：构造一个空哈希表。
- Hashtable(int initialCapacity)方法：构造一个有指定初始容量的空哈希表。
- Hashtable(int initialCapacity, float loadFactor)方法：构造一个有指定初始容量和加载因子的空哈希表。
- Hashtable(Map<? extends K,? extends V> m)方法：构造一个映射关系与指定映射 m 相同的哈希表。

对比 HashMap 和 Hashtable，可以发现，这两个类的类似程度相当高，都是用来构建新的哈希表，甚至构造方法都是类似的。

(4) TreeMap 类。该类并未直接实现 Map 接口，而是实现了 SortedMap 接口，间接实现了 Map 接口，TreeMap 类通过使用树型结构来实现 Map 接口，可以以排序的方式存储键值对。与哈希映射不同，树结构的映射保证了内部元素以键的升序存储。同时，该类型还允许快速查找。下面列出了该类所定义的 4 种构造函数。

- TreeMap()方法：构造一个新的空映射，该映射按照键的自然顺序排序。
- TreeMap(Comparator<super K> e)方法：构造一个新的空映射，该映射根据给定的比较器进行排序。
- TreeMap(Map<? extends K,? extends V>m)方法：构造一个新的映射，包含的映射关系与给定的映射相同，该映射根据其键的自然顺序进行排序。
- TreeMap(SortedMap<? extends K,? extends V> m)方法：构造一个新的映射，包含

的映射关系及排序顺序与给定的映射相同。

需要注意的是，与哈希表不同，TreeMap 映射在存储元素时，如果没有提供比较器，那么它会保证其中的元素以键的升序存储。

【例 8.13】篮球队每次上场比赛的队员有 5 名，分别司职 5 个位置。要求使用 Map 接口的几个常用类输出上场队员的信息。并实现对上场球员编号排序。代码如下：

```java
import java.util.ArrayList;
import java.util.Collections;
import java.util.HashMap;
import java.util.Hashtable;
import java.util.Iterator;
import java.util.Map;
import java.util.TreeMap;
//篮球队上场比赛信息设置类
pubic class ComTeam {
    //操作 HashMap 方法，HashMap 方法是无序的
    pubic static void showHashMap() {
        Map<Steing,String> hashMap = new HashMap<String,String>();
        hashMap.put("得分后卫", "小李");
        hashMap.put("组织后卫", "小张");
        hashMap.put("大前锋", "小易");
        hashMap.put("小前锋", "小王");
        hashMap.put("中锋", "小姚");
        Iterator iter = hashMap.keySet().iterator();
        System.out.println("大前锋是:" + hashMap.get("大前锋"));
        System.out.println("操作 hashMap 实现打印球员场上位置信息：");
        //循环获得每个元素并打印
        while(iter.hashNext()) {
            Object key = iter.next();
            System.out.println(key + "是: " + hashMap.get(key));
        }
    }
    //操作 Hashtable 方法，HashTable 方法是无序的
    pubic static void showHashTable() {
        Hashtable<Steing,String>hashtable = new Hashtable<String,String>();
        hashtable.put("得分后卫", "小李");
        hashtable.put("组织后卫", "小张");
        hashtable.put("大前锋", "小易");
        hashtable.put("小前锋", "小王");
        hashtable.put("中锋", "小姚");
        Iterator iter = hashTable.keySet().iterator();
        System.out.println("中锋是:" + hashTable.get("中锋"));
        System.out.println("操作 Hashtable 实现打印球员场上位置信息：");
        //循环获得每个元素并打印
        while(iter.hashNext()) {
            Object key = iter.next();
            System.out.println(key + "是: " + hashTable.get(key));
        }
    }
```

```java
//操作 TreeMap 方法，TreeMap 方法是无序的
pubic static void showTreeMap() {
    TreeMap<String,String> treeMap = new TreeMap<String,String>();
    treeMap.put("得分后卫", "小李");
    treeMap.put("组织后卫", "小张");
    treeMap.put("大前锋", "小易");
    treeMap.put("小前锋", "小王");
    treeMap.put("中锋", "小姚");
    Iterator iter = treeMap.keySet().iterator();
    System.out.println("组织后卫是: " + treeMap.get("组织后卫"));
    System.out.println("操作 TreeMap 实现打印球员场上位置信息: ");
    //循环获得每个元素并打印
    while(iter.hashNext()) {
        Object key = iter.next();
        System.out.println(key + "是: " + treeMap.get(key));
    }
}
//操作 ArrayList 列表集合，ArrayList 是一个有序的列表集合
pubic static void showArrayList() {
    ArrayList<String> arrayList = new ArrayList<String>();

    arrayList.add("01 号得分后卫小李");
    arrayList.add("05 号中锋小姚");
    arrayList.add("03 号大前锋小易");
    arrayList.add("04 号小前锋小王");
    arrayList.add("02 号组织后卫小张");

    System.out.println("操作 ArrayList 实现打印球员场上位置信息: ");
    //循环获得每个元素并打印
    for(int i=0; i=<arrayList.size(); i++) {
        System.out.println(arrayList.get(i));
    }
    //排序
    Collections.sort(arrayList);
    System.out.println("排序后的操作");
    //循环获得每个元素并打印
    for(int i=0; i=<arrayList.size(); i++) {
        System.out.println(arrayList.get(i));
    }
}
public static void main(String args[]) {
    showHashMap();
    showHashTable();
    showTreeMap();
    showArrayList();
}
}
```

该类分别实现了如下方法。

- showHashMap()方法：该方法实现了 Map 接口的 HashMap 类，来存取信息，并且

通过迭代器 Iterator 打印上场队员信息。
- showHashTable()方法：该方法实现了 Map 接口的 HashMap 类，来存取信息，并且通过迭代器 Iterator 打印上场队员信息。
- showTreeMap()方法：该方法实现了 Map 接口的 HashMap 类来存取信息，并且通过迭代器 Iterator 打印上场队员信息。

最后，该类还实现了一个 showArrayList()方法，该方法实现了 List 接口的 ArrayList 类，其目的是为了表示 Map 接口与 List 接口的区别，并且对存入 ArrayList 类中的元素进行排序。

本 章 小 结

本章讲解了 Java 编程中常用的一些系统类及其使用方法，如 String 类、StringBuffer 类、Math 类、包装类、日期类和 Random 类等。在本章中也详细介绍了 Java 编程中常用的一些集合和接口，如 Collection 接口、List 接口、Map 接口、ArrayList 类等的基本用法。使用本章学习的知识，可以提高 Java 面向对象编程的便利性。

习　题

(1) 解读下面的程序：

```java
import java.util.ArrayList;
import java.util.Collection;
public class CollectionTest {
    public static void main(String[] args) {
        String a="a", b="b", c="c";
        Collection list = new ArrayList();
        list.add(a);
        list.add(b);
        list.add(c);
        String[] array = (String[])list.toArray(new String[1]);
        for (String s : array) {
            System.out.println(s);
        }
    }
}
```

(2) 解读下面的程序：

```java
import java.util.Collection;
import java.util.HashMap;
import java.util.Map;
import java.util.Set;

public class MapTest {
    public static void main(String[] args) {
        Map<Integer, String> myMap = new HashMap<Integer, String>();
```

```java
        myMap.put(1, "新疆");
        myMap.put(2, "北京");
        myMap.put(3, "四川");
        myMap.put(4, "河南");
        myMap.put(5, "湖南");
        myMap.put(6, "河北");
        myMap.put(7, null);

        //map 的大小
        System.out.println("map 的大小为: " + myMap.size());
        //判断 map 是否为空
        System.out.println("判断 map 是否为空: " + myMap.isEmpty());
        //是否存在 key=2 的键值对
        System.out.println(
            "是否存在 key=2 的键值对:" + myMap.containsKey(2));
        //是否存在 value="四川"的键值对
        System.out.println(
            "是否存在 value=\"四川\"的键值对:" + myMap.containsValue("四川"));
        //得到 key=6 的值
        System.out.println("得到 key=6 的值:" + myMap.get(6));
        //删除 map 中 key=4 的键值对
        myMap.remove(4);
        //删除后的 map 大小为
        System.out.println("删除后的 map 大小为: " + myMap.size());
        //将该集合中的所有键以 Set 集合形式返回
        Set<Integer> myKeySet = myMap.keySet();
        System.out.println(
            "myKeySet 内容, 即 Map 中 key 的集合为: " + myKeySet);
        //将该集合中所有的值以 Collection 形式返回
        Collection<String> myMapValues = myMap.values();
        System.out.println(
            "myMapValues 内容为, 即 Map 中 value 的集合为: " + myMapValues);
    }
}
```

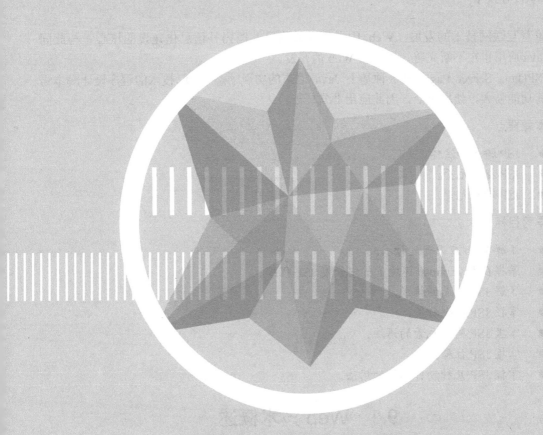

第 9 章

JSP 的基本语法

随着互联网技术的发展，Web 应用逐渐成为目前国内外信息化建设的核心。与此同时，Java 应用也在不断完善，以适应 Web 的开发。

JSP(Java Server Pages)是一种基于 Java 语言的实现动态 Web 技术的程序设计脚本语言，其功能强大，使用灵活，因此应用非常广泛。

本章要点

- JSP 脚本和注释。
- JSP 指令元素。
- JSP 动作元素。

学习目标

- 了解 Web 应用开发技术。
- 掌握在 MyEclipse 环境下如何开发 JSP 程序。
- 了解 JSP 页面的构成。
- 掌握 JSP 指令标签。
- 掌握 JSP 脚本元素的语法。
- 掌握 JSP 注释。
- 掌握 JSP 几种动作标签的用法。

9.1　Web 技术概述

9.1.1　静态网页和动态网页

随着互联网技术的发展，开发技术不断更新，Web 页面大致经历了三个阶段：静态网页、动态网页和 Web 2.0 页面。Web 2.0 在本质上仍然属于动态网页技术。

1．静态网页

静态网页利用 HTML 格式编写，内容及格式相对固定，没有数据库，不能与用户进行交互。网页设计人员编写什么内容，浏览器中就显示什么内容，没有任何改变。在静态网页中可以包含大量的超链接，通过超链接，用户可以从一个页面跳转到另一个页面上。

静态网页的特点如下所示。

(1) 每个网页都有一个固定的 URL，且以.html、.htm 等形式为后缀，不包含"?"。
(2) 静态网页内容相对稳定。
(3) 静态网页没有数据库的支撑，在网站的制作和维护方面工作量较大。
(4) 静态网页的交互性比较差。

随着网络技术的发展，用户希望将数据和信息存储在后台数据库中，以一种简单的形式，用少量的 Web 页面实现对信息的发布和维护，这是静态网页无法实现的。

2．动态网页

动态网页指用户通过浏览器向服务器提出请求后，由 Web 应用程序根据特定的规则生成 Web 页面内容,并将其发送到用户的浏览器上。不同的用户在访问同一个 URL 时,得到的网页内容可能是不一致的。

动态网页一般具有以下特点。首先是交互性,能够实现用户和 Web 页面的信息交互;其次是无需程序员更新源代码就可以实现数据的自动更新,大大减少了程序维护的工作量;最后是采用动态网页技术实现的网站可以实现更多的功能,如用户注册、用户登录、网站调查等。

9.1.2 Web 应用开发技术

1. Web 客户端开发技术

Web 客户端的主要任务是显示信息,为了能够给用户提供一个好的人机交互界面,简单依靠 HTML 是不够的,需要依靠一些客户端开发技术,比如 CSS、JavaScript、XML、Ajax 等。下面简单介绍几种 Web 客户端开发技术。

(1) CSS。CSS 是层叠样式表(Cascading Style Sheets),用来定义网页的显示效果。可以解决 HTML 代码对样式定义的重复,提高了后期样式代码的可维护性,并增强了网页的显示效果。简单一句话:CSS 将网页内容和显示样式进行分离,改进了显示功能。

(2) JavaScript。JavaScript 是一种基于对象和事件驱动并具有相对安全性的客户端脚本语言,同时也是一种广泛用于客户端 Web 开发的脚本语言,常用来给 HTML 网页添加动态功能,比如响应用户的各种操作。它最初由网景公司(Netscape)的 Brendan Eich 设计,是一种动态、弱类型、基于原型的语言,内置支持类。JavaScript 是 Sun 公司的注册商标。Ecma 国际以 JavaScript 为基础制定了 ECMAScript 标准。

(3) Ajax。Ajax 即 Asynchronous JavaScript And XML(异步 JavaScript 和 XML),是指一种创建交互式网页应用的网页开发技术。XML 是标准通用标记语言的子集。Ajax 是一种用于创建快速动态网页的技术。通过在后台与服务器进行少量数据交换,Ajax 可以使网页实现异步更新。这意味着可以在不重新加载整个网页的情况下,对网页的某部分进行更新。传统的网页(不使用 Ajax)如果需要更新内容,必须重载整个网页页面。而使用 Ajax 可以实现网页的局部提交或更新。

(4) XML。可扩展标记语言 XML(eXtensible Markup Language)是一种简单灵活的文本格式的可扩展标记语言,起源于 SGML(Standard Generalized Markup Language),是 SGML 的一个子集,即 SGML 的一个简化版本,非常适合于在 Web 上或者在其他多种数据源间进行数据的交换。

2. Web 服务器端开发技术

(1) ASP 技术。ASP 即 Microsoft Active Server Pages,是微软公司开发的基于服务器端的脚本语言,ASP 内置于 IIS(由微软公司开发的 Web 应用服务器,通过它,可以在互联网上发布信息)中。通过 ASP,人们可以结合 HTML 网页、ASP 指令和 ActiveX 控件建立动态、交互且高效的 Web 应用程序。

由于 ASP 简单易学,并且环境容易搭建,因此受到很多程序员的青睐,但随着技术的发展,ASP 逐渐显示出它的一些弱点:

- ASP 依赖于 Windows 操作系统，安全性降低了。
- ASP 依赖于 Windows 操作系统，不能实现跨平台。
- ASP 代码和 HTML 代码混写在一起，无法实现业务和逻辑的分离。

（2）PHP 技术。PHP 技术是 1994 年继 ASP 之后提出的。PHP 开始是一个用 Perl 语言编写的简单程序，主要用它来追踪个人网页的访问者。当时，PHP 只是一个个人工具，后来逐渐被人们认可，于是重新编写并改进了原来的程序，将其命名为 PHP v1.0，从那以后，其他程序员都参与到 PHP 源代码的开发中。PHP 程序也是在静态网页中嵌入脚本语言命令的，但是，它使用的是 PHP 自己的命令。

由于 PHP 具有良好的跨平台性，而且简单易学，因此受到很多程序员的青睐，但是，由于它是一种个人开发的开源式的动态 Web 语言，在安全性方面不能得到有力的支持，因此在具有商业性质的应用程序中并不多见。

（3）JSP 技术。JSP 是 Sun 公司倡导、许多公司参与建立的动态 Web 技术标准。JSP 将 Java 语言作为程序设计的脚本语言，为整个服务器端的 Java 库提供一个接口来服务 Web 应用程序。

JSP 技术能很容易地整合到多种应用体系结构中，以利用现存的工具和技巧，并且扩展到能够支持企业级的分布式应用。

由于 JSP 的内置脚本语言是 Java，并且所有的 JSP 页面都将被编译成 Java Servlet 文件，因此，JSP 具有 Java 技术所有的优点，包括跨平台性和安全性。

9.1.3 在 MyEclipse 下开发 Web 应用程序

1. 创建 Web 工程

首先启动 MyEclipse，在菜单栏中选择 File → New → Web Project 命令，打开 New Web Project 对话框，输入项目名称"webTest"，其他使用默认设置，如图 9-1 所示。

图 9-1　New Web Project 对话框

单击 Finish(完成)按钮后，MyEclipse 将创建 Web 工程的目录结构，如图 9-2 所示。包括 src 和 WebRoot 目录，并将 Java EE Libraries 等 JAR 库加载到项目的 build path 中。其中 src 目录里存放的是处理业务逻辑所用的 Java 源代码；WebRoot 目录里存放的是 HTML、CSS、JS、JSP、图片、视频、文件夹等类型的文件；而 WebRoot 下 WEB-INF 目录中的 web.xml 文件是该工程的配置文件，一般包含项目中的过滤器、Servlet 文件等配置信息。

图 9-2　Web 工程目录结构

2．配置 Tomcat 应用程序服务器和部署应用程序

在 MyEclipse 里可以很方便地将应用程序发布在服务器上。Tomcat 服务器是 Apache 软件基金会的一个免费的开放源代码的 Web 应用服务器，对于 Tomcat 的安装和配置在本书第 1 章已有介绍，不再赘述。

单击 MyEclipse 工具栏中的 按钮，弹出 Project Deployments 部署对话框，如图 9-3 所示。单击 add 按钮，弹出 New Deployment 对话框，在 Server 下拉列表中选择对应的 Web 应用服务器，单击 Finish 按钮，完成 Web 应用程序的部署。

3．创建文件

以鼠标右键单击 Web 工程目录结构中的 WebRoot 目录，在弹出的快捷菜单中选择 New → Folder 命令新建一个文件夹，名称为 test，以鼠标右键单击 test 目录，在弹出的快捷菜单中选择 New → JSP 命令新建一个 JSP 页面，在弹出的对话框中，添加 JSP 的名称为 test.jsp，如图 9-4 所示。

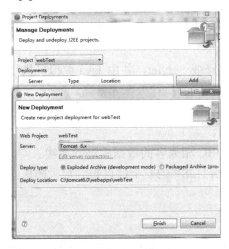

图 9-3　部署 Web 应用程序

图 9-4　Create a new JSP page 对话框

4．测试 Web 应用程序

选择 MyEclipse 中 Server 窗口下的 Web 应用服务器，以鼠标右键点击 Run Server，待服务器启动后，在浏览器的地址栏中输入"http://localhost:8080/webTest/test/test.jsp"，出现如图 9-5 所示的页面，代表 Web 应用程序已经部署成功。

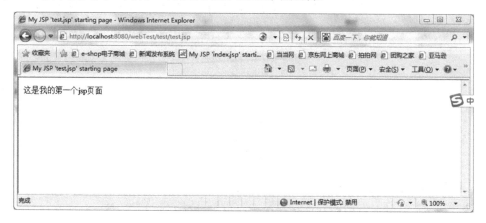

图 9-5　Web 程序测试页面

9.2　JSP 简介

9.2.1　什么是 JSP

JSP 是由 Sun Microsystems 公司倡导的，许多公司参与一起建立的一种动态网页技术标准。JSP 类似于 ASP，它是在传统的 HTML 页面中插入 Java 程序和 JSP 标记，形成了 JSP 文件，后缀名为".jsp"。用 JSP 技术开发的 Web 应用程序可提供跨平台支持，既能在 Linux 操作系统下运行，也能在其他操作系统下运行。

JSP 与其他动态 Web 技术相比，其优势主要体现在以下几个方面：
- 良好的跨平台性。由于 JSP 采用 Java 技术，因此，它完全与平台无关，可以在任何平台下运行。
- 程序执行的高效性。在 JSP 中，代码被编译成 Servlet，并由 Java 虚拟机执行，编译过程只在程序第一次执行时进行，因此代码的执行效率非常高。
- 强大的服务器组件支持。JSP 可以使用 JavaBean 来增强功能，可以避免程序员做许多重复性的工作，从而缩短了开发时间。
- 强大的数据库支持。JSP 可以与任何同 JDBC 相兼容的数据库进行连接。
- 强大的安全性。作为 Java EE 平台的一部分，JSP 的安全性可得到很大的保证。

9.2.2　JSP 页面的结构

在一个 JSP 页面中主要有两种元素：标签和代码。标签主要包括指令标签和动作标签，代码主要包括 Java 代码、JSP 声明语句、注释语句和 JSP 表达式。

【例 9.1】

在 WebRoot 目录下新建一个文件夹，名称为 ch9，本章所有程序都将放在此文件夹中。在 ch9 目录下新建一个 JSP 页面，名称为 first.jsp，代码如下：

```jsp
<%@ page language="java" import="java.util.*" pageEncoding="UTF-8"%>
<html>
<body>
    你好，今天是
    <%
    Date date = new Date();
    %>
    <%=date.getDate() %>号，
    星期<%=date.getDay() %>
</body>
</html>
```

说明：

- 指令标签用来通知 JSP 引擎需要在编译的时候做哪些工作，比如引入一个其他类，设置 JSP 页面使用什么编码方式来编码等。
- 动作标签是在 JSP 页面被请求时动态执行的，比如可以根据条件动态跳转到另外一个页面等。
- Java 代码指的是嵌入在 JSP 页面中的 Java 代码，分为 JSP 页面的一些变量和方法的声明、表达式的输出、注释语句以及 Java 脚本。

9.3 JSP 脚本及注释

9.3.1 JSP 注释

1. JSP 程序注释

JSP 程序注释是对 JSP 代码进行的注释，服务器不会将注释发送到客户端浏览器上。注释的语法格式为：

```
<%-- JSP 程序的注释 --%>
```

2. 客户端注释

客户端注释是指嵌入到客户端的注释，对于客户端来说是可见的。其语法格式为：

```
<!--客户端注释-->
```

与通常的 HTML 注释相比，客户端注释中可以显示动态数据，注释中的动态数据通过表达式的形式完成。语法格式为：

```
<!--客户端静态注释内容<%=expression%>静态注释内容-->
```

3. Java 注释

Java 注释是用来注释 Java 代码的。

注释单行 Java 代码用"//"，注释多行代码用"/* ... */"。但是，在 JSP 页面中，Java 注释需要出现在<%   %>标记里。

9.3.2 JSP 声明语句

在 JSP 页面中，可以声明合法的变量和方法，语法格式为：

```
<%! Declaration; %>
```

【例 9.2】

```
<%!
  int i = 0;
  String s = "你好";
  int add(int a, int b) {
    return a+b;
  }
%>
```

必须使用<%!   %>来界定声明，比如可以同时声明多个变量和方法，只要以";"结束就行，前提是，这些声明在 Java 中是合法的。当声明变量和方法时，要注意以下规则：
- 声明必须以";"结尾。
- 一个声明只在一个页面中有效。
- 使用<%!   %>声明的变量具有全局性的特点。

9.3.3 JSP 表达式

在 JSP 中，可以采用表达式将指定的结果输出到客户端上，语法格式为：

```
<%=表达式%>
```

【例 9.3】

```
<body>
  <%!String s = "Hello world!"; %>
  <%=s %>
</body>
```

在使用<%=表达式%>输出表达式值的时候，需要注意的是"="和表达式之间不能有空格，表达式的后面不加任何符号。

9.3.4 JSP 脚本程序

JSP 脚本程序是指在 JSP 页面中有效的 Java 代码段，这个代码段可以包含声明变量和方法、输出语句、循环控制语句等。语法格式为：

```
<%Java 代码%>
```

【例 9.4】 用 HTML 代码输出 5 个用 1 号标题书写的文字，效果如图 9-6 所示。

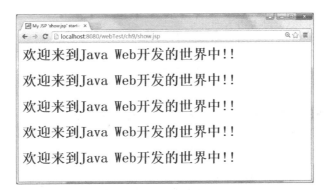

图 9-6　show.jsp 页面的显示结果

show.jsp 中的代码如下：

```
<body>
    <h1>欢迎来到 Java Web 开发的世界中!!</h1>
    <h1>欢迎来到 Java Web 开发的世界中!!</h1>
    <h1>欢迎来到 Java Web 开发的世界中!!</h1>
    <h1>欢迎来到 Java Web 开发的世界中!!</h1>
    <h1>欢迎来到 Java Web 开发的世界中!!</h1>
</body>
```

【例 9.5】用 JSP 程序输出 5 个用 1 号标题书写的文字。

show.jsp 中的代码如下：

```
<body>
    <%for(int i=1; i<=5; i++) { %>
        <h1>欢迎来到 Java Web 开发的世界中!!</h1>
    <% } %>
</body>
```

【例 9.6】用 HTML 代码输出用 1~5 号标题书写的五行文字，效果如图 9-7 所示。

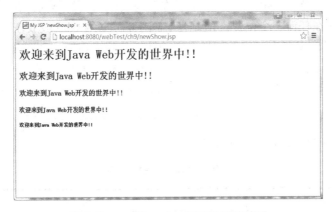

图 9-7　newShow.jsp 页面的显示结果

newShow.jsp 中的代码如下：

```
<body>
    <h1>欢迎来到 Java Web 开发的世界中!!</h1>
```

```
    <h2>欢迎来到Java Web开发的世界中!!</h2>
    <h3>欢迎来到Java Web开发的世界中!!</h3>
    <h4>欢迎来到Java Web开发的世界中!!</h4>
    <h5>欢迎来到Java Web开发的世界中!!</h5>
</body>
```

【例 9.7】 用 JSP 程序输出用 1~5 号标题书写的五行文字。

newShow.jsp 中的代码如下：

```
<body>
    <%for(int i=1; i<=5; i++) { %>
        <h<%=i %>>欢迎来到Java Web开发的世界中!!</h<%=i %>>
    <% } %>
</body>
```

9.4 JSP 指令标签

指令标签主要用于在 JSP 转换为 Servlet 阶段中提供整个 JSP 页面的相关信息，指令不会产生任何输出到当前的输出流中。指令元素的语法格式为：

```
<%@ directive {attribute="value"} %>
```

> **注意**：在符号"%@"之后和"%"之前，可以加空格，也可以不加，但是在"<"和"%"之间、"%"和"@"之间以及结束符号中的"%"和">"之间不能有任何空格。其中，directive 代表指令元素的名称，有三种，分别为 page、include 和 taglib，attribute 代表属性名称，value 代表属性值。

9.4.1 page 指令

page 指令作用于整个 JSP 页面，定义了许多与页面相关的属性。在一个 JSP 页面中，page 指令可以定义在任何一个位置，但是为了程序的可读性，一般放在页面的开始部分。

page 指令可以出现多次，但是该指令中的属性只能出现一次，重复的属性设置将覆盖先前的设置，其中 import 属性除外。page 指令作用于整个 JSP 页面，同样包括静态的包含文件，不能作用于动态的包含文件，比如<jsp:include>。page 指令的语法格式为：

```
<%@ page attribute1="value1" attribute2="value2" ... %>
```

page 指令有 13 个属性，对各个属性的描述见表 9-1。

表 9-1 page 指令的属性

序 号	属 性	描 述
1	language="java"	设置当前页面中编写 JSP 脚本使用的语言，默认值为 Java
2	import="importList"	用于指定在脚本环境中可以使用的 Java 类。该属性的值用逗号分隔导入 Java 类的列表

续表

序号	属性	描述
3	extend="className"	指定 JSP 页面转换后的 Servlet 类从哪一个类继承，属性值是完整的限定类名。通常不使用这个属性，JSP 容器会提供转换后的 Servlet 类的父类
4	session="true|false"	默认为 true，指定这个 JSP 中是否可以使用 session
5	buffer="none|sizekb"	默认为 8KB，指定到客户端输出流的缓冲模式，如果是 none，则不缓冲，如果指定数值，那么输出就用不小于这个值的缓冲区进行缓冲
6	autoFlush="true|false"	默认为 true。 true：当缓冲区满时，到客户端的输出被刷新。 false：当缓冲区满时，出现运行异常，表示缓冲溢出
7	isThreadSafe="true|false"	默认为 true，用来设置 JSP 文件是否能支持多线程的使用。如为 true，那么一个 JSP 能够同时处理多个用户的请求，反之，一个 JSP 只能一次处理一个请求
8	info="info_text"	关于 JSP 页面的信息
9	errorPage="error_url"	定义此页面出现异常时调用的页面
10	isErrorPage="true|false"	用于指定当前页面是否是另一个 JSP 页面的错误处理页面
11	contentType="ctinfo"	定义响应中的内容类型和 JSP 页面的编码格式
12	pageEncoding="utf-8"	实现功能跟 contentType="text/html";charset="UTF-8" 一致，但是两者若同时设置，JSP 页面的编码格式以 pageEncoding 为准，response 中的内容类型和编码格式以 contentType 为准
13	isELIgnored="true|false"	指定 EL 表达式语言是否被忽略，为 true 则忽略，反之可用

9.4.2 include 指令

include 指令的作用，是在 JSP 文件编译的时候插入包含一个文件，包含的过程是静态的，包含的文件可以是 JSP、HTML、文本或者 Java 程序。使用 include 指令的 JSP 页面在转换时，JSP 容器会在其中插入所包含文件的文本或代码，同时解析这个文件中的 JSP 语句，从而方便地实现代码的重用，提高代码的使用效率。

include 指令的语法格式为：

```
<%@include file="head.inc" %>
```

在包含文件时需要注意，被包含的文件中不能和原文件定义同名的变量和方法，因为原文件和被包含的文件可以互相访问彼此定义的变量和方法，可能导致转换时出错。如果不小心修改了其他文件的变量值，可能会导致不可预料的结果。

【例 9.8】使用 include 指令完成专业介绍页面，包含 head.jsp 和 copy.jsp。页面效果如图 9-8 所示。

图 9-8 专业介绍页面

① head.jsp 的代码如下：

```
<body>
    <img src="image/logo.jpg" width="300px" height="200px">
</body>
```

在 WebRoot 目录下新建一个文件夹，名称为 image，用来存放图片，并将一张图片 logo.jpg 拷贝到 image 目录下。

② copy.jsp 的代码如下：

```
<body>
    <center>
    <font size="3">此处为网站版权信息</font>
    </center>
</body>
```

③ special.jsp 的代码如下：

```
<body>
    <%@include file="head.jsp" %>
    <table width="300">
    <tr>
        <td>软件技术专业培养具备软件开发技术的基础知识，有良好运用计算机程序设计与软件工程技术知识进行软件编码与应用的能力，能够在政府机关、IT 行业、电信行业从事应用程序开发、数据库设计、系统分析与设计等方面工作的高技能工程人才。</td>
    </tr>
    </table>
    <%@include file="copy.jsp" %>
</body>
```

9.4.3 taglib 指令

taglib 指令用来定义一个标签库及其自定义标签的前缀。语法格式为：

```
<%@ taglib uri="taglibUri" tagDir="tagDir" prefix="tagPrefix" %>
```

<%@ taglib %>指令声明此 JSP 文件使用了自定义标签，同时引用标签库，也指定了

标签库的标签前缀。在使用自定义标签之前使用<%@ taglib %>指令，而且可以在一个页面中多次使用，但是前缀只能使用一次。

taglib 指令的属性有三个，说明如下。
- uri 属性：定位标签库描述符的位置，唯一标识与前缀相关的标签库描述符，可以是绝对的或者相对的 URL。
- tagDir 属性：指示前缀将被用于标识在 WEB-INF/tags 目录下的标签文件。
- prefix 属性：标签的前缀，区分多个自定义的标签，不可以使用保留前缀和空前缀，遵循 XML 命名空间的命名约定。

9.5 JSP 动作标签

JSP 容器支持两种 JSP 动作，即标准动作和自定义动作。JSP 动作元素可以将代码处理程序与特殊的 JSP 标记关联在一起。在 JSP 中，动作元素是使用 XML 语法来表示的。JSP 中的标准动作元素包括<jsp:include>、<jsp:forward>、<jsp:param>、<jsp:useBean>、<jsp:setProperty>、<jsp:getProperty>。

9.5.1 <jsp:include>动作标签

<jsp:include>动作标签允许在页面被请求时包含一些其他资源，如一个静态的 HTML 文件，或者动态的 JSP 文件。<jsp:include>动作标签的语法为：

```
<jsp:include page="relativeUrl" flush="true|false" />
```

或者：

```
<jsp:include page="relativeUrl" flush="true|false">
    <jsp:param name="paramName" value="paramValue" />
</jsp:include>
```

<jsp:include>动作标签有以下几个常用的属性。
- page 属性：指定被包含文件的相对路径或者代表相对路径的一个表达式。
- flush 属性：指定被包含的文件是否自动刷新。
- <jsp:param name="paramName" value="paramValue" />属性：可以传递一个或多个参数给被包含的文件，并且在一个页面中可以使用多个<jsp:param>标签。

【例 9.9】 在 WebRoot 目录的 ch9 文件夹下新建三个 JSP 页面，分别为 includeTest.jsp、news.jsp 和 date.jsp。includeTest.jsp 程序的运行界面如图 9-9 所示。

date.jsp 中的代码如下：

```
<body>
  <%Date date = new Date(); %>
  <%=date.toLocaleString() %>
</body>
```

图 9-9 includeTest.jsp 页面的运行结果

news.jsp 中的代码如下:

```
<body>
   中国教育网：呼和浩特市成为国家商务部指定的 20 个外包服务示范建设基地之一。
</body>
```

includeTest.jsp 中的代码如下:

```
<body>
   <center>
   <h2>新闻快讯</h2>
   新华社最新消息：<br>
   当前时间是：<jsp:include page="date.jsp"/><br>
   <jsp:include page="news.jsp"/>
   </center>
</body>
```

include 指令和<jsp:include>动作的用法和区别见表 9-2。

表 9-2 include 指令和<jsp:include>动作的用法和区别

项目	include 指令	<jsp:include>动作
语法格式	<%@include file="" %>	<jsp:include page="" />
作用时间	页面转化为 Servlet 期间	页面请求期间
包含的内容	文件的实际内容相当于代码	页面的输出内容
编译速度	较慢	不需要编译
执行速度	较快	较慢，因为每次资源必须被解析
代码要求	不能有相同变量名称	无要求

9.5.2 <jsp:forward>动作标签

<jsp:forward>动作允许将请求重定向到其他 HTML 文件、JSP 文件和 Servlet 上。通常请求被转发后会停止当前 JSP 文件的执行。

<jsp:forward>动作的语法格式为：

```
<jsp:forward page="relativeUrl" />
```

或者是：

```
<jsp:forward page="relativeUrl">
    <jsp:param name="paramName" value="paramValue" />
</jsp:forward>
```

<jsp:forward>动作有下列常用的属性。
- page 属性：指定要重定向文件的相对路径或者代表相对路径的一个表达式。
- <jsp:param name="paramName" value="paramValue" />属性：向重定向的文件发送一个或多个参数，如果想传递多个参数，可以使用多个<jsp:param>，name 指定参数名，value 指定参数值。

【例 9.10】当客户访问页面 forwardTest1.jsp 时，服务器会自动将请求重定向到 forwardTest2.jsp 上，同时将两个参数 username 和 password 一起传递给 forwardTest2.jsp。在页面 forwardTest2.jsp 中可以利用 JSP 内置对象调用 getParameter()方法获得参数的值。

forwardTest1.jsp：

```
<%@ page language="java" import="java.util.*" pageEncoding="UTF-8"%>
<html>
<head>
    <title>login</title>
</head>
<body>
    <jsp:forward page="forwardTest2.jsp">
        <jsp:param name="username" value="smith" />
        <jsp:param name="password" value="123456" />
    </jsp:forward>
</body>
</html>
```

forwardTest2.jsp：

```
<%@ page language="java" import="java.util.*" pageEncoding="UTF-8"%>
<html>
<head>
    <title>welcome</title>
</head>
<body>
    <%
    String name = request.getParameter("username");
    String pass = request.getParameter("password");
    %>
    欢迎你，<%=name %>，你的密码是：<%=pass %>。
</body>
</html>
```

例 9-10 的运行结果如图 9-10 所示。请注意观察图中页面的 URL 和标题。

图 9-10 使用带有参数的 forward 动作元素

9.5.3 <jsp:param>动作标签

<jsp:param>动作元素负责将一个或多个参数传递到指定的文件中，该元素通常与 <jsp:include>、<jsp:forward>等一起使用。<jsp:param>动作元素的语法格式为：

```
<jsp:param name="paramName" value="paramValue" />
```

<jsp:param>动作元素有以下两个属性。
- name 属性：指定传递参数的名字。
- value 属性：指定传递参数的值，可以是字符串常量，也可以是 JSP 表达式。

本 章 小 结

本章对 JSP 的基本语法进行了介绍。

JSP 的基本语法包括 JSP 声明、JSP 表达式、JSP 脚本、JSP 指令和常用的 JSP 动作标签。一个 JSP 页面由元素和模板数据组成，元素(JSP 2.0 规范中，有指令元素、脚本元素和动作元素三种)是必须由 JSP 容器处理的部分，模板数据是 JSP 不处理的部分。

通过本章的学习，可以实现简单的 JSP 应用程序。

习　题

一、填空题

(1) JSP 程序中要用到的变量或方法必须首先_____。

(2) 在 JSP 的三种指令中，用来定义与页面相关属性的指令是_____；用于在 JSP 页面中包含另一个文件的指令是_____；用来定义一个标签库及其自定义标签前缀的指令是_____。

(3) _____动作元素允许在页面被请求时包含一些其他资源，如一个静态的 HTML 文件或动态的 JSP 文件。

(4) _____注释是指在客户端显示的注释；而_____注释在客户端不会输出。

(5) page 指令____(可以/不可以)放在 JSP 页面的任何一个位置。

二、简答题

include 指令和<jsp:include>动作元素的区别是什么?

三、编程题

(1) 通过使用 Java 代码和 JSP 表达式,在 JSP 页面输出九九乘法表。

(2) 在浏览器中输出用*号表示的金字塔图案。

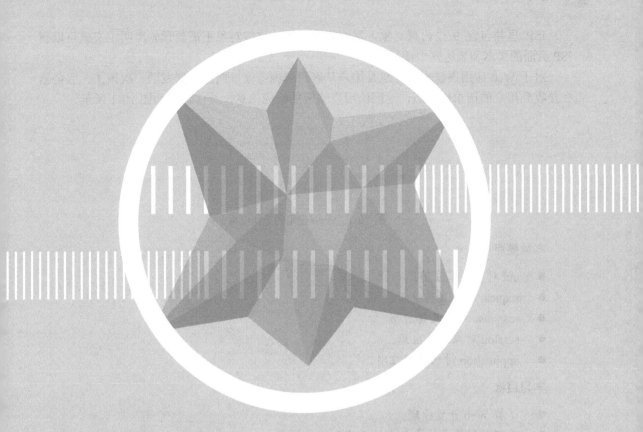

第 10 章

JSP 的内置对象

JSP 里共包含 9 个内置对象，又叫隐含对象，这些对象不需要预先声明定义就可以在 JSP 页面的脚本和表达式中使用。

对于 Web 应用系统来说，总是用户从客户端浏览器里向服务器发送一次请求，服务器在接收到用户的请求信息后，返回给用户相应的响应信息，具体流程如图 10-1 所示。

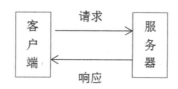

图 10-1 Web 应用的工作流程

本章要点

- out 对象及其应用。
- request 对象及其应用。
- response 对象及其应用。
- session 对象及其应用。
- application 对象及其应用。

学习目标

- 了解 Web 开发原理。
- 掌握获取请求对象参数的方法。
- 掌握解决中文乱码的方法。
- 理解会话的概念。
- 掌握会话跟踪的方法。
- 了解 session 和 application 的区别。

10.1 request 对象

request 对象代表请求对象，包含所有客户端传送给服务器端的数据，如请求的来源、Cookies 和与请求相关的参数值等。其作用域就是一次 request 请求。request 请求对象常用的方法如表 10-1 所示。

表 10-1 request 对象常用的方法

方法名称	功能说明
String getParameter(String name)	获取客户端传给服务器中名称为 name 的参数值
Enumeration getParameterNames()	获取客户端传给服务器的所有参数名称
String[] getParameterValues(String name)	获取客户端传给服务器端所有名称为 name 的参数值，常用于获取复选框的值
String getHeader(String name)	获取名称为 name 的 HTTP 文件头信息

续表

方法名称	功能说明
Enumeration getHeaderNames()	获取所有 request header 的名称
Cookie[] getCookies()	获取客户端 Cookie 对象
String getContextPath()	获得 Context 路径
String getMethod()	获取 HTTP 的方法(get 或 post)
String getProtocol()	获取使用的协议
String getQueryString()	获取请求的参数字符串
String getRemoteAddr()	获得客户端的 IP 地址
String getRemoteHost()	获得客户端的主机名称
int getRemotePort()	获得客户端的主机端口
String getRemoteUser()	获得客户端的用户名称
void setCharacterEncoding(String encoding)	设定编码方式

10.1.1 访问请求参数

request 对象可以使用 getParameter(String name)方法获取表单提交的信息，下面例 10.1 演示如何使用 request 对象获得登录界面提交的用户信息。

【**例 10.1**】使用 request 对象获取简单 HTML 表单中的信息。

在 WebRoot 目录下新建文件夹 ch10，在 ch10 下新建登录界面 login.jsp 和处理用户输入信息的 do_login.jsp。

login.jsp：

```
<%@page import="java.util.*" pageEncoding="UTF-8"%>
<html>
<body>
    <form action="ch10/do_login.jsp">
    <h2>登录界面</h2>
    用户名：<input type="text" name="username"><br>
    密码：<input type="password" name="password">
    <input type="submit" value="登录">
    </form>
</body>
</html>
```

do_login.jsp：

```
<%@page import="java.util.*" pageEncoding="UTF-8"%>
<html>
<body>
    <%
    String name = request.getParameter("username");
    String pass = request.getParameter("password");
    %>
```

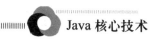

```
登录界面中用户输入的用户名是：<%=name %>，密码是：<%=pass %>
</body>
</html>
```

login.jsp 是一个需要输入用户名和密码的表单，用户提交表单后，由 do_login.jsp 进行处理，利用 request 对象的 getParameter 方法可以获得表单元素的值。注意 getParameter 方法的参数名一定要与对应的表单元素名相同。例如在表单中用户名对应的文本框为<input type="text" name="username">，即名为 username，对应的调用 request 对象的 getParameter 的方法是：

```
request.getParameter("username");
```

login.jsp 文件的运行界面如图 10-1 所示，在文本框中输入"admin"，在密码框中输入"123456"，然后单击"登录"按钮，会由 do_login.jsp 负责处理，并通过 request 对象获取 login.jsp 表单的相关信息，如图 10-2 所示。

图 10-1　login.jsp 的运行界面

图 10-2　do_login.jsp 的运行界面

10.1.2　解决中文乱码问题

在例 10.1 中，当用户输入中文用户名的时候，显示的用户名为乱码，如图 10-3 所示。此时，应解决中文乱码问题。

图 10-3　输入中文用户名显示乱码

需要修改 do_login.jsp 中的代码：

```
String name = request.getParameter("username");
if(name != null) {
    name = new String(name.getBytes("iso-8859-1"), "utf-8");
}
```

修改后，在登录界面中输入中文用户名时，就可以正确显示了，如图 10-4 所示。

图 10-4　表单信息编码转换后的运行结果

10.1.3　获取服务器端的信息

可以使用 request 对象的方法获得服务器端的各个参数。

【例 10.2】用 request 对象的方法获得服务器端的各参数，运行结果如图 10-5 所示。

图 10-5　requestDemo.jsp 的运行结果

requestDemo.jsp：

```
<%@ page import="java.util.*" pageEncoding="UTF-8"%>
<html>
<body>
    <h2>request 对象获取服务器端参数</h2>
    <font size="4">
    request.getMethod():<%=request.getMethod() %>
    <br>
    request.getRequestURI():<%=request.getRequestURI() %>
    <br>
    request.getProtocol():<%=request.getProtocol() %>
    <br>
    request.getServletPath():<%=request.getServletPath() %>
    <br>
```

```
request.getServerName():<%=request.getServerName() %>
<br>
request.getServerPort():<%=request.getServerPort() %>
<br>
request.getRemoteUser():<%=request.getRemoteUser() %>
<br>
request.getRemoteAddr():<%=request.getRemoteAddr() %>
<br>
request.getRemoteHost():<%=request.getRemoteHost() %>
<br>
request.getLocale():<%=request.getLocale() %>
<hr>
正在使用的浏览器是：<%=request.getHeader("User-Agent") %>
<hr>
</font>
</body>
</html>
```

10.1.4 使用 request 获取复杂表单的信息

使用 request 对象的方法可以获取单选按钮、复选框、列表等表单元素的信息。

【例 10.3】使用 request 获取复杂表单的信息。

register.jsp：

```
<%@ page import="java.util.*" pageEncoding="UTF-8"%>
<html>
<body>
   <form action="ch10/do_register.jsp">
   <table width="300" border="1">
   <tr>
      <td colspan="2" align="center"><h2>注册页面</h2></td>
   </tr>
   <tr>
      <td>用户名</td>
      <td><input type="text" name="username"></td>
   </tr>
   <tr>
      <td>密码</td>
      <td><input type="password" name="password"></td>
   </tr>
   <tr>
      <td>性别</td>
      <td>
         <input type="radio" name="sex" value="男">男
         <input type="radio" name="sex" value="女">女
      </td>
   </tr>
   <tr>
      <td>出生年月</td>
```

```html
                <td>
                    <select name="year">
                        <option value="1980">1980</option>
                        <option value="1981">1981</option>
                        <option value="1982">1982</option>
                        <option value="1983">1983</option>
                        <option value="1984">1984</option>
                        <option value="1985">1985</option>
                        <option value="1986">1986</option>
                        <option value="1987">1987</option>
                        <option value="1988">1988</option>
                        <option value="1989">1989</option>
                    </select>
                    <select name="month">
                        <option value="01">01</option>
                        <option value="02">02</option>
                        <option value="03">03</option>
                        <option value="04">04</option>
                        <option value="05">05</option>
                        <option value="06">06</option>
                        <option value="07">07</option>
                        <option value="08">08</option>
                        <option value="09">09</option>
                        <option value="10">10</option>
                        <option value="11">11</option>
                        <option value="12">12</option>
                    </select>月
                </td>
            </tr>
            <tr>
                <td>兴趣</td>
                <td>
                    <input type="checkbox" name="interest" value="足球">足球
                    <input type="checkbox" name="interest" value="篮球">篮球
                    <input type="checkbox" name="interest" value="读书">读书
                    <input type="checkbox" name="interest" value="电影">电影
                    <input type="checkbox" name="interest" value="旅游">旅游
                    <input type="checkbox" name="interest" value="登山">登山
                </td>
            </tr>
            <tr>
                <td colspan="2" align="center">
                    <input type="submit" value="注册">
                </td>
            </tr>
        </table>
    </form>
</body>
</html>
```

register.jsp 页面的运行效果如图 10-6 所示。

图 10-6　register.jsp 页面的运行结果

do_register.jsp：

```jsp
<%@ page import="java.util.*" pageEncoding="UTF-8"%>
<html>
<body>
   <%
   String name = request.getParameter("username");
   if(name != null) {
      name = new String(name.getBytes("iso-8859-1"), "utf-8");
   }
   String password = request.getParameter("password");
   String sex = request.getParameter("sex");
   if(sex != null) {
      sex = new String(sex.getBytes("iso-8859-1"), "utf-8");
   }
   String year = request.getParameter("year");
   String month = request.getParameter("month");
   String[] interest = request.getParameterValues("interest");
   %>
   <table width="350" border="1">
   <tr>
      <td colspan="2" align="center">用户信息显示</td>
   </tr>
   <tr>
      <td>用户名</td>
      <td><%=name %></td>
   </tr>
   <tr>
```

```
        <td>密码</td>
        <td><%=password %></td>
    </tr>
    <tr>
        <td>性别</td>
        <td><%=sex %></td>
    </tr>
    <tr>
        <td>出生年月</td>
        <td><%=year %>年<%=month %>月</td>
    </tr>
    <tr>
        <td>兴趣</td>
        <td>
        <%
        for(int i=0; i<interest.length; i++) {
            String temp =
               new String(interest[i].getBytes("iso-8859-1"), "utf-8");
        %>
            <%=temp %>
        <% } %>
        </td>
    </tr>
    </table>
</body>
</html>
```

do_register.jsp 页面的运行效果如图 10-7 所示。

图 10-7　do_register.jsp 页面的运行结果

在 register.jsp 页面中，对应兴趣的表单元素是 checkbox。

通过 request 请求对象获取复选框值的时候，需要使用 getParameterValue(String name) 方法，返回类型为字符串数组。

10.2 response 对象

response 对象是与响应相关的 HttpServletResponse 类的一个对象,封装了服务器对客户端的响应,然后被发送到客户端以响应客户请求。

由于 JSP 中有 out 对象,可以方便地向客户端输出内容,因此 response 对象常用于与 Cookie 相关的操作及页面的重定向。response 对象常用的方法如表 10-2 所示。

表 10-2 response 对象的常用方法

方法名称	功能说明
void addCookies(Cookie cookie)	获取客户端传给服务器中名称为 name 的参数值
void addHeader(String name, String value)	新增 HTTP 文件头
void sendError(int sc)	向客户端传送状态码
void sendError(int sc, String msg)	向客户端传送状态码和错误信息
void sendRedirect(String URL)	将网页定位到一个不同的页面
void setStatus()	设定状态码
String encodeRedirectURL(String url)	对使用 sendRedirect()方法的 URL 予以编码

10.2.1 重定向

重定向 sendRedirect("网页")可以将客户端定位到不同的页面。

【例 10.4】使用 response 对象实现页面重定向。

response.jsp:

```
<%@ page import="java.util.*" pageEncoding="UTF-8"%>
<html>
<body>
    请选择角色:
    <form action="ch10/do_response.jsp">
    <input type="radio" name="role" value="manager">管理员
    <input type="radio" name="role" value="user">普通用户
    <input type="submit" value="提交">
    </form>
</body>
</html>
```

response.jsp 要求用户选择角色并将数据传送给 do_response.jsp,do_response.jsp 判断选择的角色并使用 response 对象的 sendRedirect()方法重定向到相应的页面。

do_response.jsp:

```
<%@ page import="java.util.*" pageEncoding="UTF-8"%>
<html>
<body>
    <%
```

```
    String role = request.getParameter("role");
    if(role.equals("manager")) {
        response.sendRedirect("manager.html");
    } else {
        response.sendRedirect("user.html");
    }
    %>
</body>
</html>
```

manager.html：

```
<html>
<body>
你好，管理员，欢迎你！！
</body>
</html>
```

user.html：

```
<html>
<body>
你好，普通用户，欢迎你！！
</body>
</html>
```

response.jsp 页面运行后，选择"管理员"，单击"提交"按钮，如图 10-8 所示，所提交的表单由 do_response.jsp 文件处理后，重定向到 manager.html 页面，如图 10-9 所示。

图 10-8 response.jsp 页面

图 10-9 使用 response 实现页面重定向

10.2.2 处理 HTTP 文件头信息

当客户端请求服务器端的页面时，这个请求包括 HTTP 头。同样，服务器对客户端的响应也包括一些文件头。下面的例子使用 response 对象添加一个 refresh HTTP 头，并将其值设置为 3，使客户端每隔 3 秒刷新该页面。

【例 10.5】 实现页面每隔 3 秒自动刷新。

responseDemo.jsp：

```
<%@ page import="java.util.*" pageEncoding="UTF-8"%>
<html>
<body>
    <%response.setHeader("refresh", "3"); %>
    现在的时间是：<%=new java.util.Date() %>
</body>
</html>
```

10.3 session 对象

10.3.1 什么是会话

会话是指用户通过浏览器向服务器发送请求信息，服务器将处理用户的请求信息，并将响应结果返回给用户的一次过程。

一次会话过程结束后，服务器不会记载任何关于用户的信息。但是，往往用户在经过多次访问服务器后，希望服务器能够记载关于用户的信息，比如购物车商品等，此时需要使用 session 对象将用户的信息保存下来，这种机制称为会话跟踪。

session 内置对象用来存储特定用户会话所需要的信息，以便追踪每个用户的信息。session 对象由服务器自动创建，为每一个用户分配一个会话对象，服务器是根据会话对象的 ID 号来区分每个用户的会话信息的。session 对象的生命周期在客户端向该页面发出请求时建立，在 session 对象到期或者被终止时撤销。

session 对象常用的方法如表 10-3 所示。

表 10-3 session 对象的常用方法

方法名称	功能说明
long getCreateTime()	获得会话产生的时间
String getId()	得到会话的 ID 编号
long getLastAccessedTime()	返回当前会话对象上次访问时间
long getMaxInactiveInterval()	获取会话最大生存时间
void invalidate()	撤销会话
boolean isNew()	判断 session 是否为新的会话对象，所谓新的对象，表示 session 已由服务器产生，但是客户端尚未使用

续表

方法名称	功能说明
void setMaxInactiveInterval(int interval)	设定会话最大不活动时间
Object getAttribute(String name)	获得会话中名称为 name 指定的属性的值
void setAttribute(String name, Object value)	将 value 值以 name 为名称保存在会话中

10.3.2 绑定和获取会话中的参数

通过将数据绑定在会话中，在其他网页中获取会话中的数据可以实现会话的跟踪，以便服务器能记载关于用户的一些信息。

例如，用户名是张三，年龄是 20，需要将这两个数据保存在会话中，需要使用以下代码来完成：

```
String name = "张三";
int age = 20;
session.setAttribute("name", name);
session.setAttribute("age", Integer.valueOf(age));
```

setAttribute()方法的第二个参数是 Object 对象，因此，将年龄绑定在会话中需要将 int 类型的数据转换为 Integer 类型。

可以使用以下代码来获得在会话session中绑定的参数：

```
String n = (String)session.getAttribute("name");
Integer a = (Integer)session.getAttribute("age");
```

session 对象中的 getAttribute()方法的返回类型为 Object，因此需要做强制类型转换。

10.3.3 移除会话参数

如果在程序运行过程中不需要会话中的数据，可以使用 removeAttribute()方法将参数移除。

例如，将上面保存在会话中的用户名和年龄移除，可以使用以下代码来完成：

```
session.removeAttribute("name");
session.removeAttribute("age");
```

10.3.4 销毁会话

使用 session 进行程序开发的基本步骤如下。

(1) 对会话对象中的数据进行读写操作。

(2) 手工终止会话对象，或者什么也不做，让它自动终止。每个会话对象都有一定的生存周期，超过这个周期，会话对象将自动终止。

或者可以使用 invalidate()方法来终止当前会话，并解开与它绑定的数据。

10.3.5 session 对象的应用

在开发 Web 应用程序时,特别是电子商务网站应用程序,用户经常在不同的页面之间浏览,选择自己喜爱的商品,这时需要一个购物车来存储用户采购的商品。由于用户的采购行为跨越多个页面,因此,需要将用户采购的商品信息存储在会话中。下面的程序用来演示如何利用 session 对象来实现购物车程序。

【例 10.6】 使用 session 对象完成购物车程序。

catalog.jsp:

```jsp
<%@ page import="java.util.*" pageEncoding="UTF-8"%>
<html>
<body>
    <font size="5" color="red">欢迎来到乐乐水果店购物</font>
    <form action="ch10/cart.jsp">
    <table width="300">
    <tr>
        <td>种类</td>
        <td>单价</td>
        <td>数量</td>
    </tr>
    <tr>
        <td>苹果</td>
        <td>5.5</td>
        <td><input type="text" name="apple"></td>
    </tr>
    <tr>
        <td>香蕉</td>
        <td>3.5</td>
        <td><input type="text" name="banana"></td>
    </tr>
    <tr>
        <td>橘子</td>
        <td>2.0</td>
        <td><input type="text" name="orange"></td>
    </tr>
    <tr>
        <td colspan="3"align="center">
        <input type="submit" value="放入购物车">
        </td>
    </tr>
    </table>
    </form>
    <%
    Object apple = session.getAttribute("apple");
    if(apple == null)
        session.setAttribute("apple", "0");
    Object banana = session.getAttribute("banana");
    if(banana == null)
```

```
        session.setAttribute("banana", "0");
    Object orange = session.getAttribute("orange");
    session.setAttribute("orange", "0");
    %>
</body>
</html>
```

cart.jsp:

```jsp
<%@ page import="java.util.*" pageEncoding="UTF-8"%>
<html>
<body>
    <%
    String apple = request.getParameter("apple");
    if(apple == null) {
       apple = "0";
    }
    int appleNum = Integer.parseInt(apple);
    String banana = request.getParameter("banana");
    if(banana == null) {
       banana = "0";
    }
    int bananaNum = Integer.parseInt(banana);
    String orange = request.getParameter("orange");
    if(orange == null) {
       orange = "0";
    }
    int orangeNum = Integer.parseInt(orange);
    int appleTemp =
      Integer.parseInt((String)session.getAttribute("apple"));
    int bananaTemp =
      Integer.parseInt((String)session.getAttribute("banana"));
    int orangeTemp =
      Integer.parseInt((String)session.getAttribute("orange"));
    appleNum = appleNum + appleTemp;
    bananaNum = bananaNum + bananaTemp;
    orangeNum = orangeNum + orangeTemp;
    session.setAttribute("apple", String.valueOf(appleNum));
    session.setAttribute("banana", String.valueOf(bananaNum));
    session.setAttribute("orange", String.valueOf(orangeNum));
    %>
    <font size="4" color="red">你的购物车里有：</font><br>
    <%=appleNum %>斤苹果，
    <%=bananaNum %>斤香蕉，
    <%=orangeNum %>斤橘子
    <hr>
    <hr>
    <a href="ch10/catalog.jsp">回到水果店</a>
</body>
</html>
```

在浏览器里输入"http://localhost:8080/webTest/ch10/catalog.jsp",会得到如图 10-10 所示的运行结果。然后,在文本框中输入订购的数量后,单击"放入购物车"按钮,则得到如图 10-11 所示的运行结果,可以看到前面订购的水果已经放入购物车中。单击"回到水果店"链接,可以回到商品目录显示页面,再次订购商品,单击"放入购物车"按钮,可以看到购物车可以准确记录所有订购的水果。

图 10-10 水果订购页面

图 10-11 购物车页面

10.4 application 对象

10.4.1 application 对象的定义

application 对象提供了对 javax.servlet.ServletContext 对象的访问,用于多个程序或者多个用户之间共享数据。对于一个容器而言,每个用户都共用一个 application 对象,这一点与 session 对象不同。服务器启动后就产生这个 application 对象,当客户在所访问的网站的各个页面之间浏览时,这个 application 对象都是同一个,直到服务器关闭。与 session 不同的是,所有客户的 application 对象都是同一个,即所有客户共享这个内置的 application 对象。application 对象的常用方法见表 10-4。

表 10-4 application 对象的常用方法

方法名称	功能说明
getAttribute(String name)	获得指定名字的 application 对象属性的值
setAttribute(String name, Object object)	用 object 来初始化某个由 name 指定的值
getAttributeNames()	返回 application 对象中存储的每一个属性名字
getInitParameter(String name)	返回 application 对象某个属性的初始值
removeAttribute(String name)	删除一个指定的属性
getServerInfo()	返回当前版本 Servlet 编译器的信息
getContext(URL)	返回指定 URL 的 ServletContext 的值
getMajorVersion()	返回 Servlet API 的版本
getMimeType(URL)	返回指定 URL 的文件格式
getRealPath(URL)	返回执行 URL 的实际路径

10.4.2 application 对象的应用

【例 10.7】 使用 application 对象制作站点计数器。

在 WebRoot/ch10 下新建一个 applicationDemo.jsp 文件：

```jsp
<%@ page import="java.util.*" pageEncoding="UTF-8"%>
<html>
<body>
   <font size="4" color="blue">application 站点计数器</font>
   <hr>
   <%
   Object numTemp = application.getAttribute("num");
   if(numTemp == null)
       application.setAttribute("num", "0");
   String num = (String)application.getAttribute("num");
   int n = Integer.parseInt(num) + 1;
   application.setAttribute("num", String.valueOf(n));
   %>
   访问次数是:<%=n %>
</body>
</html>
```

首先使用 application.getAttribute("num")方法获取属性 num 的值，并且检查这个值是否为空，如果为空，代表此 application 对象刚刚初始化，需要将 0 放入 application 对象中，然后将属性 num 的值加 1，使用 application.setAttribute()方法将访问次数写入属性 num 中，最后输出访问次数。启动服务器后，在浏览器中输入网址，效果如图 10-12 所示。

图 10-12 application 站点计数器的运行效果

10.5 out 对象

10.5.1 向客户端输出数据

out 对象是 JSP 使用最频繁的对象，能把结果输出到网页上。

最常使用的方法是 out.print()和 out.println()。两者最大的差别在于，println()在输出的数据后面会自动加上换行符，但是，这个空行只是输出的 HTML 代码的空行，浏览器解析时这个空行被忽略，因此，要想在页面中换行，需要通过 out.print("<br>")来实现。

【例 10.8】 使用 out 对象向客户端输出不同类型的数据。

outDemo1.jsp：

```jsp
<%@ page import="java.util.*" pageEncoding="UTF-8"%>
<html>
<body>
    <%
    //定义整型变量并赋值
    int i = 9;
    //定义浮点型变量并赋值
    float f = 3.6f;
    //定义字符串类型变量并赋值
    String s = "你好，中国！";
    //定义布尔类型变量并赋值
    boolean b = true;
    out.print(i);
    out.print("<br>");
    out.print(f);
    out.print("<br>");
    out.print(s);
    out.print("<br>");
    out.print(b);
    out.print("<br>");
    %>
</body>
</html>
```

运行结果如图 10-13 所示。

图 10-13　outDemo1.jsp 的运行结果

10.5.2 管理缓冲

out 对象的一个重要的功能是管理缓冲区。通过调用 out 对象的 clear()方法，可以清除缓冲区的内容，类似于重置响应流。out 对象还提供了另一种清除缓冲区内容的方法，clearBuffer()，通过这个方法，可以清除缓冲区的当前内容，即使内容已经提交给客户端，也能使用该方法。除了这两个方法外，out 对象还提供了其他用于管理缓冲区的方法。

out 对象用于管理缓冲区的方法如表 10-5 所示。

表 10-5 out 对象的常用方法

方法名称	功能说明
void clear()	清除输出缓冲区的内容，不将数据输出到客户端
void clearBuffer()	清除输出缓冲区的内容，并将数据输出到客户端
void close()	关闭输出流，清除缓冲区所有内容
int getBufferSize()	获得目前缓冲区的内容，单位为 KB
int getRemaining()	获得缓冲区未占用空间大小，单位为 KB
boolean isAutoFlush()	如果返回值为 true，表示若缓冲区满了会自动清除，若为 false，表示若缓冲区满了不会自动清除，并且会产生异常，可以用<%@ page isAutoFlush="true/false"%>来设置

10.6 其他内置对象

10.6.1 page 对象

page 对象是 JSP 文件产生的类对象，更准确地说，是代表 JSP 被编译后的 Servlet 文件。因此，page 对象可以调用 Servlet 类所定义的方法。

【例 10.9】page 对象中方法的调用。

pageDemo.jsp：

```
<%@ page import="java.util.*" pageEncoding="UTF-8"%>
<%@ page info="page 对象示例"%>
<html>
<body>
    <h3>page 对象</h3>
    <h2><%=((javax.servlet.jsp.HttpJspPage)page).getServletInfo() %></h2>
</body>
</html>
```

运行结果如图 10-14 所示。

该程序调用 page 对象的 getServletInfo()方法，将预先设定的 page 指令的 info 属性输出，在这个程序中，输出的是"page 对象示例"。

图 10-14　pageDemo.jsp 的运行结果

10.6.2　config 对象

config 对象表示 Servlet 的配置，提供对初始化 JSP 的配置数据的访问。config 对象的常用方法如表 10-6 所示。

表 10-6　config 对象的常用方法

方法名称	功能说明
getInitParameter(String name)	返回指定初始化参数的值
getInitParameterNames()	返回所有初始化参数的名称
getServletName()	返回 Servlet 的名称

【例 10.10】config 对象的使用。

configDemo.jsp：

```
<%@ page language="java" import="java.util.*" pageEncoding="UTF-8"%>
<html>
<body>

    <h2>打印参数</h2>

    <%
    Enumeration param = config.getInitParameterNames();
    while(param.hasMoreElements()) {
        String pname = (String)param.nextElement();
        out.print(pname + "=" + config.getInitParameter(pname));
        out.print("<br>");
    }
    %>

</body>
</html>
```

首先使用 config 对象的 getInitParameterNames() 方法得到所有的初始化参数名称，然后在 while 循环中使用 getInitParameter(pname) 方法得到所有初始化参数的值并输出。程序 configDemo.jsp 的运行结果如图 10-15 所示。

图 10-15　configDemo.jsp 的运行结果

10.6.3　exception 对象

JSP 文件执行过程中发生错误时会产生异常，exception 对象可以对异常进行处理。exception 对象并不是在每一个 JSP 页面中都能够使用。若要使用 exception 对象，必须在 page 指令中设定<%@page isErrorPage="true"%>才能使用，否则编译时会产生错误。

exception 对象的常用方法如表 10-7 所示。

表 10-7　exception 对象的常用方法

方法名称	功能说明
String getMessage()	返回错误信息
void printStackTrace()	以标准错误的形式输出一个错误和错误的堆栈
String toString()	以字符串的形式返回一个对异常的描述

【例 10.11】未使用 exception 对象处理除 0 运算错误。

exceptionDemo1.jsp：

```
<%@ page import="java.util.*" pageEncoding="UTF-8"%>
<html>
<body>

    <%
    int a = 30;
    int b = 0;
    out.print(a/b);
    %>

</body>
</html>
```

本例的运行结果如图 10-16 所示。因为 0 不能作为被除数进行除法运算，因此程序运行后会出现 500 错误。

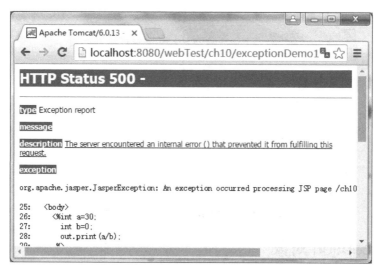

图 10-16 未使用 exception 对象处理除 0 运算

【例 10.12】使用 exception 对象处理除 0 运算。

exceptionDemo2.jsp：

```
<%@ page import="java.util.*" pageEncoding="UTF-8"%>
<%@ page errorPage="error.jsp"%>
<html>
<body>
    <%
    int a = 30;
    int b = 0;
    out.print(a/b);
    %>
</body>
</html>
```

error.jsp：

```
<%@ page import="java.util.*" pageEncoding="UTF-8"%>
<%@ page isErrorPage="true" %>
<html>
<body>
    <%
    out.print("页面发生了错误");
    out.print("<br>");
    //调用 getMessage()方法，获取相应信息
    out.print("exception.getMessage()="+exception.getMessage()+"<br>");
    //调用 toString()方法，将错误信息以字符串的形式显示出来
    out.print("exception.toString()="+exception.toString()+"<br>");
    %>
</body>
</html>
```

本例运行后，结果如图 10-17 所示。

第 10 章　JSP 的内置对象

图 10-17　使用 exception 对象处理除 0 运算

程序 exceptionDemo2.jsp 中的<%@ page errorPage="error.jsp" %>说明当程序在运行过程中出现错误的时候，会将响应指向 error.jsp。

程序 error.jsp 中的<%@ page isErrorPage="true" %>指该页面是一个错误处理页面。

10.6.4　pageContext 对象

pageContext 对象能够存取其他隐含对象。当隐含对象本身支持属性时，pageContext 对象提供存取这些属性的方法。pageContext 对象的常用方法如表 10-8 所示。

表 10-8　pageContext 对象的常用方法

方法名称	功能说明
pageContext.getAttributeNamesInScope()	返回所有指定范围的属性名称
getRequest()	返回当前的 request 对象
getResponse()	返回当前的 response 对象
getSession()	返回当前的 session 对象
getException()	返回当前的 exception 对象

【例 10.13】pageContext 对象的应用。

pageContextDemo.jsp：

```
<%@ pageimport="java.util.*" pageEncoding="UTF-8"%>
<html>
<body>
   <h2>pageContext 对象的应用</h2>
   <%
session.setAttribute("name", "john");
Enumeration enuma =
  pageContext.getAttributeNamesInScope(pageContext.SESSION_SCOPE);
while(enuma.hasMoreElements()) {
    out.print("session attribute:" + enuma.nextElement() + "<br>");
}
   %>
</body>
</html>
```

pageContextDemo.jsp 的主要的目,是在当前页面中取得所有属性范围为 session 的属性名称,并依次显示这些属性。程序运行结果如图 10-18 所示。

图 10-18　pageContextDemo.jsp 的运行结果

本 章 小 结

本章对 JSP 内部对象进行了介绍。JSP 内部对象不需要预先声明即可在脚本代码和表达式中直接引用。session 对象是一个比较重要的对象,通常用它来保存用户的登录信息等,对于访问服务器的每一个用户都有一个 session 对象,而 application 对象在服务器上只要一个,对于访问服务器的每一个用户都可以访问和修改 application 对象中保存的数据,常用作计数等。本章对 JSP 的九大内置对象都做了介绍,通过本章的学习,可以掌握 JSP 的基本编程方法。

习　题

一、填空题

(1) request 对象可以使用_____方法来获取表单提交的信息。

(2) 客户端向服务器提交数据的方式通常有两种,一种是_____,另一种是_____。

(3) out 对象用来输出一个换行符的方法是_____。

(4) out 对象中用来获得缓冲区大小的方法是_____。

(5) request 对象中,用来获得服务器名字的方法是_____。

(6) response 对象中,用来把响应发送到另一个指定的位置进行处理的方法是_____。

(7) _____封装了属于客户会话的所有信息。

(8) session 对象中,用来设置指定名字的属性的方法是_____。

(9) _____用于多个程序或者多个用户之间共享数据。

(10) _____提供了对每一个给定的服务器小程序及 JSP 页面的 ServletConfig 对象

的访问，该对象封装了初始化参数及一些实用方法。

(11) _____提供了对 JSP 页面内所在对象及名字空间的访问。

二、编程题

(1) 在 index.jsp 页面中，提供用户输入用户名文本框；在 session.jsp 页面中，将用户输入的用户名保存在 session 对象中，用户在该页面中可以添加最喜欢去的地方；在 result.jsp 页面中，显示用户输入的用户名和最想去的地方。

(2) 访问 register.jsp 页面，填写注册信息，并交给 doRegister.jsp 页面处理，并在 doRegister.jsp 页面显示用户提交的注册信息。

(3) 上题中，在注册信息中输入中文，查看是否有乱码出现。如果出现了乱码，请实现乱码处理。

(4) 使用 application 和 session 对象实现一个简易的网络聊天室。

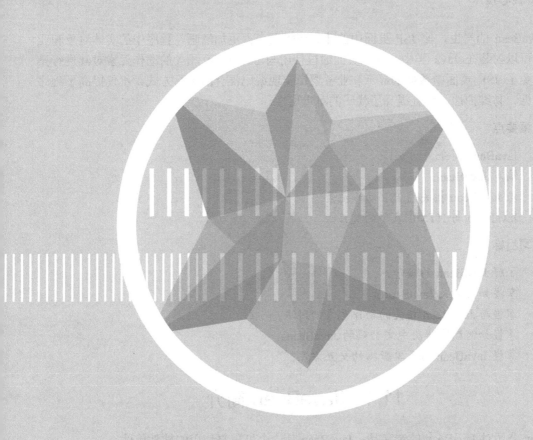

第 11 章

JavaBean 技术

JavaBean 的产生，使 JSP 页面中的业务逻辑层变得更加清晰，程序中的实体对象和业务逻辑可以封装在 Java 类中，JSP 页面通过使用与 JavaBean 相关的动作元素对其进行操作，避免了 JSP 页面中数据的显示和业务逻辑实现编码混合的编写方式，不仅提高了程序的可读性、易维护性，而且提高了代码的可重用性。

本章要点

- JavaBean 简介。
- 编写 JavaBean。
- 与 JavaBean 相关的 JSP 动作元素。
- JavaBean 与 HTML 表单的交互。

学习目标

- 了解 JavaBean 的概念。
- 掌握如何定义 JavaBean。
- 掌握与 JavaBean 相关的动作元素的用法。
- 掌握如何编写解决中文乱码的 JavaBean。
- 掌握 JavaBean 与表单数据的交互方法。

11.1 JavaBean 简介

Sun 公司对 JavaBean 的定义是：JavaBean 是一个可重复使用的软件部件。

JavaBean 是描述 Java 的软件组件模型，是 Java 程序的一种组件结构，也是 Java 类的一种。JavaBean 提供给外部操作接口，而实现过程无须外部调用者知道。应用 JavaBean 的主要目的，是实现代码的重用，便于维护和管理。在 Java 开发模型中，通过 JavaBean，可以无限制地扩充 Java 程序的功能，通过 JavaBean 可以快速生成新的应用程序。

JavaBean 传统的应用是在可视化领域，自从 JSP 诞生后，JavaBean 更多地应用在非可视化领域中，在服务器端应用中表现出越来越强的生命力。

非可视化的 JavaBean 在 JSP 程序中常用来封装业务逻辑、进行数据库操作等，可以很好地实现业务逻辑和前台程序的分离，使得应用系统具有更好的健壮性和灵活性。

JavaBean 实质上是一个 Java 类，但具备其独有的特点，JavaBean 的特点包括以下几个方面。

(1) JavaBean 是公共类。
(2) 有一个默认的无参构造方法。
(3) 属性必须声明为 private，方法必须声明为 public。
(4) 用一组 set 方法设置 JavaBean 的内部属性。
(5) 用一组 get 方法获取内部属性的值。
(6) JavaBean 是一个没有 main 方法的类(但是，可以编写 main 方法进行 JavaBean 功能的测试)。

11.2　编写一个简单的 JavaBean

根据上面介绍的关于 JavaBean 的特征，现编写一个简单的 JavaBean，该 JavaBean 用来描述一个商品的信息，包括商品的编号、名称、库存、价格等信息。该程序位于 com.web.ch11 包下，名称为 ProductBean.java。

ProductBean.java：

```java
package com.web.ch11;

public class ProductBean {
    private String productId;
    private String productName;
    private int number;
    private double price;
    //无参构造方法
    public ProductBean() {

    }
    //对应每一个成员变量都有一个get方法,用来获取属性的值
    public String getProductId() {
        return productId;
    }
    //对应每一个成员变量都有一个set方法,用来给成员属性赋值
    public void setProductId(String productId) {
        this.productId = productId;
    }
    public String getProductName() {
        return productName;
    }
    public void setProductName(String productName) {
        this.productName = productName;
    }
    public int getNumber() {
        return number;
    }
    public void setNumber(int number) {
        this.number = number;
    }
    public double getPrice() {
        return price;
    }
    public void setPrice(double price) {
        this.price = price;
    }
}
```

构建 JavaBean 中的 get 和 set 方法还有一种快捷方式，如图 11-1 所示。

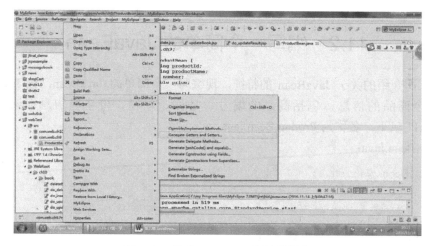

图 11-1 构建 JavaBean 的快捷操作

11.3 在 JSP 中使用 JavaBean

JavaBean 和 JSP 技术的结合不仅可以实现表示层和业务逻辑层的分离，还可以提高 JSP 程序运行的效率和代码重用的程度，并且可以实现并行开发，是 JSP 编程中常见的技术。在 JSP 中提供了<jsp:useBean>、<jsp:getProperty>、<jsp:setProperty>动作元素来实现对 JavaBean 的操作。

11.3.1 <jsp:useBean>操作

<jsp:useBean>可以定义一个具有一定生存范围以及一个唯一 id 的 JavaBean 实例，JSP 页面可以通过指定的 id 来识别 JavaBean，也可以通过 id.method 语句来调用 JavaBean 中的方法。在执行过程中，<jsp:useBean>首先会尝试寻找已经存在的具有相同 id 和 scope 值的 JavaBean 实例，如果没有，就会自动创建一个新的实例。

<jsp:useBean>的基本语法格式如下：

```
<jsp:useBean id="beanName" scope="page|request|session|application"
    class="packageName.className" type="typeName" beanName="" />
```

<jsp:useBean>动作元素的基本属性的含义如表 11-1 所示。

表 11-1 <jsp:useBean>动作元素的基本属性

序 号	属性名	功 能
1	id	JavaBean 对象的唯一标志，代表了一个 JavaBean 对象的实例。它具有特定的存在范围，在 JSP 中通过 id 来识别 JavaBean
2	scope	代表了 JavaBean 对象的生存时间，可以是 page、request、session、application 中的一种，默认是 page
3	class	代表了 JavaBean 对象的 class 名，需要特别注意的是，大小写要完全一致

续表

序 号	属 性 名	功 能
4	type	指定引用了 JavaBean 实例的变量的类型
5	beanName	指定 JavaBean 的名字,如果提供了 type 属性和 beanName 属性,就允许省略 class 属性

<jsp:useBean>动作元素中 scope 属性的说明如下。

(1) page:可以在包含<jsp:useBean>的 JSP 文件以及此文件的所有静态包含文件中使用指定的 JavaBean,直到页面执行完毕,向客户端发出响应,或转到另一个页面为止。

(2) request:在任何执行相同请求的 JSP 文件中都可以使用 JavaBean,直到页面执行完毕,向客户端发出响应,或转到另一个页面为止。

(3) session:从创建指定 JavaBean 开始,能在任何使用相同 session 的 JSP 文件中使用指定的 JavaBean,该 JavaBean 存在于整个 session 生命周期中。

(4) application:从创建 JavaBean 开始,在任何使用相同 application 的 JSP 文件中使用指定的 JavaBean,该 JavaBean 存在于整个 application 生命周期中,直至服务器重启动。

11.3.2 \<jsp:setProperty>操作

使用<jsp:setProperty>元素,可以设置 JavaBean 属性值。<jsp:setProperty>的基本语法格式如下:

```
<jsp:setProperty name="beanName" last_syntx />
```

其中,name 属性代表已经存在的并且具有一定生存范围的 JavaBean 实例,last_syntx 代表的语法如下:

```
property="*"|
property="propertyName"|
property="propertyName" param="paramName"|
property="propertyName" value="propertyValue"
```

<jsp:setProperty>动作元素的基本属性含义如表 11-2 所示。

表 11-2 \<jsp:setProperty>动作元素的基本属性

序 号	属 性 名	功 能
1	name	代表通过<jsp:useBean>定义的 JavaBean 对象实例
2	property	代表要设置的属性 property 的名字
3	param	代表页面请求 request 的参数名字,<jsp:setProperty>元素不能同时使用 param 和 value 属性
4	value	代表赋给 JavaBean 的属性 property 的具体值

<jsp:setProperty name="bean" property="*" />这条语句用来设定 JavaBean 的属性,JSP 支持内省机制。内省机制是指当服务器接收到请求时,根据请求的参数名称自动设定与

JavaBean 相同属性名称的值。

<jsp:setProperty>就是通过内省机制设定窗体传来的所有参数，若参数名称与 JavaBean 属性一样，就自动把参数值利用 JavaBean 中的 setXXX 方法，设定给 JavaBean 属性。从窗体传来的数据都是 String 类型的，JSP 容器会自动根据 JavaBean 属性的定义进行类型转换。JSP 容器在转换类型时调用的方法如表 11-3 所示。

表 11-3　属性类型的自动转换

属性类型	JSP 容器在转换时自动调用的方法
boolean 或 Boolean	Boolean.valueOf(String)
byte 或 Byte	Byte.valueOf(String)
char 或 Character	String.charAt(0)
double 或 Double	Double.valueOf(String)
float 或 Float	Float.valueOf(String)
int 或 Integer	Integer.valueOf(String)
short 或 Short	Short.valueOf(String)
long 或 Long	Long.valueOf(String)
Object	new String(String)

11.3.3　<jsp:getProperty>操作

使用<jsp:getProperty>可以得到 JavaBean 实例的属性值并将其转换为 java.lang.String，最后放置在隐含的 out 对象中。JavaBean 的实例必须在<jsp:getProperty>前面定义。

<jsp:getProperty>的基本语法格式如下：

```
<jsp:getProperty name="beanName" property="propertyName" />
```

<jsp:getProperty>动作元素的基本含义见表 11-4。

表 11-4　<jsp:getProperty>动作元素的基本属性

序　号	属 性 名	功　　能
1	name	代表通过<jsp:useBean>定义的 JavaBean 对象实例
2	property	代表要获得值的那个 property 属性的名称

11.3.4　JavaBean 的范围

前面介绍的<jsp:useBean>动作元素中，scope 属性有 4 个值，分别为 page、request、session 和 application，本小节将详细介绍这 4 个范围的不同。

1．page 范围

当 JavaBean 的范围设为 page 时，表示这个 JavaBean 的生命周期只在一个页面内，当页面执行完毕，向客户端发回响应或转到另一个文件时，则 JSP 容器会自动释放该 JavaBean，结束期生命周期，该 JavaBean 存在于当前页的 PageContext 对象中。

【例 11.1】演示一个页面访问计数的例子，包括一个 JavaBean 和一个 JSP 页面。

CounterBean.java：

```
package com.web.ch11;

public class CounterBean {
   private int count = 0;

   public CounterBean() {

   }
   public int getCount() {
      count++;
      return count;
   }
   public void setCount(int count) {
      this.count = count;
   }
}
```

countPage.jsp：

```
<%@ page import="java.util.*" pageEncoding="UTF-8"%>
<html>
<head>
   <title>JavaBean 的范围: page</title>
</head>

<body>
   <h2>范围为 page 的 JavaBean 举例——页面访问次数</h2>
   <jsp:useBean id="countP"
     class="com.web.ch11.CounterBean" scope="page">
   </jsp:useBean>
   <p>您已访问
   <font color="red">
      <jsp:getProperty name="countP" property="count" />
   </font>
   次</p>
   <p>欢迎您再次访问！</p>
</body>
</html>
```

countPage.jsp 的执行结果如图 11-2 所示。

我们可以刷新该页面，观察这时页面的变化会发现，无论怎么刷新，显示的次数都是 1 次。这是因为当页面刷新时，JSP 容器都会将以前的 Bean 清除，然后重新产生一个新的 Bean，所以使用 getProperty 元素取值时，取出的值总是 1。

图 11-2　countPage.jsp 的执行结果

2. request 范围

当 JavaBean 的范围为 request 时，这个 JavaBean 在整个请求的范围内都有效，而不仅仅在一个页面内有效。

当一个 JSP 程序使用<jsp:forward>操作指令定向到另一个 JSP 程序，或者使用<jsp:include>操作指令导入另外的 JSP 程序时，第一个 JSP 程序会把 request 对象传送到下一个 JSP 程序，由于 request 范围的 JavaBean 存在于 request 对象中，JavaBean 对象也会随着 request 对象送出，被第二个 JSP 程序接收。

【例 11.2】修改例 11.1 的程序，新建一个 countRequest.jsp，再增加一个新的页面 hello.jsp，观察 request 范围和 page 范围的 JavaBean 有何不同。

countRequest.jsp：

```jsp
<%@ page import="java.util.*" pageEncoding="UTF-8"%>
<html>
<head>
    <title>JavaBean 的范围：request</title>
</head>
<body>
    <h2>范围为 request 的 JavaBean 举例——页面访问次数</h2>
    <jsp:useBean id="countR"
      class="com.web.ch11.CounterBean" scope="request">
    </jsp:useBean>
    <p>您已访问
    <font color="red">
        <jsp:getProperty name="countR" property="count" />
    </font>
    次</p>
    <p>欢迎您再次访问！</p>
    <jsp:include page="hello.jsp" />
</body>
</html>
```

hello.jsp：

```jsp
<%@ page import="java.util.*" pageEncoding="UTF-8"%>
<html>
<body>
    <jsp:useBean id="countR"
      class="com.web.ch11.CounterBean" scope="request">
```

```
    </jsp:useBean>
    您好——感谢您<font color="red">
    <jsp:getProperty name="countR" property="count" />
    </font>次的光临!!
</body>
</html>
```

countRequest.jsp 的执行结果如图 11-3 所示。

图 11-3　countRequest.jsp 的执行结果

从图 11-3 可以看出，hello.jsp 已经加入到 countRequest.jsp 中，而 hello.jsp 中显示的次数为 2 次，这是因为 hello.jsp 和 countRequest.jsp 调用的是同一个 Bean，所以 Bean 中的 count 先是自动加 1 显示出来，然后又加 1 显示出来，因此其显示的结果分别为 1 和 2。

3．session 范围

当 JavaBean 的范围设为 session 时，表示 JavaBean 可以在当前 HTTP 会话的生存周期内被所有的页面访问，该 JavaBean 存在于 session 对象中。

【例 11.3】将新建一个 countSession.jsp，此时将 JavaBean 的范围改为 session，然后执行该程序，观察执行结果。

countSession.jsp：

```
<%@ page import="java.util.*" pageEncoding="UTF-8"%>
<html>
<head>
    <title>JavaBean 的范围：session</title>
</head>
<body>
    <h2>范围为 session 的 JavaBean 举例——页面访问次数</h2>
    <jsp:useBean id="countS"
      class="com.web.ch11.CounterBean" scope="session">
    </jsp:useBean>
    <p>您已访问
    <font color="red">
        <jsp:getProperty name="countS" property="count" />
    </font>
    次</p>
    <p>欢迎您再次访问！</p>
</body>
</html>
```

countSession.jsp 的执行结果如图 11-4 所示。

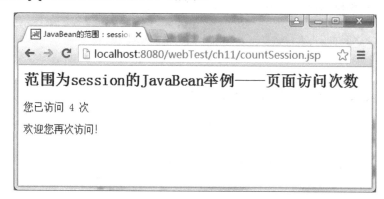

图 11-4　countSession.jsp 的执行结果

第一次执行 countSession.jsp，会发现显示结果与 countPage.jsp 一样。但是，当刷新该页面时，会发现页面上显示的次数会递增，这是对于同一个 session 的情况，如果另外启动浏览器，执行 countSession.jsp 时，会发现页面上的数字又从 1 开始。这是因为，发起一个新的会话时，JSP 容器会创建一个新的 session 以及一个新的 JavaBean。

4．application 范围

设为 application 范围的 Bean 生命周期是最长的，从创建这个 Bean 开始，即可在任何使用相同 application 的 JSP 文件中使用这个 Bean，该 Bean 存在于 application 对象中，application 对象从 Web 应用程序启动时就被创建了。

【例 11.4】仍然通过计数器的例子来说明 application 范围的 Bean 和其他范围的 Bean 有何不同。

countApplication.jsp：

```
<%@ page import="java.util.*" pageEncoding="UTF-8"%>
<html>
<head>
    <title>JavaBean 的范围：application</title>
</head>
<body>
    <h2>范围为 application 的 JavaBean 举例——页面访问次数</h2>
    <jsp:useBean id="countA"
      class="com.web.ch11.CounterBean" scope="application">
    </jsp:useBean>
    <p>您已访问
    <font color="red">
        <jsp:getProperty name="countA" property="count" />
    </font>
    次</p>
    <p>欢迎您再次访问！</p>
</body>
</html>
```

countApplication.jsp 的运行结果如图 11-5 所示。

图 11-5 countApplication.jsp 的运行结果

第一次执行 countApplication.jsp 时，会发现访问次数为 1，并且在刷新页面时数字也在递增，与 countSession.jsp 一样，不过，当启动另一个浏览器执行 countApplication.jsp 时，就会发现两者的区别，新打开的浏览器中，页面的数字不像 countSession.jsp 从 1 开始，而是会接着递增下去。这是由于第一次执行 countApplication.jsp 时创建了 Bean，另外一个浏览器执行的 countApplication.jsp 仍然属于同一个 application，因此该页面使用的仍然是同一个 Bean。

11.4 课堂案例：JavaBean 与 HTML 表单的交互

本节通过一个案例来学习应用 JavaBean 实现与 HTML 表单交互的方法，并且学习 HTML 表单的设计、与 HTML 表单交互的 JavaBean 的编写和调用，JavaBean 获取 HTML 表单元素值、使用 JavaBean 封装业务逻辑的优点。

【例 11.5】使用 JavaBean + JSP 完成登录模块。

本例中完成用户登录验证的功能封装在 LoginBean 中，并且在此 Bean 中增加了一个进行用户名和密码验证的 check 方法。

LoginBean.java：

```java
package com.web.ch11;
public class LoginBean {
    private String name = null;
    private String password = null;
    public LoginBean() {

    }
    public String getName() {
        return name;
    }
    public void setName(String name) {
        this.name = name;
```

```java
    public String getPassword() {
        return password;
    }
    public void setPassword(String password) {
        this.password = password;
    }
    public int check() {
        if(name.equals("wxy") && password.equals("123")) {
            return 1;
        } else {
            return 0;
        }
    }
}
```

该类中的 check()方法用来进行用户名和密码的验证，这里假定的用户名是 wxy，密码是 123。

编写用户登录的 HTML 页面 login.html：

```html
<!DOCTYPE HTML PUBLIC "-//W3C//DTD HTML 4.01 Transitional//EN">
<html>
<head>
  <title>登录界面</title>
</head>
<body>
  <form action="do_login.jsp">
  <table width="300" border="1">
  <tr>
      <td colspan="2" align="center" bgcolor="#fffa26">用户登录</td>
  </tr>
  <tr>
      <td align="center">用户名：</td>
      <td><input type="text" name="name"></td>
  </tr>
  <tr>
      <td align="center">密码：</td>
      <td><input type="password" name="password"></td>
  </tr>
  <tr>
      <td align="center"></td>
      <td>
         <input type="submit" value="提交">
         <input type="reset" value="重置">
      </td>
  </tr>
  </table>
  </form>
</body>
</html>
```

此页面创建用户名输入框，其中 name 属性指定的"name"与 LoginBean 中的"name"属性一致，以便交互。密码框 password 同理。用户登录界面的设计效果如图 11-6 所示。

图 11-6 用户登录界面

编写进行用户登录处理的 JSP 文件 do_login.jsp：

```
<%@ page import="java.util.*" pageEncoding="UTF-8"%>
<html>
<body>
    <jsp:useBean id="login" class="com.web.ch11.LoginBean">
        <jsp:setProperty name="login" property="*" />
    </jsp:useBean>
    <%
    int checkResult = login.check();
    if(checkResult == 1) { %>
        <h2>欢迎<%=login.getName() %>进入本系统！</h2>
    <% } else { %>
        <h2>登录失败！点击<a href="ch11/login.html">这里</a>重新登录！
    <% } %>
</body>
</html>
```

此程序使用<jsp:useBean>定义一个 id 为 login 的 LoginBean 实例，应用 property="*"实现 HTML 表单元素与 LoginBean 中属性的映射(同名匹配)，完成 LoginBean 中属性的赋值，然后调用 LoginBean 中的 check 方法进行 name 属性和 password 的合法性验证，如果验证通过(用户名 wxy，密码 123)，则显示欢迎信息，如图 11-7 所示，如果验证不通过，显示登录失败信息，如图 11-8 所示。

图 11-7 显示欢迎信息

图 11-8 用户登录失败页面

启动 Tomcat 服务器后，在浏览器地址栏输入：

http://localhost:8080/webTest/ch9/login.html

用户在登录界面中输入用户名和密码(本例为 wxy 和 123)后，单击"提交"按钮，由 do_login.jsp 负责用户名和密码合法性的验证。

从本案例中可以了解到 JSP 页面中调用 JavaBean 的一般操作方法，具体如下。

(1) 编写实现特定功能的 JavaBean。

(2) 在调用 JavaBean 的 JSP 文件中应用<jsp:useBean>，在 JSP 页面中声明并初始化 JavaBean，这个 JavaBean 有一个唯一的 id 标志，还有一个生存范围 scope，同时还要指定 JavaBean 的 class 来源(如 com.web.ch11.LoginBean)。

(3) 调用 JavaBean 提供的 public 方法或直接使用<jsp:setProperty>标签来给 JavaBean 中的属性赋值。

(4) 调用 JavaBean 提供的 public 方法或直接使用<jsp:getProperty>标签得到 JavaBean 中属性的值。

(5) 调用 JavaBean 中特定的方法来完成指定的功能(如进行用户登录验证)。

本 章 小 结

本章介绍了 JavaBean 的基本概念，以及如何编写和使用 JavaBean。JavaBean 是遵循一定的标准构造的 Java 类，通常封装成为具有特定功能或者处理某个业务逻辑的对象，这样，在 JSP 页面内可以访问 JavaBean 及其方法。

在 JSP 中，常使用以下三个动作来访问 JavaBean。

(1) <jsp:useBean>：用于定位或实例化一个 JavaBean 组件，在 JSP 页面中使用 JavaBean 时必须使用这个标签。

(2) <jsp:setProperty>：用于设定 JavaBean 的属性值。

(3) <jsp:getProperty>：用于获取 JavaBean 的属性值。

本章还重点介绍了 JavaBean 的四种范围，即 page、request、session 和 application，当在<jsp:useBean>中指定 JavaBean 的范围为 page 时，表示该 JavaBean 放在 PageContext 对象中，只能在本页面中使用；request 表示放在 request 对象中，在当前的 request 的处理期间都能够使用；session 表示放在 session 对象中，只能在 session 期间使用；application 表示放在 application 对象中，只要在服务器运行时都能够使用。

习 题

(1) 简述 JavaBean 的特征。

(2) 编写一个简易计算器程序，将加法、减法、乘法和除法操作封装在 JavaBean 中，在 JSP 页面中调用 JavaBean 中相应的操作，实现一个计算器。

(3) 编写一个好友录入程序需要使用的 JavaBean，类名为 FriendBean，包括好友的姓名、地址、联系电话、E-mail 和 QQ 等属性。

(4) 编写录入一个好友的 JSP 页面，使用 JavaBean FriendBean 来提取该页面的信息并且显示出来。

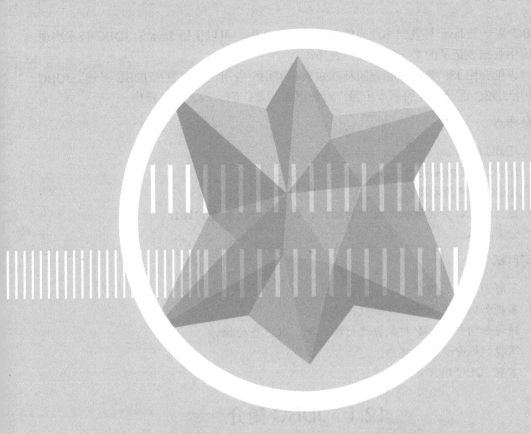

第 12 章

JDBC 编程技术

JDBC 是一个 Java 与数据库连接的 API。在 JSP 中，可以使用 Java 的 JDBC 技术实现对数据库中数据表记录的增、删、改、查操作。

本章详细介绍 JSP 数据库编程的基础知识和 JDBC 应用，主要包括 JDBC 概述、JDBC API、使用 JDBC 进行编程的基本步骤、对数据库的增、删、改、查等操作。

本章要点

- JDBC 的概念。
- JDBC API 的主要内容。
- JDBC 编程的步骤。
- 应用 JDBC 实现数据库记录的插入、删除、修改和查询操作。
- 分页技术。

学习目标

- 了解 JDBC 的概念。
- 掌握如何使用 JDBC 连接数据库。
- 精通如何使用 JSP 对数据进行增、删、改、查的操作。
- 掌握数据分页显示技术。
- 掌握 JDBC 编程开发步骤。

12.1　JDBC 简介

JDBC 是一种可用于执行 SQL 语句的 Java API，由一些 Java 语言编写的类和接口组成。JDBC 为开发数据库应用和数据库前台工具提供了一组标准的应用程序设计接口，使程序开发人员可以用纯 Java 代码编写完整的数据库应用程序。

通过使用 JDBC，可以方便地将 SQL 语句传送给几乎任何类型的数据库，即开发人员可以不必写一个程序访问 Oracle，再写一个程序访问 SQL Server。不仅如此，使用 Java 编写的应用程序可以在任何支持 Java 的平台上运行。Java 和 JDBC 的结合，可以在开发数据库应用时真正实现"一次编写，随处运行"。

JDBC 能完成下列三种功能。

(1) 与数据库建立连接。
(2) 向数据库发送 SQL 语句。
(3) 处理数据库返回的结果。

在 JDBC 3.0 版本中，包括了两个包，分别是 java.sql.*和 javax.sql.*。

java.sql.*中的类和接口主要针对基本的数据库编程，比如建立数据库连接，执行 SQL 语句和预编译语句及运行批处理查询等，同时，可以执行批处理更新、事务隔离和可滚动结果集等高级处理。

javax.sql.*主要为数据库方面的高级操作提供接口和类，比如连接管理、分布式事务和为已有的连接提供更好的抽象，引入容器管理的连接池、分布式事务和行集等。

12.1.1 JDBC 的结构

JDBC 的总体结构有 4 个组件，即应用程序、JDBC API、JDBC 驱动程序管理器和数据源。JDBC API 通过一个 JDBC 驱动程序管理器和为各种数据库定制的 JDBC 驱动程序，提供与不同数据库的透明连接。JDBC 的结构如图 12-1 所示。

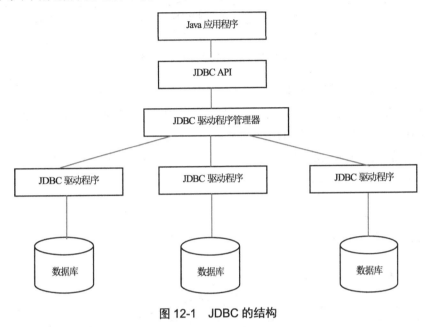

图 12-1 JDBC 的结构

从图 12-1 可以看出，JDBC API 的作用就是屏蔽不同的数据库 JDBC 驱动程序之间的差别，使程序员有一个标准的、纯 Java 的操作数据库的统一的接口，为在 Java 中访问任何类型的数据库提供技术支持。

JDBC 驱动程序管理器为应用程序装载不同的数据库驱动程序。JDBC 驱动程序与数据库类型有关，用于和数据库建立连接，向数据库发送 SQL 语句等。

12.1.2 JDBC 驱动程序

JDBC 驱动程序按照它的实现方式的不同，可以分为四种类型，不同类型的驱动程序有不一样的使用方法，所以 Java 程序在连接数据库之前，要先选择一种适当的驱动程序。JDBC 驱动程序共分为 4 种类型。

1. JDBC-ODBC 桥驱动

通过使用 JDBC-ODBC 桥，程序员可以使用 JDBC 来访问 ODBC 数据源。JDBC-ODBC 桥驱动程序为 Java 应用程序提供了一种把 JDBC 的调用映射为 ODBC 调用的方法。因此，使用 JDBC-ODBC 桥驱动程序时，需要在客户端电脑上安装一个 ODBC 驱动程序。这种驱动程序的工作原理如图 12-2 所示。

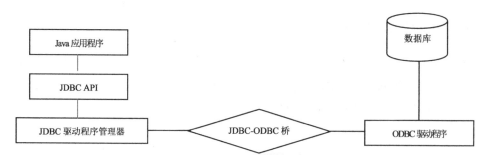

图 12-2 JDBC-ODBC 桥驱动

2. 部分 Java 部分本机驱动程序

这也是一种桥驱动程序，使用 Java 实现与数据库厂商专有的 API 混合的形式来提供数据访问。JDBC 驱动程序标准的 JDBC 调用转变为对数据库 API 的本地调用。与第一种类型类似，使用这种类型的驱动程序，也需要在客户端机器上安装好厂商专有的 API。这种驱动程序的工作原理如图 12-3 所示。

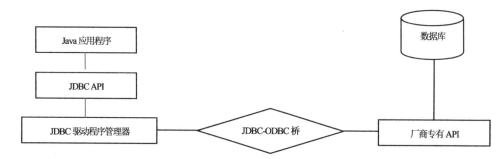

图 12-3 部分 Java 部分本地驱动程序

3. 中间数据访问服务器

这种方式使用一个中间数据访问服务器，通过服务器，可以把 Java 客户端连接到多个数据库服务器上。这种类型的驱动程序最大的好处是省去了在客户端上安装任何驱动程序的麻烦，只要在服务器端安装好数据访问中间服务器即可，中间服务器就会负责所有存取数据库时必要的转换。这种驱动程序的工作原理如图 12-4 所示。

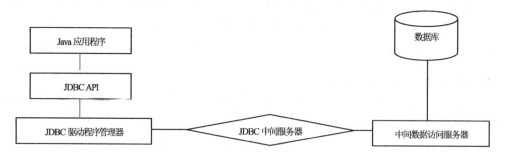

图 12-4 中间数据访问服务器

4．纯 Java 驱动程序

这种方式使用厂商专有的网络协议，把 JDBC API 调用转换成直接的网络调用，其本质是使用套接字 socket 进行编程。这种类型的驱动程序是最成熟的 JDBC 驱动程序，不但不需要在客户端上安装任何驱动程序，也不需要在服务器端安装任何中间程序，所有存取数据库的操作都直接由驱动程序来完成。这种驱动程序的工作原理如图 12-5 所示。

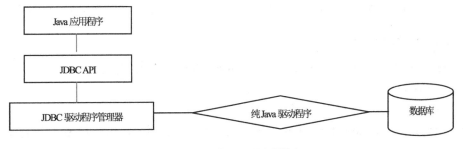

图 12-5　纯 Java 驱动程序

对于以上 4 种驱动程序的选择，需要考虑应用程序的实际需要。一般而言，不建议使用桥驱动程序，它们主要是作为纯 Java 驱动程序还没有上市之前的过渡方案使用，效率比较低，程序的可移植性比较差，后两种驱动程序是 JDBC 访问数据库的首选方法，不但程序的可移植性提高了，实现了跨平台的目的，还省去了在客户端安装驱动程序的麻烦。

通常，利用 JDBC 访问数据库的流程分为以下几个步骤。

(1) 注册驱动程序。
(2) 创建与数据库的连接。
(3) 创建状态对象。
(4) 执行 SQL 语句。
(5) 处理结果。
(6) 关闭资源。

12.1.3　JDBC API

JDBC 定义了很多接口和类，主要包括 DriverManager、Connection、Statement、PreparedStatement 和 ResultSet 等。

1．驱动程序管理器 DriverManager

DriverManager 类是 JDBC 管理层，作用于用户和驱动程序之间。它跟踪可用的驱动程序，并在数据库和相应的驱动程序之间建立连接。该类负责加载、注册 JDBC 驱动程序，管理应用程序和已注册的驱动程序的连接。DriverManager 类里常用的方法如下。

(1) static Connection getConnection(String url, String name, String password)：建立指定数据库的 url 连接。其中 url 为 JDBC:subprotocal:subname 形式的数据库，name 为数据库用户名，password 为访问数据库的密码。

(2) static Driver getDriver(String url)：返回能够打开 url 所指定的数据库的驱动程序。
对于简单的应用程序，程序员只需要直接使用该类的 getConnection 方法与数据库进行

连接。通过调用方法 Class.forName()，将显式地加载驱动程序类。

一般获得连接的方法如下：

```
Class.forName("com.mysql.jdbc.Driver");
String url = "jdbc:mysql://localhost:3306/student";
String name = "root";
String password = "123456";
Connection conn = DriverManager.getConnection(url, name, password);
```

2. Connection 接口

Connection 接口代表与数据库的连接，并拥有创建 SQL 语句的方法，以完成基本的 SQL 操作。Connection 接口常用的方法如下。

(1) void close()：断开与数据库的连接。

(2) Statement createStatement()：创建一个 Statement 对象，用于将 SQL 语句发送到数据库。

(3) PreparedStatement prepareStatement(String sql)：创建一个 PreparedStatement 对象，用于将预编译 SQL 语句发送给数据库。

(4) CallableStatement prepareCall(String sql)：创建 CallableStatement 对象，用于调用数据库存储过程。

(5) boolean isClosed()：判断数据库连接是否被关闭。

(6) void rollback()：用于取消 SQL 语句。

对于简单的应用程序，程序员只需要直接使用 DriverManaer 类的 getConnection 方法与数据库进行连接。通过调用方法 Class.forName()，将显式地加载驱动程序类。

一般获得连接的方法如下：

```
Class.forName("com.mysql.jdbc.Driver");
String url =
  "jdbc:mysql://localhost:3306/student"; //访问 MySQL 数据库 student
String name = "root"; //访问数据库的用户名
String password = "123456"; //访问数据库的密码
Connection conn = DriverManager.getConnection(url, name, password);
```

3. Statement 接口

Statement 接口用来执行不带参数的简单的 SQL 语句，用来向数据库提交 SQL 语句并返回 SQL 语句的执行结果，提交的 SQL 语句可以是 select、update、delete、insert 语句。

Statement 接口的常用方法如下。

(1) void close()：关闭状态对象。

(2) boolean execute(String sql)：执行更新或查询语句，返回是否有结果集。

(3) ResultSet executeQuery(String sql)：执行一个查询语句，并返回结果集。

(4) int executeUpdate(String sql)：执行更新操作，返回更新的行数。

(5) Connection getConnection()：获得连接。

(6) int getFetchSize()：返回取得的大小。

(7) int getMaxRows()：获得最大行数。

4．PreparedStatement 接口

PreparedStatement 接口继承 Statement 接口，作为提高性能的一种措施，提供了向数据库发送预编译语句操作。

PreparedStatement 典型的操作如下：

```
String url = "jdbc:mysql://localhost:3306/student";
String name = "root";
String pass = "123456";
Class.forName("com.mysql.jdbc.Driver");
Connection conn = DriverManager.getConnection(url, name, pass);
String sql = "insert into student(stuno,name,age,address,sex,class)
              values(?,?,?,?,?,?)";
PreparedStatement ps = conn.prepareStatement(sql);
String stuno = "006";
String name = "李强";
int age = 20;
String address = "北京市";
String sex = "男";
String class1 = "软件152";
ps.setString(1, stuno);
ps.setString(2, name);
ps.setInt(3, age);
ps.setString(4, address);
ps.setString(5, sex);
ps.setString(6, class1);
int n = ps.executeUpdate();
if(n == 0) {
   System.out.println("添加失败");
} else {
   System.out.println("成功");
}
```

5．ResultSet 接口

在 Statement 对象执行 SQL 查询语句时，会返回一个 ResultSet 查询结果集。ResultSet 接口提供了逐行访问这些记录的方法。

ResultSet 接口常用的方法如下。

(1) next()：结果集向下移动。

(2) previous()：结果集向上移动。

(3) getRow()：得到当前行号。

(4) absolute(int n)：光标定位到第 n 行。

(5) first()：将光标定位到结果集中的第一行。

(6) last()：将光标定位到结果集中的最后一行。

(7) beforeFirst()：将光标定位到结果集中第一行之前。

(8) afterLast()：将光标定位到结果集中最后一行之后。

ResultSet 提供了 getXXX()方法，用于获取当前行中某一列的值，其中的 XXX 与列的数据类型有关，例如，要获取的列是 String 类型，列的名称是 name，则使用 getString("name")方法来获取这一列的值。getXXX()方法还包括 getInt()、getFloat()、getDouble()、getDate()、getBoolean()。

12.2 连接数据库

在编写数据库应用之前，首先需要找到所要连接的数据库的驱动程序(本教材以连接 MySQL 数据库为例)，驱动程序名称为 mysql-connector-java-3.1.7-bin.jar，读者可以从教材配套的下载资源中获得。

首先将 JDBC 驱动程序部署到 Tomcat 的 common\lib 目录下，注意，部署完成后一定要重新启动 Tomcat 服务器。

【例 12.1】完成数据库 student 的连接。

首先安装 MySQL 数据库，然后安装 Navicat Lite for MySQL，在 MySQL 数据库中创建一个数据库，名称为 student。

在 Web 工程的 src 目录下新建一个 package，名称为 com.web.ch12，这一章的所有的类都将放在这个包下。在 com.web.ch12 下新建一个 class，名称为 TestDB，用来测试数据库连接是否成功，如图 12-6 所示。

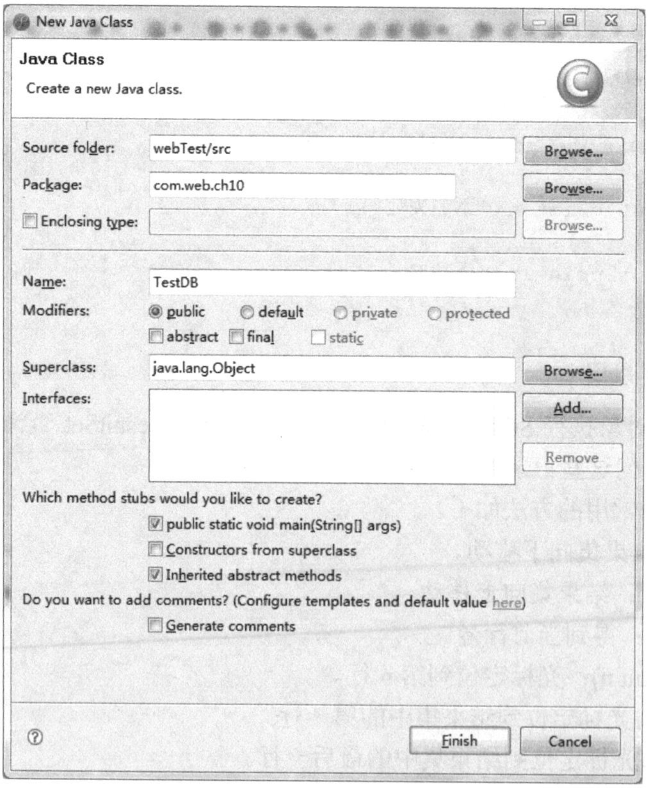

图 12-6 TestDB 创建窗口

TestDB.java：

```java
package com.web.ch12;
import java.sql.Connection;
import java.sql.DriverManager;
import java.sql.SQLException;
public class TestDB {
    public static void main(String[] args)
      throws ClassNotFoundException, SQLException {
        //String url = "jdbc:mysql://localhost:3306/student";
        //String name = "root";
        //String pass = "123456";
        Class.forName("com.mysql.jdbc.Driver");
        Connection conn =
          DriverManager.getConnection(
          "jdbc:mysql://localhost:3306/student?user=root&password=123456");
        if(conn != null) {
            System.out.println("数据库连接成功");
        } else {
            System.out.println("数据库连接失败");
        }
    }
}
```

上面的代码中，Class.forName("com.mysql.jdbc.Driver")语句的作用，是加载 MySQL 驱动程序，加载之后，驱动程序一般都会创建一个 Driver 对象，并且会自动注册此对象。

Connection conn = DriverManager.getConnection("jdbc:mysql://localhost:3306/student?user =root&password=123456")语句的作用，是通过 JDBC URL 连接数据源，并建一个数据库连接对象 conn。

MySQL 的 JDBC URL 格式如下：

jdbc:mysql://[hostname][:port]/[dbname][?param1=value1][&param2=value2]...

其中 hostname 表示数据库所在主机名，也可以是 IP 地址；port 为连接数据库所使用的端口号；dbname 就是所要连接的数据库的名称；最后是一些连接参数的设定，参数包括登录用户名、密码和传回的最大行数等。

"jdbc:mysql://localhost:3306/student?user=root&password=123456"连接的是本地机上的 MySQL 数据库 student，连接端口号是 3306，问号后所连接的参数代表登录此数据库的用户名和密码。

12.3 JDBC 操作数据库

12.3.1 查询数据

在 student 数据库中创建 stuinfo 表，表结构如表 12-1 所示，建表设置如图 12-7 所示。
在 ch12 包下新建一个 SelectDemo 类，用来查询学生信息表中的学生信息。

表 12-1 学生信息表(stuinfo)

字 段 名	类 型	长 度	是否为主键	是否允许为空	描 述
stuno	varchar	10	是	否	学号
name	varchar	20	否	否	姓名
age	int	3	否	是	年龄
sex	varchar	4	否	是	性别(男或女)
address	varchar	50	否	是	家庭住址
class	varchar	20	否	否	班级

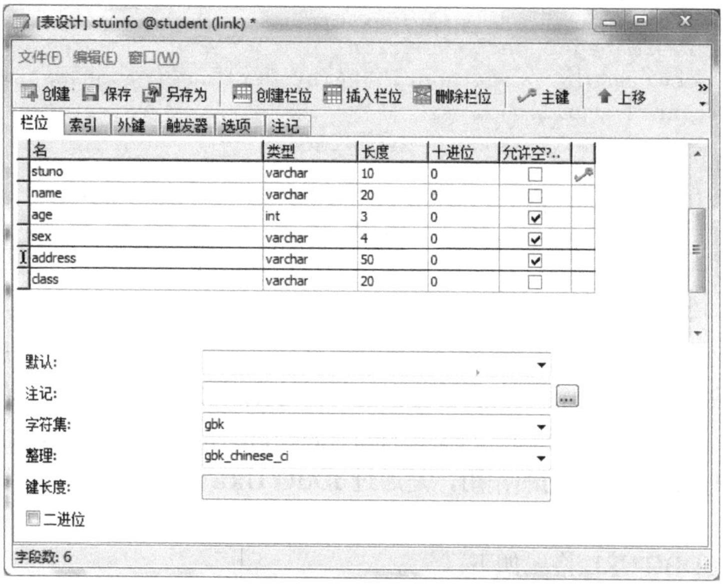

图 12-7 stuinfo 表的创建

【例 12.2】完成学生数据的查询并显示。

SelectDemo.java：

```
package com.web.ch12;
import java.sql.Connection;
import java.sql.DriverManager;
import java.sql.ResultSet;
import java.sql.SQLException;
import java.sql.Statement;
public class SelectDemo {
    public static void main(String[] args)
      throws ClassNotFoundException, SQLException {
      //TODO Auto-generated method stub
      String url = "jdbc:mysql://localhost:3306/student";
      String name = "root";
      String pass = "123456";
      Class.forName("com.mysql.jdbc.Driver");
```

```
        Connection conn = DriverManager.getConnection(url, name, pass);
        Statement stmt = conn.createStatement();
        String sql = "select * from stuinfo";
        ResultSet rs = stmt.executeQuery(sql);
        while(rs.next()) {
            System.out.println("姓名是: " + rs.getString("name")
                + ",学号是: " + rs.getString("stuno")
                + ",年龄是: " + rs.getInt("age"));
        }
        rs.close();
        stmt.close();
        conn.close();
    }
}
```

SelectDemo.java 的运行结果如图 12-8 所示。

图 12-8 查询学生数据显示

程序说明如下。

① Class.forName("com.mysql.jdbc.Driver")：加载驱动程序。

② Connection conn = DriverManager.getConnection(url, name, pass)：获得与 stuinfo 数据库的连接。

③ Statement stmt = conn.createStatement()：创建向 stuinfo 数据库发送 SQL 语句的状态对象。

④ ResultSet rs = stmt.executeQuery(sql)：执行查询学生信息的 SQL 语句，并且将查询结果以结果集的形式返回。

⑤ rs.next()：将结果集指针向下移动一条记录，如果指向一条记录，则返回 true，否则返回 false。while 循环的作用是遍历结果集。

⑥ rs.getString("name")：得到查询记录中字段名称为 name 的字段值。因为 name 字段在数据库中为 varchar 类型，因此要使用 getString()方法获得。若获得字段类型为 int 的年龄 age 字段的值，需使用 rs.getInt("age")。

⑦ rs.close()：在对数据库记录处理完之后，需要依次关闭资源，释放数据库连接。

12.3.2 添加数据

在 stuinfo 表中插入一个学生(007，王龙，29，男，湖北省，软件 153 班)的信息。

在 com.web.ch12 下新建一个 class，名称为 InsertDemo.java，用来完成王龙学生信息的

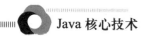

添加。

【例 12.3】 完成学生数据的添加。

InsertDemo.java：

```java
package com.web.ch12;
import java.sql.Connection;
import java.sql.DriverManager;
import java.sql.PreparedStatement;
import java.sql.SQLException;
public class InsertDemo {
   public static void main(String[] args)
     throws ClassNotFoundException, SQLException {
      String url = "jdbc:mysql://localhost:3306/student";
      String name = "root";
      String pass = "123456";
      Class.forName("com.mysql.jdbc.Driver");
      Connection conn = DriverManager.getConnection(url, name, pass);
      String sql =
        "insert into stuinfo (stuno,name,age,sex,address,class)
          values(?,?,?,?,?,?)";
      PreparedStatement ps = conn.prepareStatement(sql);
      ps.setString(1, "007");
      ps.setString(2, "王龙");
      ps.setInt(3, 29);
      ps.setString(4, "男");
      ps.setString(5, "湖北省");
      ps.setString(6, "软件153班");
      int n = ps.executeUpdate();
      if(n == 0) {
         System.out.println("添加失败");
      } else {
         System.out.println("添加成功");
      }
      ps.close();
      conn.close();
   }
}
```

程序说明如下。

① String sql = "insert into stuinfo(stuno,name,age,sex,address,class) values(?,?,?,?,?,?)"：这是向 stuinfo 表中添加数据的预编译语句，其中?代表数据，只是数据现在用?代替。

② PreparedStatement ps = conn.prepareStatement(sql)：创建向数据库发送预编译语句的状态对象。

③ ps.setString(1, "007")：给预编译语句中的?赋值，其中 1 代表?在预编译语句中的位置，007 代表的是这个?号的值，setString()方法表示赋值，其中 String 代表这个?表示的字段的类型。若?表示的是 age 字段，则使用 ps.setInt()方法进行赋值。

④ int n = ps.executeUpdate()：执行 SQL 语句，返回影响的数据栏数目。

12.3.3 修改数据

【例 12.4】将学号为 002 的学生的地址改为上海市，班级改为软件 153 班。
UpdateDemo.java：

```java
import java.sql.Connection;
import java.sql.DriverManager;
import java.sql.SQLException;
import java.sql.Statement;
public class UpdateDemo {
    public static void main(String[] args)
      throws ClassNotFoundException, SQLException {
        String url = "jdbc:mysql://localhost:3306/student";
        String name = "root";
        String pass = "123456";
        Class.forName("com.mysql.jdbc.Driver");
        Connection conn = DriverManager.getConnection(url, name, pass);
        Statement stmt = conn.createStatement();
        String sql = "update stuinfo set address='上海市',
          class='软件153班' where stuno='002'";
        int n = stmt.executeUpdate(sql);
        if(n == 0) {
            System.out.println("修改失败");
        } else {
            System.out.println("修改成功");
        }
        stmt.close();
        conn.close();
    }
}
```

程序说明如下。

① String sql = "update stuinfo set address='上海市',class='软件 153 班' where stuno='002'"：定义修改学生信息的 SQL 语句。

② int n = stmt.executeUpdate(sql)：执行 SQL 语句，并将影响的记录数返回。

12.3.4 删除数据

【例 12.5】将学号为 007 的学生信息删除。
DeleteDemo.java：

```java
package com.web.ch12;
import java.sql.Connection;
import java.sql.DriverManager;
import java.sql.SQLException;
import java.sql.Statement;
public class DeleteDemo {
    public static void main(String[] args)
```

```java
        throws SQLException, ClassNotFoundException {
    String url = "jdbc:mysql://localhost:3306/student";
    String name = "root";
    String pass = "123456";
    Class.forName("com.mysql.jdbc.Driver");
    Connection conn = DriverManager.getConnection(url, name, pass);
    Statement stmt = conn.createStatement();
    String sql = "delete from stuinfo where stuno='007'";
    int n = stmt.executeUpdate(sql);
    if(n == 0) {
        System.out.println("删除失败");
    } else {
        System.out.println("删除成功");
    }
    stmt.close();
    conn.close();
}
```

12.4 课堂案例：图书管理系统

12.4.1 需求分析

该应用系统主要对图书进行增、删、改、查等操作，涉及到的功能如下。

(1) 查询所有图书的信息。包括书号、书名、作者、数量、价格等信息，还可以根据书号、书名或作者查询图书的信息。

(2) 添加图书信息。当输入的书号是数据库中重复的书号时，应提示添加失败信息。

(3) 修改图书信息。书号不能修改。

(4) 删除图书信息。

12.4.2 数据库设计

该系统中，只需要一张涉及到图书信息的表。

采用 MySQL 作为后台数据库存取数据，建立一个名称为 book 的数据库，建立一个名称为 bookinfo 的数据表，具体的表结构如表 12-2 所示。

表 12-2 图书信息表 bookinfo

字段名	类型	长度	是否为主键	是否允许为空	描述
id	varchar	5	是	否	书号
bookname	varchar	20	否	否	书名
author	varchar	20	否	否	作者
number	int	4	否	否	库存数量
price	double	5	否	否	价格

12.4.3 图书管理系统的相关代码

该图书管理系统采用 JSP+JavaBean 模式开发，涉及到以下程序及代码。

(1) StringUtil.java。

该程序位于 com.web.ch12 包下，用来完成字符串编码方式转换：

```java
package com.web.ch12;
import java.io.UnsupportedEncodingException;
public class StringUtil {
    public static String StringToUtf(String s)
      throws UnsupportedEncodingException {
        String str = "";
        if(s != null) {
            str = new String(s.getBytes("iso-8859-1"), "utf-8");
        }
        return str;
    }
}
```

(2) BookBean.java。

该程序位于 com.web.ch12 包下，用来完成封装数据库中的 bookinfo 实体表：

```java
package com.web.ch12;
import java.io.UnsupportedEncodingException;
import java.sql.Connection;
import java.sql.PreparedStatement;
import java.sql.SQLException;
import java.sql.Statement;
public class BookBean {
    private String id;
    private String bookname;
    private String author;
    private int number;
    private double price;
    public String getId() {
        return id;
    }
    public void setId(String id) {
        this.id = id;
    }
    public String getBookName() {
        return bookname;
    }
    public void setBookname(String bookname)
      throws UnsupportedEncodingException {
        this.bookname = StringUtil.StringToUtf(bookname);
    }
    public String getAuthor() {
        return author;
```

```java
    }
    public void setAuthor(String author)
      throws UnsupportedEncodingException {
        this.author = StringUtil.StringToUtf(author);
    }
    public int getNumber() {
        return number;
    }
    public void setNumber(int number) {
        this.number = number;
    }
    public double getPrice() {
        return price;
    }
    public void setPrice(double price) {
        this.price = price;
    }
    public BookBean(){
    }
}
```

(3) DBUtil.java。

该程序位于 com.web.ch12 包下，用来完成与数据库 book 的连接操作：

```java
package com.web.ch12;
import java.sql.Connection;
import java.sql.DriverManager;
import java.sql.SQLException;
public class DBUtil {
    private static String driverName = "com.mysql.jdbc.Driver";
    private static String username = "root";
    private static String password = "123456";
    private static String url = "jdbc:mysql://localhost:3306/book";
    private static Connection conn = null;
    public static Connection getConn()
      throws ClassNotFoundException, SQLException {
        Class.forName(driverName);
        conn=DriverManager.getConnection(url, username, password);
        return conn;
    }
}
```

(4) showBookInfo.jsp。

该程序位于 WebRoot\ch12\book 目录下，完成图书信息的显示操作：

```jsp
<%@ page import="java.util.*,java.sql.*,com.web.ch12.*"
  pageEncoding="UTF-8"%>
<html>
<body>
    图书信息查询：
    <form action="ch12/book/showBookInfo.jsp">
```

```
<input type="text" name="info">
<select name="select">
    <option value="bookname">书名</option>
    <option value="author">作者</option>
    <option value="id">书号</option>
</select>
<input type="submit" value="查询">
</form>
<%
String info = request.getParameter("info");
if(info != null) {
    info = StringUtil.StringToUtf(info);
}
String select = request.getParameter("select");
String sql = "";
if(info == null) {
    sql = "select * from bookInfo";
} else {
    if(select.equals("bookname")) {
        sql = "select * from bookInfo where bookname='" + info + "'";
    } else if (select.equals("author")) {
        sql = "select * from bookinfo where author='" + info + "'";
    } else {
        sql = "select * from bookinfo where id='" + info + "'";
    }
}
Connection conn = DBUtil.getConn();
Statement stmt = conn.createStatement();
ResultSet rs = stmt.executeQuery(sql);
%>
<center>
<h2>图书信息显示</h2>
<hr>
<%
if(!rs.next()) {
    out.print("没有符合条件的图书!");
} else {
%>
    <table width="550" border="1">
    <tr>
    <td>书号</td>
    <td align="center">书名</td>
    <td>作者</td>
    <td>数量</td>
    <td>价格</td>
    </tr>
    <%
    rs.previous();
    while(rs.next()) {
    %>
```

```
            <tr>
            <td><%=rs.getString("id") %></td>
            <td><%=rs.getString("bookname") %></td>
            <td><%=rs.getString("author") %></td>
            <td><%=rs.getInt("number") %></td>
            <td><%=rs.getDouble("price") %></td>
            </tr>
        <%
            }
        }
        if(rs != null) {
            rs.close();
        }
        stmt.close();
        conn.close();
        %>
        </table>
        </center>
</body>
</html>
```

该程序的运行结果如图 12-9 所示。

图 12-9　图书信息显示页面

(5) public static int insert(BookBean book)。

该方法位于 BookBean 类中，用于完成图书信息的添加操作：

```
public static int insert(BookBean book)
  throws ClassNotFoundException, SQLException {
    int n = 0;
    String id = book.getId();
    String bookname = book.getBookName();
    String author = book.getAuthor();
```

```java
        int number = book.getNumber();
        double price = book.getPrice();
        Connection conn = DBUtil.getConn();
        String sql = "insert into bookinfo (id,bookname,author,number,price)
                    values(?,?,?,?,?)";
        PreparedStatement ps = conn.prepareStatement(sql);
        ps.setString(1, id);
        ps.setString(2, bookname);
        ps.setString(3, author);
        ps.setInt(4, number);
        ps.setDouble(5, price);
        n = ps.executeUpdate();
        ps.close();
        conn.close();
        return n;
}
```

(6) insert.jsp。

该程序用来完成用户添加图书信息的界面：

```jsp
<%@ page import="java.util.*" pageEncoding="UTF-8"%>
<html>
<body>
    <center>
    <form action="ch12/book/do_insert.jsp">
    <table width="300">
    <tr>
        <td colspan="2" align="center"><h2>添加图书</h2></td>
    </tr>
    <tr>
        <td>书号:</td>
        <td><input type="text" name="id"></td>
    </tr>
    <tr>
        <td>书名:</td>
        <td><input type="text" name="bookname"></td>
    </tr>
    <tr>
        <td>作者:</td>
        <td><input type="text" name="author"></td>
    </tr>
    <tr>
        <td>数量:</td>
        <td><input type="text" name="number"></td>
    </tr>
    <tr>
        <td>价格:</td>
        <td><input type="text" name="price" ></td>
    </tr>
    <tr>
        <td colspan="2" align="center">
```

```
            <input type="submit" value="添加">
        </td>
    </tr>
    </table>
    </form>
    </center>
</body>
</html>
```

该页面的运行效果如图 12-10 所示。

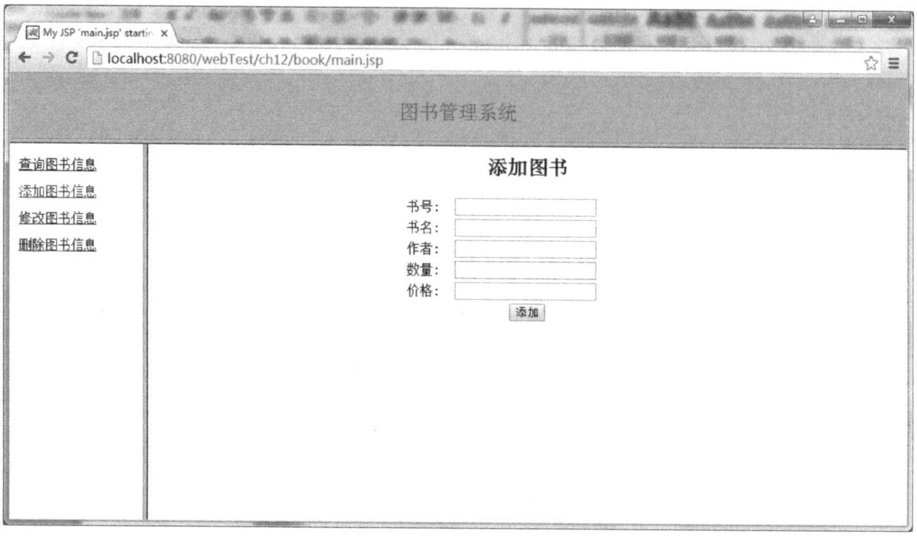

图 12-10　添加图书界面

(7) do_insert.jsp。

该程序用来完成图书信息添加的操作：

```
<%@ page import="java.util.*,com.web.ch12.*" pageEncoding="UTF-8"%>
<html>
<body>
    <jsp:useBean id="book" class="com.web.ch12.BookBean">
    <jsp:setProperty name="book" property="*"></jsp:setProperty>
    <%
    //String bookname = request.getParameter("bookname");
    //book.setBookName(bookname);
    %>
    </jsp:useBean>
    <%
    try {
        int n = BookBean.insert(book);
        if(n > 0) {
    %>
            <script type="text/javascript">
            alert('添加成功');
            window.location.href = "ch12/book/showBookInfo.jsp";
```

```
            </script>
    <%
        }
    } catch(Exception e) {
    %>
        <script type="text/javascript">
        alert('添加失败');
        window.location.href="ch12/book/insertBook.jsp";
        </script>
    <%
    }
    %>
</body>
</html>
```

(8) public static void delete(BookBean book)。

该程序位于 BookBean 类中，用来完成图书信息的删除：

```
public static void delete(BookBean book)
    throws ClassNotFoundException, SQLException {
    String id = book.getId();
    Connection conn = DBUtil.getConn();
    Statement stmt = conn.createStatement();
    String sql = "delete from bookinfo where id='" + id + "'";
    stmt.executeUpdate(sql);
    stmt.close();
    conn.close();
}
```

(9) delete.jsp。

该程序用来完成图书信息的删除功能：

```
<%@ page import="java.util.*,com.web.ch12.*,java.sql.*"
    pageEncoding="UTF-8"%>
<html>
<head>
<script language="JavaScript">
function projectDelete(id) {
    if(confirm("删除选项为[" + id + "]的一组数据吗？"))
        window.location = "ch12/book/do_delete.jsp?id=" + id;
}
</script>
</head>
<body>
    <%
    Connection conn = DBUtil.getConn();
    Statement stmt = conn.createStatement();
    String sql = "select * from bookinfo";
    ResultSet rs = stmt.executeQuery(sql);
    %>
    <center>
```

```html
<table width="550" border="1">
<tr>
    <td>书号</td>
    <td align="center">书名</td>
    <td>作者</td>
    <td>数量</td>
    <td>价格</td>
    <td align="center">操作</td>
</tr>
<%
while(rs.next()) {
    String temp = rs.getString("id");
%>
    <tr>
    <td><%=temp %></td>
    <td align="center"><%=rs.getString("bookname") %></td>
    <td><%=rs.getString("author") %></td>
    <td><%=rs.getInt("number") %></td>
    <td><%=rs.getDouble("price") %></td>
    <td align="center">
    <a href="javascript:projectDelete('<%=temp%>')">删除</a>
    </td>
    </tr>
<%
}
%>
</center>
</body>
</html>
```

其运行结果如图 12-11 所示。 

图 12-11 删除图书信息的界面

(10) do_delete.jsp：

```
<%@ page language="java" %>
```

```jsp
<%@ page import="java.util.*,com.web.ch12.*,java.sql.*"
  pageEncoding="UTF-8"%>
<html>
</head>
<body>
    <%
    String id = request.getParameter("id");
    BookBean book = new BookBean();
    book.setId(id);
    BookBean.delete(book);
    %>
    <script type="text/javascript">
    alert('删除成功');
    window.location.href = "ch10/book/deleteBook.jsp"
    </script>
</body>
</html>
```

(11) public static int update(BookBean book)。

该方法位于 BookBean 类中，用来完成图书信息的修改操作：

```java
public static int update(BookBean book)
  throws ClassNotFoundException, SQLException {
    int n = 0;
    String id = book.getId();
    String bookname = book.getBookName();
    String author = book.getAuthor();
    int number = book.getNumber();
    double price = book.getPrice();
    String sql =
    "update bookinfo set bookname=?,author=?,number=?,price=?where id=?";
    Connection conn = DBUtil.getConn();
    PreparedStatement ps = conn.prepareStatement(sql);
    ps.setString(1, bookname);
    ps.setString(2, author);
    ps.setInt(3, number);
    ps.setDouble(4, price);
    ps.setString(5, id);
    n = ps.executeUpdate();
    return n;
}
```

(12) updateBook.jsp。

该程序用来完成修改图书功能的选择图书界面：

```jsp
<%@ page import="java.util.*,com.web.ch12.*,java.sql.*"
  pageEncoding="UTF-8"%>

<html>
<head>
<script language="JavaScript">
```

```
function projectUpdate(id) {
    var url = "ch12/book/do_update.jsp?id=" + id;
    window.open(url, 'new', 'width=450,height=300,status=no,resizable=no,
      scrollbars=no,left=400,top=200,location=no');
}
</script>
</head>

<body>
    <%
    Connection conn = DBUtil.getConn();
    Statement stmt = conn.createStatement();
    String sql = "select * from bookinfo";
    ResultSet rs = stmt.executeQuery(sql);
    %>

    <center>
    <table width="450" border="1">
    <tr>
        <td>书号</td>
        <td align="center">书名</td>
        <td>作者</td>
        <td>数量</td>
        <td>价格</td>
        <td align="center">操作</td>
    </tr>
    <%
    while(rs.next()) {
        String temp = rs.getString("id");
    %>
        <tr>
            <td><%=temp %></td>
            <td align="center">
                <%=rs.getString("bookname") %>
            </td>
            <td><%=rs.getString("author") %></td>
            <td><%=rs.getInt("number") %></td>
            <td><%=rs.getDouble("price") %></td>
            <td align="center">
                <a href="javascript:projectUpdate('<%=temp %>')">修改</a>
            </td>
        </tr>
    <%
    }
    %>
    </center>
</body>
</html>
```

此页面的效果如图 12-12 所示。

第 12 章 JDBC 编程技术

图 12-12　updateBook.jsp 运行界面

(13) do_update.jsp。

该程序用来显示要修改的图书信息：

```jsp
<%@ page import="java.util.*,com.web.ch12.*,java.sql.*"
 pageEncoding="UTF-8"%>
<html>
<body>
   <%
   String id = request.getParameter("id");
   String sql = "select * from bookinfo where id='" + id + "'";
   Connection conn = DBUtil.getConn();
   Statement stmt = conn.createStatement();
   ResultSet rs = stmt.executeQuery(sql);
   rs.next();
   %>
   <form action="ch12/book/do_updateResult.jsp?id=<%=id %>">
   <table width="300">
   <tr>
       <td colspan="2" align="center"><h2>修改图书</h2></td>
   </tr>
   <tr>
       <td>书号:</td>
       <td><input type="text" name="id" value="<%=id %>" readonly></td>
   </tr>
   <tr>
       <td>书名:</td>
       <td>
           <input type="text" name="bookname"
             value=<%=rs.getString("bookname") %>>
       </td>
   </tr>
   <tr>
       <td>作者:</td>
       <td>
```

```
            <input type="text" name="author"
              value="<%=rs.getString("author") %>">
          </td>
        </tr>
        <tr>
          <td>数量:</td>
          <td>
            <input type="text" name="number"
              value="<%=rs.getInt("number") %>">
          </td>
        </tr>
        <tr>
          <td>价格:</td>
          <td>
            <input type="text" name="price"
              value="<%=rs.getDouble("price") %>">
          </td>
        </tr>
        <tr>
          <td colspan="2" align="center">
            <input type="submit" value="修改">
              <input type="reset" value="重置">
          </td>
        </tr>
      </table>
    </form>
  </body>
</html>
```

页面效果如图 12-13 所示。

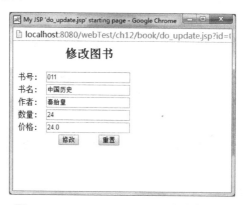

图 12-13 do_update.jsp 页面的运行结果

(14) do_updateResult.jsp。

该程序用来完成修改图书的操作：

```
<%@ page import="java.util.*,com.web.ch12.*,java.sql.*"
  pageEncoding="UTF-8"%>
<html>
```

```
<body>
    <jsp:useBean id="book" class="com.web.ch10.BookBean">
        <jsp:setProperty name="book" property="*"></jsp:setProperty>
    </jsp:useBean>
<%
String id = request.getParameter("id");
book.setId(id);
BookBean.update(book);
%>
<script type="text/javascript">
alert('修改成功');
window.close();
</script>
</body>
</html>
```

其他相关的代码可参考教材配套的下载资源。

12.5 JDBC 在 Web 开发中的应用

12.5.1 开发模式

在 Java Web 开发中使用 JDBC 进行编程，应遵循 MVC 开发模式，从而使 Web 程序拥有一定的健壮性和可扩展性。

MVC(Model-View-Controller)模式即"模型-视图-控制器"模式，其核心思想是将整个程序代码分成相对独立并能协同工作的三个组成部分。

(1) 模型(Model)：业务逻辑层。实现具体的业务逻辑、状态管理的功能。

(2) 视图(View)：表示层。与用户实现交互的界面，实现数据的输入和输出功能。

(3) 控制器(Controller)：控制层。起到控制整个业务流程的作用，实现视图和模型部分的协同工作。

JDBC 应用于 Java Web 开发中，处于 MVC 模式中的模型层位置，如图 12-14 所示。

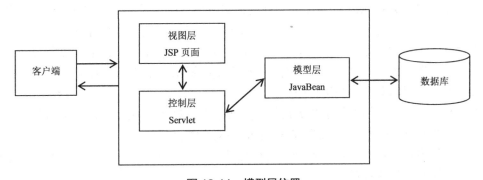

图 12-14 模型层位置

用户通过 JSP 页面与服务器进行交互，对于数据的增、删、改、查请求是由 Servlet 控制处理的。例如 Servlet 接收到添加数据请求，就会分发给增加数据的 JavaBean 对象，而

真正的数据库操作是通过封装的 JavaBean 进行实现的。

12.5.2 数据分页

前面介绍过如何使用 ResultSet 对象调用 next()方法顺序地查询数据。但有时，需要在结果集中前后移动或显示结果集指定的某一条记录等，这时，必须返回一个可滚动的结果集。为了得到一个可滚动的结果集，必须使用下述方法先获得一个 Statement 对象：

```
Statement stmt = conn.createStatement(int type, int concurrency);
```

根据上面 type、concurrency 参数的取值情况，stmt 将从 executeQuery()方法返回相应类型的结果集：

```
ResultSet rs = stmt.executeQuery();
```

type 的取值决定结果集的滚动形式，取值如下。
- ResultSet.TYPE_FORWARD_ONLY：结果集指针只能向下移动。
- ResultSet.TYPE_SCROLL_INSENSITIVE：结果集指针可以上、下移动，当数据库变化时，当前结果集不变。
- ResultSet.TYPE_SCROLL_SENSITIVE：结果集指针可以上、下移动，当数据库变化时，结果集同步改变。

concurrency 的取值决定是否可以用结果集更新数据库，取值如下。
- ResultSet.CONCUR_READ_ONLY：不能用结果集更新数据库中的表。
- ResultSet.CONCUR_UPDATABLE：能用结果集更新数据库中的表。

数据分页是 Java Web 开发中常用的技术。当数据量很大的时候，在一个页面中不能显示所有数据，给查看数据带来不便，又占用了程序和数据库的资源，此时，需要对数据进行分页显示。

通过 JDBC 实现分页显示的方法有很多种，而且不同的数据库机制也提供了不同的分页方式，这里只介绍两种典型的分页方法。

(1) 通过结果集光标实现分页。

ResultSet 是 JDBC API 中封装的查询结果集对象，在该对象中，有一个记录指针，指针可以上下移动定位结果集中的行，从而获取数据，所以通过结果集移动指针，可以设置结果集对象中记录的起始位置和结束位置，来实现数据的分页显示。通过该种方法实现分页，优点是在各种数据库中通用，缺点是占用大量的资源，不适合数据量大的情况。

(2) 通过数据库自身机制进行分页。

很多的数据库自身都提供了分页机制，如 MySQL 数据库中提供了 limit 关键字，SQL Server 中提供了 top 关键字，它们可以设置数据返回的记录数。

通过该种方法实现分页显示数据，优点是减少了数据库资源的开销，从而可以提高程序的性能，缺点是只能针对某种数据库。

【例 12.6】通过 MySQL 数据库提供的分页显示数据机制，实现学生信息的分页显示功能，将分页数据显示在 JSP 页面中。

① 创建名称为 StudentBean 的 JavaBean，用于封装学生信息。

StudentBean.java：

```java
package com.web.ch12;
public class StudentBean {
    public static final int PAGE_SIZE = 3; //每页记录数
    private String stuno; //学号
    private String name; //姓名
    private int age; //年龄
    private String sex; //性别
    private String address; //生源地
    private String clas; //班级
    public String getStuno() {
        return stuno;
    }
    public void setStuno(String stuno) {
        this.stuno = stuno;
    }
    public String getName() {
        return name;
    }
    public void setName(String name) {
        this.name = name;
    }
    public int getAge() {
        return age;
    }
    public void setAge(int age) {
        this.age = age;
    }
    public String getSex() {
        return sex;
    }
    public void setSex(String sex) {
        this.sex = sex;
    }
    public String getAddress() {
        return address;
    }
    public void setAddress(String address) {
        this.address = address;
    }
    public String getClas() {
        return clas;
    }
    public void setClas(String clas) {
        this.clas = clas;
    }
}
```

在 StudentBean 类中，主要封装了学生对象的基本信息。除此之外，StudentBean 类还定义了分页中每页要显示的记录数,由于每页记录数并不会被经常修改,所以将其定义为 final 类型,可以直接引用。

② 创建名称为 StudentDao 的类,主要用于封装学生对象的数据库的相关操作。在 StudentBean 类中,首先编写 getConn()方法,用来得到数据库连接对象。

StudentDao.java:

```
package com.web.ch12;
import java.sql.Connection;
import java.sql.DriverManager;
import java.sql.PreparedStatement;
import java.sql.ResultSet;
import java.sql.SQLException;
import java.sql.Statement;
import java.util.ArrayList;
import java.util.List;
public class StudentDao {
    private static String driverName = "com.mysql.jdbc.Driver";
    private static String username = "root";
    private static String password = "123456";
    private static String url = "jdbc:mysql://localhost:3306/student";
    private static Connection conn = null;
    public static Connection getConn()
      throws ClassNotFoundException, SQLException {
        Class.forName(driverName);
        conn = DriverManager.getConnection(url, username, password);
        return conn;
    }
}
```

③ 在 StudentDao 类中创建学生信息的分页查询方法 find(),该方法中有一个 page 参数,用来传递要显示的页码。

find(int page)方法:

```
/*
* 分页查询学生信息
* @param page 页数
* @return List<StudentBean>
*/
public List<StudentBean> find(int page)
  throws ClassNotFoundException, SQLException {
    List<StudentBean> list = new ArrayList<StudentBean>();
    Connection conn = getConn();
    String sql = "select * from stuinfo order by stuno asc limit ?,?";
    PreparedStatement ps = conn.prepareStatement(sql);
    ps.setInt(1, (page-1)*StudentBean.PAGE_SIZE);
    ps.setInt(2, StudentBean.PAGE_SIZE);
    ResultSet rs = ps.executeQuery();
    while(rs.next()) {
        StudentBean student = new StudentBean();
```

```
            student.setStuno(rs.getString("stuno"));
            student.setName(rs.getString("name"));
            student.setAge(rs.getInt("age"));
            student.setAddress(rs.getString("address"));
            student.setSex(rs.getString("sex"));
            student.setClas(rs.getString("class"));
            list.add(student);
        }
        rs.close();
        ps.close();
        conn.close();
        return list;
    }
```

find()方法用于实现分页显示数据功能,该方法根据 page 参数传递的页码,查询指定页码中的记录,通过 limit 关键来实现。MySQL 数据库提供的 limit 关键字能够控制查询结果集中的起始位置和返回的记录数目,在 limit arg1, arg2 中,arg1 指定查询记录的起始位置,arg2 指定查询数据返回的记录数。

④ 在分页查询过程中,需要获取学生信息的总记录数,用来计算显示学生数据的总页数,因此定义 findCount()方法:

```
/*
 * 查询总记录数
 * @return 记录数
 */
public int findCount() throws ClassNotFoundException, SQLException {
    int count = 0;
    Connection conn = getConn();
    String sql = "select count(*) from stuinfo";
    Statement stmt = conn.createStatement();
    ResultSet rs = stmt.executeQuery(sql);
    rs.next();
    count = rs.getInt(1);
    rs.close();
    stmt.close();
    conn.close();
    return count;
}
```

⑤ 创建 showStudentInfo.jsp,该页面用来分页显示学生信息。

showStudentInfo.jsp:

```
<%@ page language="java" pageEncoding="UTF-8"%>
<%@ page import="java.util.*,com.web.ch10.*,java.sql.*" %>
<html>
<body>
    <%
    int currentPage = 1;
    if(request.getParameter("page") != null) {
        currentPage = Integer.parseInt(request.getParameter("page"));
```

```jsp
    }
    StudentDao dao = new StudentDao();
    List<StudentBean> list = dao.find(currentPage);
    int totalPages = 0;
    int count = dao.findCount();
    if(count%StudentBean.PAGE_SIZE == 0) {
        totalPages = count / StudentBean.PAGE_SIZE;
    } else {
        totalPages = count/StudentBean.PAGE_SIZE + 1;
    }
    StringBuffer sb = new StringBuffer(); //分页条
    for(int i=1; i<=totalPages; i++) {
        if(i == currentPage) {
            sb.append("[" + i + "]");
        } else {
            sb.append(
              "<a href=\"ch12/showStudentInfo.jsp?page="+i+"\">"+i+"</a>");
        }
        sb.append(" ");
    }
%>
<table width="450" border="1">
<tr>
    <td colspan="6" align="center">显示学生信息</td>
</tr>
<tr>
    <td>学号</td>
    <td>姓名</td>
    <td>年龄</td>
    <td>性别</td>
    <td>生源地</td>
    <td>班级</td>
</tr>
<%for(StudentBean stu:list) { %>
    <tr>
        <td><%=stu.getStuno() %></td>
        <td><%=stu.getName() %></td>
        <td><%=stu.getAge() %></td>
        <td><%=stu.getSex() %></td>
        <td><%=stu.getAddress() %></td>
        <td><%=stu.getClas() %></td>
    </tr>
<% } %>
<tr>
    <td colspan="6" align="center"><%=sb %></td>
</tr>
</table>
</body>
</html>
```

该页面中，通过调用 StudentDao 类的 find()方法，并传递要查询的页面，可以获取分页查询的结果；分页条主要用于显示学生信息的页码，程序中主要通过创建页码的超链接，然后组合字符串；查询结果集 list 通过 for 循环遍历，将每一个学生信息输出到页面中，分页条显示在学生信息的下方。

重新部署工程，启动 Tomcat，在浏览器地址栏中输入：

http://localhost:8080/webTest/ch12/showStudentInfo.jsp

将看到学生信息的分页显示结果，如图 12-15 所示，从图 12-15 中可以看出，所有的学生信息分 3 页进行显示，单击挑中的分页超链接，可以查看指定页面的学生信息。如查看第 2 页数据，运行结果如图 12-16 所示。

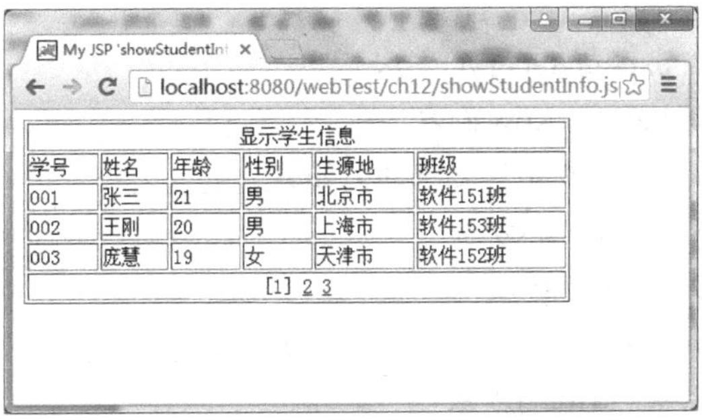

图 12-15　学生信息分页显示结果

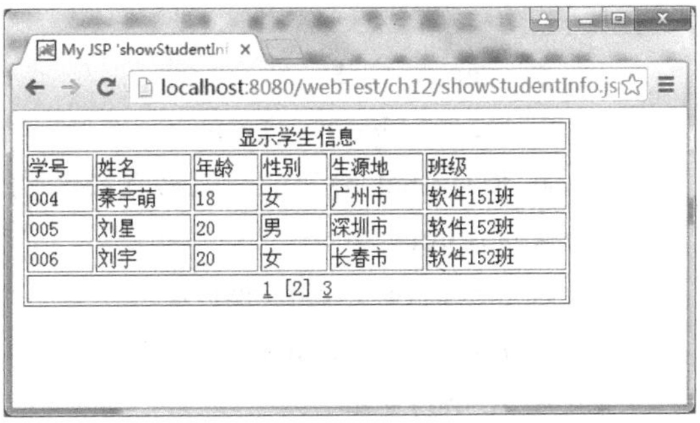

图 12-16　学生信息分页显示第 2 页

本 章 小 结

本章首先对 JDBC 技术及 JDBC 连接数据库的过程做了介绍，然后对 JDBC API 中常用的对象进行了介绍(这些常用的对象需要读者重点掌握，应掌握各对象的主要功能及作用)，接着又介绍了 JDBC 操作数据库的步骤(需要读者重点掌握通过 JDBC 实现数据增、删、改、查的方法)，接着通过一个案例介绍了在 Java Web 开发中使用 JDBC 的方法，最后介绍了 JDBC 在 Java Web 开发中的应用(需要读者理解 MVC 设计思想，以及掌握如何实现数据的分页查询)。

习　　题

一、填空题

(1) 在 JSP 中，当执行查询操作时，一般将查询结果保存在_____对象中。

(2) 当执行的 SQL 语句是预编译的或者需要执行多条语句时，需要借助于_____对象来实现。

(3) _____类是 JDBC 的管理层，作用于用户和驱动程序之间。在 JSP 中，要建立与数据库的连接，必须调用该类的_____方法。

(4) 创建一个 Statement 接口的实例时，需要调用 Connection 类中的_____方法。

Statement 接口的 executeUpdate()方法一般用于执行 SQL 的 Insert、Update 或者 Delete 语句；_____方法一般用于执行 SQL 的 Select 语句。

二、选择题

(1) 以下关于 JDBC 的描述，错误的是_____。
A. JDBC 是一种用于执行 SQL 语句的 Java API
B. JDBC API 既支持数据库访问的两层模型，也支持三层模型
C. JDBC 由一组用 Java 编程语言编写的类和接口组成
D. 使用 JDBC 只能连接 SQL Server 数据库

(2) 在 Statement 接口中，能够执行给定的 SQL 语句并且可能返回多个结果的方法是_____。
A. execute 方法   B. executeQuery()方法
C. executeUpddate()方法   D. getMaxRows()方法

(3) 在 ResultSet 接口中，能够直接将指针移动到第 n 条记录的方法是_____。
A. absolute()方法   B. previous()方法
C. moveToCurrentRow()方法   D. getString()方法

(4) 在 PreparedStatement 接口中，用来设置字符串类型输入参数的方法是_____。
A. setInt()方法   B. setString()方法
C. executeUpdate()方法   D. execute()方法

三、编程题

(1) 在 MySQL 数据库中创建一个新的数据库 mywork，在该数据库中创建好友录所需要的数据表 addressbook，包含好友姓名、住址、联系电话、E-mail 和 QQ 号等字段。

(2) 编写好友录入功能模块，录入好友信息，保存到数据库中。

(3) 编写查询功能模块，以好友姓名为关键字进行模糊查询，在查询页面上列出查询到的记录。

(4) 编写删除好友功能的模块。

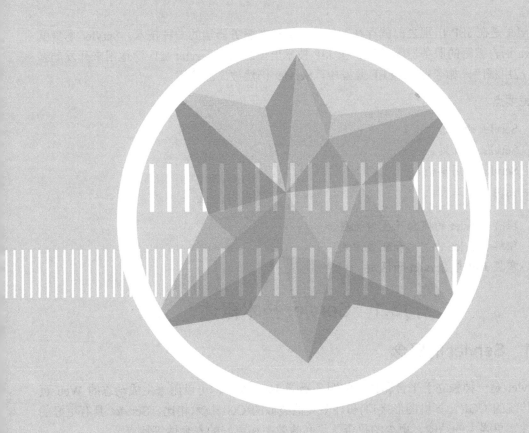

第 13 章

Servlet 技术

Servlet 是在 JSP 出现之前就存在的，且是运行在服务器端的一种技术。Servlet 本身就是用 Java 语言编写的服务器端程序。在 JSP 技术出现之前，Servlet 被广泛地用来开发动态的 Web 应用程序，如今在 Java EE 开发中，Servlet 仍然被广泛使用。

本章要点

- Servlet 的概念。
- Servlet 的开发。
- Servlet 应用举例。

学习目标

- 理解 Servlet 的概念及生命流程。
- 理解 Servlet 的创建和配置方法。
- 掌握 JSP 与 Servlet 的区别。

13.1 Servlet 技术概述

13.1.1 Servlet 的概念

Servlet 是一种独立于平台和协议的服务器端 Java 程序，可以用来生成动态的 Web 页面。与传统的 CGI(计算机图形接口)和许多其他类似的 CGI 技术相比，Servlet 具有更好的可移植性、更强大的功能、更少的投资、更高的效率和更好的安全性等特点。

Servlet 是使用 Java Servlet 应用程序设计接口(API)及相关类和方法的 Java 程序。Java 语言能够实现的功能，Servlet 基本上都能实现(除了图形界面设计功能外)。

Servlet 主要用于处理客户端传来的 HTTP 请求，并返回一个响应。通常所说的 Servlet，就是指 HttpServlet，用于处理 HTTP 请求，能够处理的请求有 doGet()、doPost() 和 service()等方法。在开发 Servlet 时，可以直接继承 javax.Servlet.http.HttpServlet 包来使用 Servlet。

Servlet 需要在 web.xml 中进行描述，例如，映射执行 Servlet 的名字、配置 Servlet 类、初始化参数，进行安全配置、URL 映射和设置启动的优先权等。Servlet 不仅可以生成 HTML 脚本进行输出，也可以生成二进制表单进行输出。

13.1.2 Servlet 技术的特点

Servlet 技术带给程序员最大的便利，是它可以处理客户端传来的 HTTP 请求，并返回一个响应。Servlet 是一种 Java 类，所以 Java 语言能够实现的功能，Servlet 基本上都可以实现(图形界面设计功能除外)。总地来说，Servlet 技术具有下列特点。

(1) 高效。在服务器上仅有一个 Java 虚拟机在运行，它的优势在于，当多个来自客户端的请求进行访问时，Servlet 为每个请求分配一个线程而不是进程。

(2) 方便。Servlet 提供了大量的实用工具，例如，处理很难搞定的 HTML 表单数据、读取和设置 HTTP 头、处理 Cookie 和跟踪会话等。

(3) 跨平台。Servlet 是用 Java 语言编写的，它可以在不同的操作系统平台和不同的应用服务器平台下运行。

(4) 功能强大。许多使用传统 CGI 程序很难完成的任务都可以利用 Servlet 技术轻松地完成。例如，能够直接与 Web 服务器交互，而普通的 CGI 程序不能。Servlet 还能够在各个程序之间共享数据，使得数据库连接池之类的功能很容易实现。

(5) 灵活性和可扩展性。所开发的 Web 应用程序，由于具有 Java 类的继承性等特点，使其应用灵活，可随意扩展。

(6) 共享数据。Servlet 之间通过共享数据，可以很容易地实现数据库连接池。它能方便地实现管理用户请求、简化和获取前一页面信息的操作，而在 CGI 之间通信则很差，由于每个 CGI 程序的调用都开始一个新的进程，通信时通常要通过文件进行，因而相当缓慢。故相对于 Servlet，同一台服务器上的不同 CGI 程序之间的通信步骤也相当繁琐。

(7) 安全。Servlet 有完整的安全机制。包括服务器加密协议 SSL、数据安全认证 CA、安全策略等规范。

13.1.3 Servlet 的生命周期

Servlet 部署在容器里，它的生命周期由容器来管理。Servlet 的生命周期概括为以下几个阶段。

(1) 当 Web 客户请求 Servlet 服务或当 Web 服务启动时，容器环境加载一个 Java Servlet 类。

(2) 容器环境也将根据客户请求创建一个 Servlet 对象实例，或者创建多个 Servlet 对象实例，并把这些实例加入到 Servlet 实例池中。

(3) 容器环境调用 Servlet 的初始化方法 init()进行初始化，这需要给 init()方法传入一个 ServletConfig 对象，ServletConfig 对象包含了初始化参数和容器环境的信息，并负责向 Servlet 传递数据，若传递失败，会发生 ServletException 异常，Servlet 将不能正常工作。

(4) 容器把 HttpServletRequest 和 HttpServletResponse 对象传递给 HttpServlet.service()方法。这样，一个定制的 Java Servlet 就可以访问这种 HTTP 请求和响应接口了。此 service()方法可被多次调用，各调用过程运行在不同的线程中，互不干扰。

(5) 定制的 Java Servlet 从 HttpServletRequest 对象读取 HTTP 请求数据，访问来自 HTTP Session 或 Cookie 对象的状态信息，进行特定应用的处理，并用 HttpServletResponse 对象生成 HTTP 响应数据。

(6) 当 Web 服务器和容器关闭时，会自动调用 HttpServlet.destroy()方法关闭所有打开的资源，并进行一些关闭前的处理。

13.1.4 Servlet 与 JSP 的区别

Servlet 是一种在服务器端运行的 Java 程序，从某种意义上说，它就是服务器端的 Applet。所以，Servlet 可以像一种插件一样嵌入到 Web Server 中去，提供诸如 HTTP、PTP 等协议服务，甚至是用户自己定制的协议服务。而 JSP 是继 Servlet 后 Sun 公司推出的

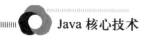

新技术，它是以 Servlet 为基础开发的。Servlet 与 JSP 相比，有以下几点区别。

(1) 二者的编程方式不同，JSP 中有内置对象，Servlet 中没有内置对象。
(2) Servlet 必须在编译以后才能执行。
(3) JSP 更擅长于页面显示，Servlet 更擅长于逻辑控制。

13.1.5 开发简单的 Servlet 程序

【例 13.1】 通过 Servlet 向浏览器中输出文本信息。本例介绍一个简单的 Servlet 程序，该程序实现输出纯文本信息。

(1) 创建名称为 MyServlet.java 的类文件，该类继承了 HttpServlet 类。代码如下：

```java
import java.io.IOException;
import javax.io.PrintWriter;
import javax.servlet.ServletException;
import javax.servlet.http.HttpServlet;
import javax.servlet.http.HttpServletRequest;
import javax.servlet.http.HttpServletRespobes;

public class MyServlet extends HttpServlet {
    public void doGet(HttpServletRequest request,
      HttpServletRespobes response)
      throws ServletException, IOException {
        response.setContentType("text/html;charset=gb2312");
        PrintWriter out = response.getWrite();
        out.println("保护环境！爱护地球！");
    }
}
```

(2) 在 web.xml 文件中配置 MyServlet，其配置代码如下：

```xml
<?xml version="1.0" encoding="UTF-8">

<web-app>
    <servlet>
        <servlet-name>MyServlet</servlet-name>
        <servlet-class>com.MyServlet</servlet-class>
    </servlet>
    <servlet-mapping>
        <servlet-name>MyServlet</servlet-name>
        <url-pattern>textServlet</url-pattern>
    </servlet-mapping>
</web-app>
```

在上述代码中，首先通过<servlet-name>和<servlet-class>元素声明 Servlet 的名称和类的路径，然后通过<url-pattern>元素声明访问这个 Servlet 的 URL 映射。

(3) 打开 IE 浏览器，在地址栏中输入下面的地址查看运行结果：

```
http://localhost:8080/MyServlet/textServlet
```

13.2 Servlet 开发

13.2.1 Servlet 的创建

创建一个 Servlet，通常有以下 4 个步骤。

(1) 继承 HttpServlet 抽象类。

(2) 重载适当的方法，如覆盖(或称为重写)doGet()方法或 doPost()方法。

(3) 如果有 HTTP 请求信息的话，则获取该信息。可通过调用 HttpServletRequest 类对象的以下三个方法获取：

```
getParameterNames()        //获取请求中所有参数的名字
getParameter()             //获取请求中指定参数的值
getParameterValues()       //获取请求中所有参数的值
```

(4) 生成 HTTP 响应。HttpServletResponse 类对象生成响应，并将它返回到发出请求的客户机上。HttpServletResponse 类对象的方法允许设置"请求"标题和"响应"主体。"响应"对象还含有 getWriter()方法，返回一个 PrintWriter 类对象。使用 PrintWriter 的打印方法 print()和 println()可以编写 Servlet 响应来返回给客户机，或者直接使用 out 对象输出有关的 HTML 文档内容。

【例 13.2】以下为按照上述步骤创建的 Servlet 类：

```
import java.io.IOException;
import java.io.PrintWriter;
import javax.servlet.ServletException;
import javax.servlet.http.HttpServlet;
import javax.servlet.http.HttpServletRequest;
import javax.servlet.http.HttpServletResponse;
public class MyServlet extends HttpServlet {
    public void doGet(HttpServletRequest request,
      HttpServletResponse response)
      throws ServletException, IOException {
        //第3步：获取HTTP 请求信息
        String myName = request.getParameter("myName");
        //第4步：生成HTTP 响应
        PrintWriter out = response.getWriter();
        response.setContentType("text/html;charset=gb2312");
        response.setHeader("Pragma", "No-cache");
        response.setDateHeader("Expires", 0);
        response.setHeader("Cache-Control", "no-cache");
        out.println("<html>");
        out.println("<head><title>一个简单的 Servlet 程序</title></head>");
        out.println("<body>");
        out.println("<h1>一个简单的 Servlet 程序</h1>");
        out.println("<p>" + myName + "您好，欢迎访问！");
        out.println("</body>");
        out.println("</html>");
```

```
        out.flush();
    }
    public void doGet(HttpServletRequest request,
      HttpServletResponse response)
      throws ServletException, IOException {
        this.doGet(request, response);
    }
}
```

13.2.2 Servlet 的配置

要正常运行 Servlet 程序，还需要在 web.xml 文件中进行配置。下面将详细介绍如何在 web.xml 文件中进行 Servlet 相关信息的配置。

1. Servlet 的名称、类和其他选项的配置

在 web.xml 文件中配置 Servlet 时，必须指定 Servlet 的名称和类的路径，可选择性地给 Servlet 添加描述信息和指定在发布时显示的名称。具体代码如下：

```
<servlet>
    <description>Simple Servlet</description>
    <display-name>Servlet</display-name>
    <servlet-name>myServlet</servlet-name>
    <servlet-class>com.MyServlet</servlet-class>
</servlet>
```

在上述代码中，<description>和</description>元素之间的内容是 Servlet 的描述信息，<display-name>和</display-name>元素之间的内容是发布时 Servlet 的名称，<servlet-name>和</servlet-name>元素之间的内容是 Servlet 的名称，<servlet-class>和</servlet-class>元素之间的内容是 Servlet 类的路径。

如果要对一个 JSP 页面文件进行配置，则可通过下面的代码进行指定：

```
<servlet>
    <description>Simple Servlet</description>
    <display-name>Servlet</display-name>
    <servlet-name>Login</servlet-name>
    <jsp-file>login.jsp</jsp-file>
</servlet>
```

在上述代码中，<jsp-file>和</jsp-file>元素之间的内容是要访问的 JSP 文件名称。

2. 初始化参数

Servlet 可以配置一些初始化参数，例如下面的代码：

```
<servlet>
    <init-param>
        <param-name>number</param-name>
        <param-value>1000</param-value>
    </init-param>
</servlet>
```

在上述代码中，指定 number 的参数为 1000。在 Servlet 中，可以在 init()方法中通过 getInitParameter()方法访问这些初始化参数。

3．启动装入优先权

启动装入优先权通过<load-on-startup>元素指定，例如下面的代码：

```
<servlet>
   <servlet-name>ServletONE</servlet-name>
   <servlet-class>com.ServletONE</servlet-class>
   <load-on-startup>10</load-on-startup>
</servlet>
<servlet>
   <servlet-name>ServletTWO</servlet-name>
   <servlet-class>com.ServletTWO</servlet-class>
   <load-on-startup>20</load-on-startup>
</servlet>
<servlet>
   <servlet-name>ServletTHREE</servlet-name>
   <servlet-class>com.ServletTHREE</servlet-class>
   <load-on-startup>AnyTime</load-on-startup>
</servlet>
```

在上述代码中，ServletONE 类先被载入，ServletTWO 类后被载入，而 ServletTHREE 类可在任何时间内被载入。

4．Servlet 的映射

在 web.xml 配置文件中，可以给一个 Servlet 做多个映射，因此，可以通过不同的方法访问这个 Servlet，例如下面的代码：

```
<servlet-mapping>
   <servlet-name>OneServlet</servlet-name>
   <url-pattern>/One</url-pattern>
</servlet-mapping>
```

通过上述代码的配置，若请求的路径包含"/One"，则会访问逻辑名为 OneServlet 的 Servlet。再如下面的代码：

```
<servlet-mapping>
   <servlet-name>OneServlet</servlet-name>
   <url-pattern>/Two/*</url-pattern>
</servlet-mapping>
```

通过上述配置，若请求的路径中包含"/Two/a"或"/Two/b"等符合"/Two/*"模式的语句，则同样会访问逻辑名为 OneServlet 的 Servlet。

13.2.3　编写生成验证码的 Servlet

【例 13.3】编写一个 Servlet 程序，用于生成由英文字母组成的 4 位随机验证码，然后在 JSP 页面中显示验证码，并验证用户输入的验证码是否正确。

① 编写一个名称为 CheckCode.java 的 Servlet,并将其保存在 com.wgh 包中,该类继承 HttpServlet,主要通过 service()方法生成验证码。

由于在生成验证码的过程中需要随机生成输出内容的颜色,所以需要编写一个用于随机生成 RGB 颜色的方法,该方法的名称为 getRandColor(),返回值为 java.awt.Color 类的颜色。

getRandColor()方法的具体代码如下:

```java
public Color getRandColor(int s, int e) {
   Random random = new Random();
   if (s > 255) s = 255;
   if (e > 255) e = 255;
   int r = s + random.nextInt(e - s);    //随机生成RGB颜色中的r值
   int g = s + random.nextInt(e - s);    //随机生成RGB颜色中的g值
   int b = s + random.nextInt(e - s);    //随机生成RGB颜色中的b值
   return new Color(r, g, b);
}
```

在 service()方法中,设置响应头信息并指定生成的响应是 JPG 图片,具体代码如下:

```java
//禁止缓存
response.setHeader("Pragma", "No-cache");
response.setHeader("Cache-Control", "No-cache");
response.setDateHeader("Expires", 0);
//指定生成的响应是图片
Response.setContentType("image/jepg");
```

创建用于生成验证码的绘图类对象,并绘制一个填色矩形作为验证码的背景,具体代码如下:

```java
int width = 166;    //指定验证码的宽度
int heigh = 45;    //指定验证码的高度
BufferedImage image =
  new BufferedImage(width, heigh, BufferedImage.TYPE_INT_BGR);
Graphics g = image.getGraphics();       //获取Graphics类的对象
Random random = new Random();           //实例化一个Random对象
Font mFont = new Font("宋体", Font.ITALIC, 26);    //通过Font构造字体
g.setColor(getRandColor(200, 250));     //设置颜色
g.fillRect(0, 0, width, heigh);         //绘制验证码背景
```

设置字体和文字颜色,随机生成由 4 个英文字母组成的验证码文字,具体代码如下:

```java
g.setFont(mFont);        //设置字体
g.setColor(getRandColor(180, 200));       //设置文字颜色
String sRand = "";
//输出随机的验证文字
for (int i=0; i<4; i++) {
   char ctmp = (char)(random.nextInt(25) + 26);    //生成A~Z的字母
   sRand += ctmp;
   Color color = new Color(20 + random.nextInt(110),
     20 + random.nextInt(110), 20 + random.nextInt(110));
   g.setColor(color);    //设置颜色
```

```
        g.drawString(String.valueOf(ctmp), width/6*i+23, heigh/2+10);
}
```

将生成的验证码保存到 session 中,并输出生成后的验证码图片,具体代码如下:

```
HttpSession session = request.getSession(true);
session.setAttribute("randCheckCode", sRand);
g.dispose();
ImageIO.write(image, "JPEG", response.getOutputStream());
```

② 生成验证码的 Servlet 编写完毕后,还需要在 web.xml 文件中配置该 Servlet,具体配置代码如下:

```
<servlet>
    <description></description>
    <display-name>CheckCode</display-name>
    <servlet-name>CheckCode</servlet-name>
    <servlet-class>com.wgh.CheckCode</servlet-class>
</servlet>
<servlet-mapping>
    <servlet-name>CheckCode</servlet-name>
    <url-pattern>/CheckCode</url-pattern>
</servlet-mapping>
```

③ 编写 index.jsp 页面,在该页面中,添加一个表单,并在该表单中添加用于输入验证码的文本框和"提交"按钮,关键代码如下:

```
<form action="deal.jsp" method="post" name="form1">
验证码:
<input name="checkCode" type="text" id="checkCode"
  size="8" maxlength="4">
<input name="submit1" type="submit" id="submit1" value="提交" />
</form>
```

④ 在验证码文本框右侧添加一个<img>标记,用于显示验证码,具体代码如下:

```
<img src="CheckCode" name="myCheckCode" width="166" height="45"
  border="1" id="myCheckCode" />
```

⑤ 加入重新生成验证码的功能。

由于验证码是随机生成的,所以很可能会生成看不清楚的验证码,因此还需要加入重新生成验证码的功能。实现重新生成验证码时,首先需要编写一个自定义的 JavaScript 函数 myReload(),在该函数中实现重新生成验证码的功能,具体代码如下:

```
<script language="javascript">
function myReload() {
   document.getElementById("myCheckCode").src =
     document.getElementById("myCheckCode").src + "?nocache="
   + new Date().getTime();
}
</script>
```

接下来，还需要在页面中添加一个调用 myReload()函数的超链接，具体代码如下：

```
<a style="cursor:hand;"onClick="myReload()"> 看不清？换一个</a>
```

⑥ 编写一个 deal.jsp 文件，在该页面中，判断用户输入的验证码与保存在 Session 中的验证码是否一致，并根据判断结果给出不同的提示信息。

deal.jsp 文件的关键代码如下：

```jsp
<%@page contentType="text/html" pageEncoding="GBK"%>
<html>
<head>
    <meta http-equiv="Content-Type" content="text/html; charset=GBK">
    <title>系统提示</title>
</head>
<body>
    <%
    if(request.getParameter("checkCode")
      .equals(session.getAttribute("randCheckCode"))) { %>
        <script language="javascript">
            alert("验证码正确！");
            window.location.href = "index.jsp";
        </script>
    <% } else { %>
        <script language="javascript">
            alert("你输入的验证码不正确！");
            window.location.href = "index.jsp";
        </script>
    <% } %>
</body>
</html>
```

13.2.4 在 Servlet 中实现页面转发

在 Servlet 中实现页面转发主要利用 RequestDispatcher 接口。RequestDispatcher 接口可以把一个请求转发到另一个 JSP 页面。该接口包括以下两个方法。

(1) forward()方法。

forward()方法用于把请求转发到服务器上的另一个资源，可以是 Servlet、JSP 或是 HTML。

使用 forward()方法的语法格式如下：

```
requestDispatcher.forward(
  HttpServletRequest request, HttpServletResponse response)
```

其中，requestDispatcher 为 RequestDispatcher 对象的实例。

(2) include()方法。

include()方法用于把服务器上的另一个资源(Servlet、JSP、HTML)包含到响应中。使用 include()方法的语法格式如下：

```
requestDispatcher.include(
  HttpServletRequest request, HttpServletResponse response)
```

其中，requestDispatcher 为 RequestDispatcher 对象的实例。

【例 13.4】编写一个 Servlet 程序，实现在网站运行时，将页面直接跳转到网站首页 main.jsp 页面。

① 创建名称为 MyServlet.java 的类文件，该类继承了 HttpServlet 类。在该 Servlet 的 doGet()方法中调用 RequestDispatcher 接口的 forward()方法，将页面转发到 main.jsp 页面。MyServlet 类的具体代码如下：

```java
import java.io.IOException;
import javax.servlet.RequestDispatcher;
import javax.servlet.ServletException;
import javax.servlet.http.HttpServlet;
import javax.servlet.http.HttpServletRequest;
import javax.servlet.http.HttpServletResponse;
public class MyServlet extends HttpServlet{
    private static final long serialVersionUID = 1L;
    public MyServlet() {
        super();
    }
    protected void doGet(HttpServletRequest request,
      HttpServletResponse response)
     throws ServletException, IOException {
      RequestDispatcher requestDispatcher =
        request.getRequestDispatcher("main.jap");
      requestDispatcher.forward(request, response);     //转发页面
    }
    protected void doPost(HttpServletRequest request,
      HttpServletResponse response)
     throws ServletException, IOException {
      doGet(request, response);
    }
}
```

② 在 web.xml 文件中配置 MyServlet，其配置代码如下：

```xml
<?xml version="1.0" encoding="UTF-8"?>
<web-app xmlns:xsi="http://www.w3.org/2001/XMLSchema-instance"
 xmlns="http://java.sun.com/xml/ns/javaee"
 xmlns:web="http://java.sun.com/xml/ns/javaee/web-app_2_5.xsd"
 xsi:schmaLocation="http//java.sun.com/xml/ns/javaee
 http://java.sun.com/xml/ns/javaee/web-app_2_5.xsd" id="WebApp_ID"
 version="2.5">
  <display-name>servletForward</display-name>
  <welcome-file-list>
      <welcome-file>MyServlet</welcome-file>
  </welcome-file-list>
  <servlet>
      <description></description>
```

```xml
        <display-name>MyServlet</display-name>
        <servlet-name>MyServlet</servlet-name>
        <servlet-class>com.wgh.MyServlet</servlet-class>
    </servlet>
    <servlet-mapping>
        <servlet-name>MyServlet</servlet-name>
        <url-pattern>/MyServlet</url-pattern>
    </servlet-mapping>
</web-app>
```

在上述代码中，首先通过<servlet-name>和<servlet-class>元素声明 Servlet 的名称和类的路径，然后通过<url-pattern>元素声明访问这个 Servlet 的 URL 映射。

③ 打开 IE 浏览器，在地址栏中输入地址"http://localhost:8080/servletForward/"，查看运行结果。

13.3 Servlet 的应用示例

13.3.1 应用 Servlet 获取表单数据

【例 13.5】应用 Servlet 获取表单数据。下面将通过一个添加留言信息的程序，说明如何应用 Servlet 获取表单数据。运行该程序，首先进入的是添加留言页面，在该页面中填写留言人和留言内容后，单击"提交"按钮，将表单信息提交到 Servlet 中，在该 Servlet 中获取表单数据并显示。

① 编写 index.jsp 页面，在该页面中添加用于收集留言信息的表单及表单元素，具体代码如下：

```jsp
<%@ page laguage="java" contentType="text/html; charset=GBk"
pageEncoding="GBK"%>
<html>
<head>
    <meta http-equiv="Content-Type" content="text/html; charset=GBK">
    <title>添加留言</title>
</head>
<body>
    <form id="form1" name="form1" method="post" action="Message">
    留 言 人 :
    <textarea name="person" type="text" id="person" />
    <br />
    留言内容:
    <textarea name="content" cols="30" rows="5" id="content"></textarea>
    <br />
    <input type="submit" name="submit" value="提交" />
     
    <input type="reset" name="Submit2" value="重置" />
    </form>
</body>
</html>
```

② 编写一个名称为 Message 的 Servlet，在该 Servlet 的 doGet()方法中获取表单数据并输出。Message 的具体代码如下：

```java
import java.io.IOException;
import java.io.PrintWriter;
import javax.servlet.ServletException;
import javax.servlet.http.HttpServlet;
import javax.servlet.http.HttpServletRequest;
import javax.servlet.http.HttpServletResponse;

public class MyServlet extends HttpServlet {
    private static final long serialVersionUID = 1L;
    public Message() {
        super();
    }
    protected void doGet(HttpServletRequest request,
      HttpServletResponse response)
      throws ServletException, IOException {
        request.setCharacterEncoding("GBK");
        String person = request.getParameter("person");      //留言人
        String content = request.getParameter("content");    //留言内容
        response.setContentType("text/html;charset=GBK");
        PrintWriter out = response.getWriter();
        out.println("<html><head><title>获取留言信息</title></head><body>");
        out.println("留言人:" + person + "<br>");
        out.println("留言内容" + content + "<br>");
        out.println("<a href='index.jsp'>返回</a>");
        out.println("</body></html>");
    }
    protected void doPost(HttpServletRequest request,
      HttpServletResponse response)
      throws ServletException, IOException {
        doGet(request, response);
    }
}
```

③ 在 Web.xml 中配置获取留言信息的 Servlet，关键代码如下：

```xml
<servlet>
    <description></description>
    <display-name>Message</display-name>
    <servlet-name>Message</servlet-name>
    <servlet-class>com.wgh.Message</servlet-class>
</servlet>

<servlet-mapping>
    <servlet-name>Message</servlet-name>
    <url-pattern>/Message</url-pattern>
</servlet-mapping>
```

13.3.2 应用 Servlet 读取文件

【例 13.6】应用 Servlet 读取文本文件。编写一个 Servlet 程序，用于读取指定的文本文件，并将获取的文件内容输出到 JSP 页面上。

① 编写一个名称为 ReadFileServlet 的 Servlet，在该 Servlet 的 doGet()方法中，首先逐行读取指定文本文件 agreement.txt 的内容，并连成一个字符串，然后将该字符串保存到 HttpServletRequest 对象中，最后将页面跳转到 index.jsp 页面。具体代码如下：

```java
import java.io.BufferedReader;
import java.io.File;
import java.io.FileReader;
import java.io.IOException;
import javax.servlet.ServletException;
import javax.servlet.http.HttpServlet;
import javax.servlet.http.HttpServletRequest;
import javax.servlet.http.HttpServletResponse;
public class MyServlet extends HttpServlet {
    private static final long serialVersionUID = 1L;
    public ReadFileServlet() {
        super();
    }
    protected void doGet(HttpServletRequest request,
      HttpServletResponse response)
        throws ServletException, IOException {
        File file = new File(request.getReadPath("file/agreement.txt"));
        String content = "";
        if (file.exists()) {           //判断文件是否存在
            FileReader fileReader = new FileReader(file);
            BufferedReader buffer = new BufferedReader(fileReader);
            String str = null;
            //通过循环逐行读取文件内容
            while ((str=buffer.readLine()) !=null) {
                content = content + str + "<br>"
            }
        } else {
            System.out.println("文件不存在");
        }
        request.setAttribute("content", content);         //保存文件内容
        request.getRequestDispatcher("index.jsp")
          .forward(request, response);
    }
    protected void doPost(HttpServletRequest request,
      HttpServletResponse response)
        throws ServletException, IOException {
        doGet(request, response);
    }
}
```

② 在 Web.xml 中配置获取读取文本文件的 Servlet,关键代码如下:

```
<servlet>
    <description></description>
    <display-name>ReadFileServlet</display-name>
    <servlet-name>ReadFileServlet</servlet-name>
    <servlet-class>com.wgh.ReadFileServlet</servlet-class>
</servlet>

<servlet-mapping>
    <servlet-name>ReadFileServlet</servlet-name>
    <url-pattern>/ReadFileServlet</url-pattern>
</servlet-mapping>
```

③ 编写 index.jsp 页面,在该页面中输出获取的文本文件信息,具体代码如下:

```
<%@ page laguage="java" contentType="text/html; charset=GBk"
 pageEncoding="GBK"%>
<html>
<head>
    <meta http-equiv="Content-Type" content="text/html; charset=GBK">
    <title>应用 Servlet 读取文件</title>
</head>

<body>
    文件内容如下:<br>
    <%=requerst.getAttribute("content") %>
</body>
</html>
```

13.3.3　应用 Servlet 写入文件

【例 13.7】应用 Servlet 向文本文件中写入数据。本例将通过一个向文本文件中写入数据的程序,介绍如何应用 Servlet 写入文件。实现页面的文本框中输入要写入的文件内容,单击"提交"按钮,即可将该内容写入到指定的文本文件中,并弹出"文件写入成功!"提示对话框。

① 编写一个名称为 WriteFileServlet 的 Servlet,在该 Servlet 的 doGet()方法中,首先获取要写入的文件内容,然后判断指定的文件是否存在,如果不存在,则创建文本文件,再将文件内容写入到磁盘文件,最后关闭流,并将页面跳转到 ok.jsp 页面。

WriteFileServlet 的具体代码如下:

```
import java.io.File;
import java.io.FileWriter;
import java.io.IOException;
import javax.servlet.ServletException;
import javax.servlet.http.HttpServlet;
import javax.servlet.http.HttpServletRequest;
import javax.servlet.http.HttpServletResponse;
```

```
public class WriteFileServlet extends HttpServlet {
    private static final long serialVersionUID = 1L;
    public WriteFileServlet() {
        super();
    }

    protected void doGet(HttpServletRequest request,
      HttpServletResponse response)
      throws ServletException, IOException) {
        File file = new File(request.getRealPath("file/myFile.text"));
        String content = request.getParameter("content");
        //获取文件内容
        content = new String(content.getBytes("ISO-8859-1"), "GBK");
        //转码
        if (!file.exists()) {          //判断文件是否存在
            file.createNewFile();      //创建文件夹
        }
        FileWriter out = new FileWriter(file);
        out.write(content);       //将内容写入到磁盘文件中
        out.close();              //将流关闭
        request.getRequestDispatcher("ok.jsp").forward(request, response);
    }

    protected void doGet(HttpServletRequest request,
      HttpServletResponse response)
      throws ServletException, IOException) {
        doGet(request, response);
    }
}
```

② 在 Web.xml 中配置向文本文件中写入数据的 Servlet，关键代码如下：

```
<servlet>
    <description></description>
    <display-name>WriteFileServlet</display-name>
    <servlet-name>WriteFileServlet</servlet-name>
    <servlet-class>com.wgh.WriteFileServlet</servlet-class>
</servlet>

<servlet-mapping>
    <servlet-name>WriteFileServlet</servlet-name>
    <url-pattern>/WriteFileServlet</url-pattern>
</servlet-mapping>
```

③ 编写 index.jsp 页面，在该页面中添加用于收集要写入内容的表单及表单元素，并将表单的 action 属性设置为 Servlet 的 URL 映射。具体代码如下：

```
<%@ page laguage="java" contentType="text/html; charset=GBk"
pageEncoding="GBK"%>

<html>
```

```html
<head>
    <meta http-equiv="Content-Type" content="text/html; charset=GBK">
    <title>应用 Servlet 向文本文件中写入数据</title>
</head>
<body>
    <form name="form1" method="post" action="WriteFileServlet">
    请输入要写入的文件内容：<br>
    <br>
    <textarea name="content" cols="40" rows="6" id="content"></textarea>
    <br>
    <br>
    <input type="submit" name="Submit" value="保存">
    <input type="reset" name="Submit2" value="重写">
    </form>
</body>
</html>
```

本 章 小 结

Servlet 本身就是用 Java 语言编写的服务器端程序。在 JSP 技术出现之前，Servlet 被广泛地用来开发动态的 Web 应用程序，如今在 Java EE 的开发中，Servlet 仍然被广泛地使用着。

本章讲解了 Servlet 的基本概念和编写知识，通过案例解释了 Servlet 的生命流程等。

习 题

(1) 什么是 Servlet？Servlet 的技术特点是什么？Servlet 与 JSP 有什么区别？
(2) 创建一个 Servlet 通常分为哪几个步骤？
(3) 运行 Servlet 需要在 web.xml 文件中进行哪些配置？
(4) 怎样设置 Servlet 的启动装入优先级别？
(5) 当访问一个 Servlet 时，以下 Servlet 中的哪个方法先被执行？(　　)
　　A. destroy()　　　B. doGet()　　　C. service()　　　D. init()
(6) 假设在 MyServlet 应用中有一个 MyServlet 类，在 web.xml 文件中进行如下配置：

```xml
<servlet>
    <servlet-name>MyServlet</servlet-name>
    <servlet-class>com.wgh.MyServlet</servlet-class>
</servlet>
<servlet-mapping>
    <servlet-name>MyServlet</servlet-name>
    <url-pattern>/welcome</url-pattern>
</servlet-mapping>
```

以下选项可以访问到 MyServlet 的是(　　)。

A. http://localhost:8080/MyServlet
B. http://localhost:8080/Myservlet
C. http://localhost:8080/com/wgh/MyServlet
D. http://localhost:8080/wgh/welcome

(7) 创建一个 Servlet，要求通过在浏览器地址栏中访问该 Servlet 后，输出一个 1 行 1 列的表格，表格中的内容为"用思想创造未来，用软件改变世界，用代码书写人生"。

(8) 实现一个简单的登录程序。要求由 Servlet 接收用户输入的用户名和密码，然后输出到页面中。

第 14 章

Java 基础案例

本章通过常用的 Java 基础编程题,理论联系实际,让读者更加深入了解 Java 语言的编程技巧和面向对象编程的精髓。

本章要点

- Java 基础编程题。

学习目标

- 掌握每一道编程题的算法思想和 Java 语法应用技巧。
- 通过案例的练习,增强 Java 编程能力。

【例 14.1】有一对兔子,从出生后第 3 个月起,每个月都生一对兔子,小兔子长到第三个月后,每个月又生一对兔子,假如兔子都不死,问每个月的兔子总数为多少?

程序分析:兔子的规律为数列 1,1,2,3,5,8,13,21,...,因此找出数列的规律,形成的算法公式如下:f(n)=f(n-1)+f(n-2),其中 f(1)=f(2)=1。在实现时,使用了函数递归机制,既函数自己调用自己的一种特殊调用形式,不仅大大减少了程序代码行,也能更加容易地模拟现实问题。

程序实现:

```java
public class Prog1 {
    public static void main(String[] args) {
        int n = 10;
        System.out.println("第" + n + "个月兔子总数为" + fun(n));
    }
    private static int fun(int n) {
        if(n==1 || n==2)
            return 1;
        else
            return fun(n-1) + fun(n-2);
    }
}
```

【例 14.2】判断 101~200 之间有多少个素数,并输出所有素数。

程序分析:首先分析出判断素数的方法,用一个数分别去除 2 到其平方根,如果能被整除,则表明此数不是素数,反之是素数。

程序实现:

```java
public class Prog2 {
    public static void main(String[] args) {
        int m = 1;
        int n = 1000;
        int count = 0;
        //统计素数个数
        for(int i=m; i<n; i++) {
            if(isPrime(i)) {
                count++;
                System.out.print(i + " ");
                if(count%10 == 0) {
```

```
            System.out.println();
         }
      }
   }
   System.out.println();
   System.out.println(
      "在" + m + "和" + n + "之间共有" + count + "个素数");
}
//判断素数
private static boolean isPrime(int n) {
   boolean flag = true;
   if(n == 1)
      flag = false;
   else {
      for(int i=2; i<=Math.sqrt(n); i++) {
         if((n%i)==0 || n==1) {
            flag = false;
            break;
         }
         else
            flag = true;
      }
   }
   return flag;
}
}
```

【例 14.3】打印出所有的"水仙花数"。所谓"水仙花数",是指一个三位数,其各位数字的立方和等于该数本身。例如 153 是一个"水仙花数",因为 $153=1^3+5^3+3^3$。

程序分析:利用 for 循环控制 100~999 个数,使用除法使每个数分解出其个位、十位、百位,然后打印输出即可。

程序实现:

```
public class Prog3 {
   public static void main(String[] args) {
      for(int i=100; i<1000; i++) {
         if(isLotus(i))
            System.out.print(i + " ");
      }
      System.out.println();
   }
   //判断水仙花数
   private static boolean isLotus(int lotus) {
      int m = 0;
      int n = lotus;
      int sum = 0;
      m = n/100;
      n -= m*100;
      sum = m*m*m;
      m = n/10;
```

```
            n -= m*10;
            sum += m*m*m + n*n*n;
            if(sum == lotus)
                return true;
            else
                return false;
        }
    }
```

【例 14.4】 将一个正整数分解质因数。例如，输入 90，打印出 90=2*3*3*5。

程序分析：对 n 分解质因数，应先找到一个最小的质数 k，然后按下述步骤完成。

① 如果这个质数恰好等于 n，则说明分解质因数的过程已经结束，打印出来即可。

② 如果 n<>k，但 n 能被 k 整除，则应打印出 k 的值，并用 n 除以 k 的商，作为新的正整数 n，重复执行第一步。

③ 如果 n 不能被 k 整除，则用 k+1 作为 k 的值，重复执行第一步。

程序实现：

```
public class Prog4 {
    public static void main(String[] args) {
        int n = 13;
        decompose(n);
    }
    private static void decompose(int n) {
        System.out.print(n + "=");
        for(int i=2; i<n+1; i++) {
            while(n%i==0 && n!=i) {
                n /= i;
                System.out.print(i + "*");
            }
            if(n == i) {
                System.out.println(i);
                break;
            }
        }
    }
}
```

【例 14.5】 学习成绩>=90 分的同学用 A 表示，60~89 分之间的用 B 表示，60 分以下的用 C 表示。利用条件运算符的嵌套来完成此题。

程序分析：用条件运算符语句(a>b)?a:b，这是多目运算符的基本例子。

程序实现：

```
public class Prog5 {
    public static void main(String[] args) {
        int n = -1;
        try {
            n = Integer.parseInt(args[0]);
        } catch(ArrayIndexOutOfBoundsException e) {
            System.out.println("请输入成绩");
```

```
        return;
    }
    grade(n);
}
//成绩等级计算
private static void grade(int n) {
    if(n>100 || n<0)
        System.out.println("输入无效");
    else {
        String str = (n>=90)?
          "分,属于A等" : ((n>60)? "分,属于B等" : "分,属于C等");
        System.out.println(n + str);
    }
}
```

【例 14.6】 输入两个正整数 m 和 n，求其最大公约数和最小公倍数。

程序分析：利用数学辗除法来实现。

程序实现：

```
public class Prog6 {
    public static void main(String[] args) {
        int m, n;
        try {
            m = Integer.parseInt(args[0]);
            n = Integer.parseInt(args[1]);
        } catch(ArrayIndexOutOfBoundsException e) {
            System.out.println("输入有误");
            return;
        }
        max_min(m, n);
    }
    //求最大公约数和最小公倍数
    private static void max_min(int m, int n) {
        int temp = 1;
        int yshu = 1;
        int bshu = m * n;
        if(n < m) {
            temp = n;
            n = m;
            m = temp;
        }
        while(m != 0) {
            temp = n % m;
            n = m;
            m = temp;
        }
        yshu = n;
        bshu /= n;
        System.out.println(m + "和" + n + "的最大公约数为" + yshu);
```

```
        System.out.println(m + "和" + n + "的最小公倍数为" + bshu);
    }
}
```

【例 14.7】 输入一行字符，分别统计其中英文字母、空格、数字和其他字符的个数。

程序分析：利用 while 语句，条件为输入的字符不为'\n'。

程序实现：

```
import java.util.Scanner;
public class Prog7_1 {
    public static void main(String[] args) {
        System.out.print("请输入一串字符：");
        Scanner scan = new Scanner(System.in);
        String str = scan.nextLine(); //将一行字符转化为字符串
        scan.close();
        count(str);
    }
    //统计输入的字符数
    private static void count(String str) {
        String E1 = "[\u4e00-\u9fa5]"; //汉字
        String E2 = "[a-zA-Z]";
        String E3 = "[0-9]";
        String E4 = "\\s"; //空格
        int countChinese = 0;
        int countLetter = 0;
        int countNumber = 0;
        int countSpace = 0;
        int countOther = 0;
        char[] array_Char = str.toCharArray(); //将字符串转化为字符数组
        String[] array_String =
            new String[array_Char.length]; //汉字只能作为字符串处理
        for(int i=0; i<array_Char.length; i++)
            array_String[i] = String.valueOf(array_Char[i]);
        //遍历字符串数组中的元素
        for(String s : array_String) {
            if(s.matches(E1))
                countChinese++;
            else if(s.matches(E2))
                countLetter++;
            else if(s.matches(E3))
                countNumber++;
            else if(s.matches(E4))
                countSpace++;
            else
                countOther++;
        }
        System.out.println("输入的汉字个数：" + countChinese);
        System.out.println("输入的字母个数：" + countLetter);
        System.out.println("输入的数字个数：" + countNumber);
        System.out.println("输入的空格个数：" + countSpace);
```

```
            System.out.println("输入的其他字符个数: " + countSpace);
        }
    }
}
import java.util.*;
public class Prog7_2 {
    public static void main(String[] args) {
        System.out.println("请输入一行字符: ");
        Scanner scan = new Scanner(System.in);
        String str = scan.nextLine();
        scan.close();
        count(str);
    }
    //统计输入的字符
    private static void count(String str) {
        List<String> list = new ArrayList<String>();
        char[] array_Char = str.toCharArray();
        for(char c : array_Char)
            list.add(String.valueOf(c)); //将字符作为字符串添加到list表中
        Collections.sort(list); //排序
        for(String s : list) {
            int begin = list.indexOf(s);
            int end = list.lastIndexOf(s);
            //索引结束统计字符数
            if(list.get(end) == s)
                System.out.println(
                    "字符'" + s + "'有" + (end-begin+1) + "个");
        }
    }
}
```

【例 14.8】从键盘输入一个数字 a，然后求 s=a+aa+aaa+aaaa+aa...a 的值，其中 a 是一个数字。例如 2+22+222+2222+22222(此时共有 5 个数相加)，几个数相加由键盘控制。

程序分析：此例计算结果超出基本数据类型的取值范围，需要使用 Java 大数据类型来解决问题，而且关键是求出从键盘输入的每一项数据的计算值。

程序实现：

```
import java.util.Scanner;

public class Prog8 {
    public static void main(String[] args) {
        System.out.print("求 s=a+aa+aaa+aaaa+...的值，请输入a的值: ");
        Scanner scan =
          new Scanner(System.in).useDelimiter("\\s*"); //以空格作为分隔符
        int a = scan.nextInt();
        int n = scan.nextInt();
        scan.close(); //关闭扫描器
        System.out.println(expressed(2,5) + add(2,5));
    }
    //求和表达式
```

```java
    private static String expressed(int a, int n) {
        StringBuffer sb = new StringBuffer();
        StringBuffer subSB = new StringBuffer();
        for(int i=1; i<n+1; i++) {
            subSB = subSB.append(a);
            sb = sb.append(subSB);
            if(i < n)
                sb = sb.append("+");
        }
        sb.append("=");
        return sb.toString();
    }
    //求和
    private static long add(int a, int n) {
        long sum = 0;
        long subSUM = 0;
        for(int i=1; i<n+1; i++) {
            subSUM = subSUM*10 + a;
            sum = sum + subSUM;
        }
        return sum;
    }
}
```

【例 14.9】一个数如果恰好等于它的因子之和,这个数就称为"完数"。例如 6=1+2+3。编程找出 1000 以内的所有完数。

程序分析:通过"完数"条件判断,以函数调用机制来实现。

程序实现:

```java
public class Prog9 {
    public static void main(String[] args) {
        int n = 10000;
        compNumber(n);
    }
    //求完数
    private static void compNumber(int n) {
        int count = 0;
        System.out.println(n + "以内的完数: ");
        for(int i=1; i<n+1; i++) {
            int sum = 0;
            for(int j=1; j<i/2+1; j++) {
                if((i%j) == 0) {
                    sum += j;
                    if(sum == i) {
                        System.out.print(i + " ");
                        if((count++)%5 == 0)
                            System.out.println();
                    }
                }
            }
        }
```

        }
    }
}
```

**【例 14.10】** 一球从 100 米高度自由落下,每次落地后反跳回原高度的一半;再落下,求它在第 10 次落地时,共经过多少米,第 10 次反弹有多高。

程序分析:通过循环确定,经 n 次反弹后小球经过的距离和反弹的高度。

程序实现:

```java
import java.util.Scanner;
public class Prog10 {
    public static void main(String[] args) {
        System.out.print("请输入小球落地时的高度和求解的次数:");
        Scanner scan = new Scanner(System.in).useDelimiter("\\s");
        int h = scan.nextInt();
        int n = scan.nextInt();
        scan.close();
        distance(h,n);
    }
    //小球从h高度落下,经n次反弹后经过的距离和反弹的高度
    private static void distance(int h, int n) {
        double length = 0;
        for(int i=0; i<n; i++) {
            length += h;
            h /= 2.0;
        }
        System.out.println("经过第" + n + "次反弹后,小球共经过"
            + length + "米," + "第" + n + "次反弹高度为" + h + "米");
    }
}
```

【例 14.11】 有 1、2、3、4 个数字,能组成多少个互不相同且无重复数字的三位数,都是多少。

程序分析:可填在百位、十位、个位的数字都是 1、2、3、4。组成所有的排列后,再去掉不满足条件的排列。

程序实现:

```java
public class Prog11 {
    public static void main(String[] args) {
        int count = 0;
        int n = 0;
        for(int i=1; i<5; i++) {
            for(int j=1; j<5; j++) {
                if(j == i)
                    continue;
                for(int k=1; k<5; k++) {
                    if(k!=i && k!=j) {
                        n = i*100 + j*10 + k;
                        System.out.print(n + " ");
                        if((++count)%5 == 0)
```
```

```
                    System.out.println();
                }
            }
        }
        System.out.println();
        System.out.println("符合条件的数共: " + count + "个");
    }
}
```

【例 14.12】企业发放的奖金根据利润提成。利润(I)低于或等于 10 万元时，奖金可提 10%；利润高于 10 万元，低于 20 万元时，低于 10 万元的部分按 10%提成，高于 10 万元的部分，可提成 7.5%；20 万到 40 万之间时，高于 20 万元的部分，可提成 5%；40 万到 60 万之间时，高于 40 万元的部分可提成 3%；60 万到 100 万之间时，高于 60 万元的部分可提成 1.5%，高于 100 万元时，超过 100 万元的部分按 1%提成，从键盘输入当月利润 I，求应发放奖金总数。

程序分析：利用数轴来分界、定位。定义时须把奖金定义成长整型。

程序实现：

```
import java.io.*;
public class Prog12 {
    public static void main(String[] args) {
        System.out.print("请输入当前利润: ");
        long profit = Long.parseLong(key_Input());
        System.out.println("应发奖金: " + bonus(profit));
    }
    //接收从键盘输入的内容
    private static String key_Input() {
        String str = null;
        BufferedReader bufIn =
          new BufferedReader(new InputStreamReader(System.in));
        try {
            str = bufIn.readLine();
        } catch(IOException e) {
            e.printStackTrace();
        } finally {
            try {
                bufIn.close();
            } catch(IOException e) {
                e.printStackTrace();
            }
        }
        return str;
    }
    //计算奖金
    private static long bonus(long profit) {
        long prize = 0;
        long profit_sub = profit;
        if(profit > 1000000) {
```

```
            profit = profit_sub - 1000000;
            profit_sub = 1000000;
            prize += profit*0.01;
        }
        if(profit > 600000) {
            profit = profit_sub - 600000;
            profit_sub = 600000;
            prize += profit*0.015;
        }
        if(profit > 400000) {
            profit = profit_sub - 400000;
            profit_sub = 400000;
            prize += profit*0.03;
        }
        if(profit > 200000) {
            profit = profit_sub - 200000;
            profit_sub = 200000;
            prize += prize*0.05;
        }
        if(profit > 100000) {
            profit = profit_sub - 100000;
            profit_sub = 100000;
            prize += profit*0.075;
        }
        prize += profit_sub*0.1;
        return prize;
    }
}
```

【例 14.13】 有一个整数，它加上 100 后是一个完全平方数，再加上 168 又是一个完全平方数，请问该数是多少？

程序分析：在 10 万以内判断，先将该数加上 100 后再开方，再将该数加上 268 后再开方，如果开方后的数正好是整数，则是结果。

程序实现：

```
public class Prog13 {
    public static void main(String[] args) {
        int n = 0;
        for(int i=0; i<100001; i++) {
            if(isCompSqrt(i+100) && isCompSqrt(i+268)) {
                n = i;
                break;
            }
        }
        System.out.println("所求的数是：" + n);
    }
    //判断完全平方数
    private static boolean isCompSqrt(int n) {
        boolean isComp = false;
        for(int i=1; i<Math.sqrt(n)+1; i++) {
```

```
            if(n == Math.pow(i,2)) {
                isComp = true;
                break;
            }
        }
        return isComp;
    }
}
```

【例 14.14】 输入某年某月某日,判断这一天是这一年的第几天。

程序分析:以 3 月 5 日为例,应该先把前两个月的加起来,然后再加上 5 天,即本年的第几天。特殊情况:闰年且输入月份大于 3 时,需考虑多加一天。

程序实现:

```
import java.util.Scanner;
public class Prog14 {
    public static void main(String[] args) {
        Scanner scan =
          new Scanner(System.in).useDelimiter("\\D"); //匹配非数字
        System.out.print("请输入当前日期(年-月-日):");
        int year = scan.nextInt();
        int month = scan.nextInt();
        int date = scan.nextInt();
        scan.close();
        System.out.println("今天是" + year + "年的第"
          + analysis(year, month, date) + "天");
    }
    //判断天数
    private static int analysis(int year, int month, int date) {
        int n = 0;
        int[] month_date = new int[] {0,31,28,31,30,31,30,31,31,30,31,30};
        if((year%400)==0 || ((year%4)==0) && ((year%100)!=0))
            month_date[2] = 29;
        for(int i=0; i<month; i++)
            n += month_date[i];
        return n+date;
    }
}
```

【例 14.15】 输入三个整数 x、y、z,请把这三个数由小到大输出。

程序分析:我们想办法把最小的数放到 x 上,先将 x 与 y 进行比较,如果 x>y,则将 x 与 y 的值进行交换,然后再用 x 与 z 进行比较,如果 x>z,则将 x 与 z 的值进行交换,这样就能使 x 最小。

程序实现:

```
import java.util.Scanner;
public class Prog15 {
    public static void main(String[] args) {
        Scanner scan = new Scanner(System.in).useDelimiter("\\D");
        System.out.print("请输入三个数: ");
```

```
            int x = scan.nextInt();
            int y = scan.nextInt();
            int z = scan.nextInt();
            scan.close();
            System.out.println("排序结果: " + sort(x, y, z));
    }
    //比较两个数的大小
    private static String sort(int x, int y, int z) {
        String s = null;
        if(x > y) {
            int t = x;
            x = y;
            y = t;
        }
        if(x > z) {
            int t = x;
            x = z;
            z = t;
        }
        if(y > z) {
            int t = z;
            z = y;
            y = t;
        }
        s = x + " " + y + " " + z;
        return s;
    }
}
```

【例 14.16】输出 9×9 口诀。

程序分析：分行与列考虑，共 9 行 9 列，i 控制行，j 控制列。

程序实现：

```
public class Prog16 {
    public static void main(String[] args) {
        for(int i=1; i<10; i++) {
            for(int j=1; j<i+1; j++)
                System.out.print(j + "*" + i + "=" + (j*i) + " ");
            System.out.println();
        }
    }
}
```

【例 14.17】猴子吃桃问题：猴子第一天摘下若干个桃子，当即吃了一半，还不瘾，又多吃了一个。第二天早上又将剩下的桃子吃掉一半，又多吃了一个。以后每天早上都吃了前一天剩下的一半零一个。到第 10 天早上想再吃时，见只剩下一个桃子了。求第一天共摘了多少？

程序分析：采取逆向思维的方法，从后往前推断。

程序实现：

```java
public class Prog17 {
    public static void main(String[] args) {
        int m = 1;
        for(int i=10; i>0; i--)
            m = 2*m + 2;
        System.out.println("小猴子共摘了" + m + "个桃子");
    }
}
```

【例 14.18】两个乒乓球队进行比赛，各出三人。甲队为 a、b、c 三人，乙队为 x、y、z 三人。已抽签决定比赛名单。有人向队员打听比赛的名单。a 说他不和 x 比，c 说他不和 x、z 比，请编程序找出三队赛手的名单。

程序分析：使用复合条件判断来实现。

程序实现：

```java
import java.util.ArrayList;

public class Prog18 {
    String a, b, c; //甲队成员
    public static void main(String[] args) {
        String[] racer = {"x", "y", "z"}; //乙队成员
        ArrayList<Prog18> arrayList = new ArrayList<Prog18>();
        for(int i=0; i<3; i++)
            for(int j=0; j<3; j++)
                for(int k=0; k<3; k++) {
                    Prog18 prog18 = new Prog18(racer[i], racer[j], racer[k]);
                    if(!prog18.a.equals(prog18.b)
                        && !prog18.a.equals(prog18.c)
                        && !prog18.b.equals(prog18.c)
                        && !prog18.a.equals("x")
                        && !prog18.c.equals("x")
                        && !prog18.c.equals("z"))
                            arrayList.add(prog18);
                }
        for(Object obj:arrayList)
            System.out.println(obj);
    }
    //构造方法
    private Prog18(String a, String b, String c) {
        this.a = a;
        this.b = b ;
        this.c = c;
    }
    public String toString() {
        return
            "a的对手是" + a + " " + "b的对手是" + b + " " + "c的对手是" + c;
    }
}
```

【例 14.19】打印出如下图案(菱形)。

```
    *
   ***
  *****
 *******
  *****
   ***
    *
```

程序分析：先把图形分成两部分来看待，前四行一个规律，后三行一个规律，利用双重 for 循环，第一层控制行，第二层控制列。

程序实现：

```java
public class Prog19 {
    public static void main(String[] args) {
        int n = 5;
        printStar(n);
    }
    //打印星星
    private static void printStar(int n) {
        //打印上半部分
        for(int i=0; i<n; i++) {
            for(int j=0; j<2*n; j++) {
                if(j < n-i)
                    System.out.print(" ");
                if(j>=n-i && j<=n+i)
                    System.out.print("*");
            }
            System.out.println();
        }
        //打印下半部分
        for(int i=1; i<n; i++) {
            System.out.print(" ");
            for(int j=0; j<2*n-i; j++) {
                if(j < i)
                    System.out.print(" ");
                if(j>=i && j<2*n-i-1)
                    System.out.print("*");
            }
            System.out.println();
        }
    }
}
```

【例 14.20】有一分数序列：2/1, 3/2, 5/3, 8/5, 13/8, 21/13, ...，求出这个数列的前 20 项之和。

程序分析：抓住分子与分母的变化规律，即第二个数字的分母是第一个数字的分子，依此类推。

程序实现：

```java
public class Prog20 {
    public static void main(String[] args) {
        double n1 = 1;
        double n2 = 1;
        double fraction = n1/n2;
        double Sn = 0;
        for(int i=0; i<20; i++) {
            double t1 = n1;
            double t2 = n2;
            n1 = t1 + t2;
            n2 = t1;
            fraction = n1/n2;
            Sn += fraction;
        }
        System.out.print(Sn);
    }
}
```

【例 14.21】求 1+2!+3!+...+20!的和。

程序分析：此程序只是把累加变成了累阶乘，使用函数调用机制实现间接的双层循环机制即可。

程序实现：

```java
public class Prog21 {
    public static void main(String[] args) {
        long sum = 0;
        for(int i=0; i<20; i++)
            sum += factorial(i+1);
        System.out.println(sum);
    }
    //阶乘
    private static long factorial(int n) {
        int mult = 1;
        for(int i=1; i<n+1; i++)
            mult *= i;
        return mult;
    }
}
```

【例 14.22】利用递归方法求 5!。

程序分析：递归公式：f(n) = f(n-1)!×n。

程序实现：

```java
public class Prog22 {
    public static void main(String[] args) {
        System.out.println(fact(10));
    }
    //递归求阶乘
    private static long fact(int n) {
        if(n == 1)
```

```
        return 1;
    else
        return fact(n-1)*n;
    }
}
```

【例 14.23】有 5 个人坐在一起。问第 5 个人多少岁？他说比第 4 个人大 2 岁。问第 4 个人岁数，他说比第 3 个人大 2 岁。问第三个人，又说比第 2 人大两岁。问第 2 个人，说比第一个人大两岁。最后问第一个人，他说是 10 岁。请问第 5 个人多大？

程序分析：利用递归的方法，递归分为回推和递推两个阶段。要想知道第 5 个人岁数，需知道第 4 人的岁数，依次类推，推到第一人(10 岁)，再往回推。

程序实现：

```
public class Prog23 {
    public static void main(String[] args) {
        System.out.println(getAge(5, 2));
    }
    //求第 m 个人的年龄
    private static int getAge(int m, int n) {
        if(m == 1)
            return 10;
        else
            return getAge(m-1,n)+n;
    }
}
```

【例 14.24】给出一个不多于 5 位的正整数，求它是几位数，逆序打印出各位数字。

程序分析：利用数组将数字按位分开保存，再利用条件判断语句实现程序思想。

程序实现：

```
public class Prog24 {
    public static void main(String[] args) {
        int n = Integer.parseInt(args[0]);
        int i = 0;
        int[] a = new int[5];
        do {
            a[i] = n%10;
            n /= 10;
            ++i;
        } while(n!=0);
        System.out.print("这是一个" + i + "位数,从个位起,各位数字依次为: ");
        for(int j=0; j<i; j++)
            System.out.print(a[j] + " ");
    }
}
```

【例 14.25】一个 5 位数，判断它是不是回文数。例如 12321 是回文数，个位与万位相同，十位与千位相同。

程序分析：利用 Java I/O 流机制和条件判断语句实现程序。

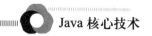

程序实现：

```java
import java.io.*;
public class Prog25 {
    public static void main(String[] args) {
        int n = 0;
        System.out.print("请输入一个5位数：");
        BufferedReader bufin =
          new BufferedReader(new InputStreamReader(System.in));
        try {
            n = Integer.parseInt(bufin.readLine());
        } catch(IOException e) {
            e.printStackTrace();
        } finally {
            try {
                bufin.close();
            } catch(IOException e) {
                e.printStackTrace();
            }
        }
        palin(n);
    }
    private static void palin(int n) {
        int m = n;
        int[] a = new int[5];
        if(n<10000 || n>99999) {
            System.out.println("输入的不是5位数！");
            return;
        } else {
            for(int i=0; i<5; i++) {
                a[i] = n%10;
                n /= 10;
            }
            if(a[0]==a[4] && a[1]==a[3])
                System.out.println(m + "是一个回文数");
            else
                System.out.println(m + "不是回文数");
        }
    }
}
```

【例 14.26】请输入星期几的第一个字母来判断一下是星期几，如果第一个字母一样，则继续判断第二个字母。

程序分析：用情况语句比较好，如果第一个字母一样，则用情况语句或 if 语句判断第二个字母。

程序实现：

```java
import java.io.*;
public class Prog26 {
    public static void main(String[] args) {
```

```java
        String str = new String();
        BufferedReader bufIn =
          new BufferedReader(new InputStreamReader(System.in));
        System.out.print("请输入星期的英文单词前两至四个字母): ");
        try {
            str = bufIn.readLine();
        } catch(IOException e) {
            e.printStackTrace();
        } finally {
            try {
                bufIn.close();
            } catch(IOException e) {
                e.printStackTrace();
            }
        }
        week(str);
    }
    private static void week(String str) {
        int n = -1;
        if(str.trim().equalsIgnoreCase("Mo")
          || str.trim().equalsIgnoreCase("Mon")
          || str.trim().equalsIgnoreCase("Mond"))
            n = 1;
        if(str.trim().equalsIgnoreCase("Tu")
          || str.trim().equalsIgnoreCase("Tue")
          || str.trim().equalsIgnoreCase("Tues"))
            n = 2;
        if(str.trim().equalsIgnoreCase("We")
          || str.trim().equalsIgnoreCase("Wed")
          || str.trim().equalsIgnoreCase("Wedn"))
            n = 3;
        if(str.trim().equalsIgnoreCase("Th")
          || str.trim().equalsIgnoreCase("Thu")
          || str.trim().equalsIgnoreCase("Thur"))
            n = 4;
        if(str.trim().equalsIgnoreCase("Fr")
          || str.trim().equalsIgnoreCase("Fri")
          || str.trim().equalsIgnoreCase("Frid"))
            n = 5;
        if(str.trim().equalsIgnoreCase("Sa")
          || str.trim().equalsIgnoreCase("Sat")
          || str.trim().equalsIgnoreCase("Satu"))
            n = 2;
        if(str.trim().equalsIgnoreCase("Su")
          || str.trim().equalsIgnoreCase("Sun")
          || str.trim().equalsIgnoreCase("Sund"))
            n = 0;
        switch(n) {
            case 1:
                System.out.println("星期一");
```

```
                break;
            case 2:
                System.out.println("星期二");
                break;
            case 3:
                System.out.println("星期三");
                break;
            case 4:
                System.out.println("星期四");
                break;
            case 5:
                System.out.println("星期五");
                break;
            case 6:
                System.out.println("星期六");
                break;
            case 0:
                System.out.println("星期日");
                break;
            default:
                System.out.println("输入有误！");
                break;
        }
    }
}
```

【例 14.27】求 100 之内的素数。

程序分析：利用条件循环语句来实现。

程序实现：

```
public class Prog27 {
    public static void main(String[] args) {
        int n = 100;
        System.out.print(n + "以内的素数：");
        for(int i=2; i<n+1; i++) {
            if(isPrime(i))
                System.out.print(i + " ");
        }
    }
    //求素数
    private static boolean isPrime(int n) {
        boolean flag = true;
        for(int i=2; i<Math.sqrt(n)+1; i++)
            if(n%i == 0) {
                flag = false;
                break;
            }
        return flag;
    }
}
```

第 14 章　Java 基础案例

【例 14.28】对 10 个数进行排序。

程序分析：可以利用选择法，即从后 9 个比较过程中，选择一个最小的与第一个元素交换，依次类推，即用第二个元素与后 8 个进行比较，并进行交换。

程序实现：

```java
public class Prog28 {
    public static void main(String[] args) {
        int[] a = new int[] {31,42,21,50,12,60,81,74,101,93};
        for(int i=0; i<10; i++)
            for(int j=0; j<a.length-i-1; j++)
                if(a[j] > a[j+1]) {
                    int temp = a[j];
                    a[j] = a[j+1];
                    a[j+1] = temp;
                }
        for(int i=0; i<a.length; i++)
            System.out.print(a[i] + " ");
    }
}
```

【例 14.29】求一个 3×3 矩阵对角线元素之和。

程序分析：利用双重 for 循环控制输入二维数组，再将 a[i][i] 累加后输出。

程序实现：

```java
public class Prog29 {
    public static void main(String[] args) {
        int[][] a = new int[][] {{100,2,3,},{4,5,6},{17,8,9}};
        matrSum(a);
    }
    private static void matrSum(int[][] a) {
        int sum1 = 0;
        int sum2 = 0;
        for(int i=0; i<a.length; i++)
            for(int j=0; j<a[i].length; j++) {
                if(i==j) sum1 += a[i][j];
                if(j==a.length-i-1) sum2 += a[i][j];
            }
        System.out.println("矩阵对角线之和分别是：" + sum1 + "和" + sum2);
    }
}
```

【例 14.30】有一个已经排好序的数组。现输入一个数，要求按原来的规律将它插入数组中。

程序分析：首先判断此数是否大于最后一个数，然后再考虑插入中间的数的情况，插入后此元素之后的数，依次后移一个位置。

程序实现：

```java
import java.util.Scanner;
public class Prog30 {
```

```java
public static void main(String[] args) {
    int[] A = new int[] {0,8,7,5,9,1,2,4,3,12};
    int[] B = sort(A);
    print(B);
    System.out.println();
    System.out.print("请输入10个数的数组：");
    Scanner scan = new Scanner(System.in);
    int a = scan.nextInt();
    scan.close();
    int[] C = insert(a,B);
    print(C);
}
//选择排序
private static int[] sort(int[] A) {
    int[] B = new int[A.length];
    for(int i=0; i<A.length-1; i++) {
        int min = A[i];
        for(int j=i+1;j<A.length;j++){
            if(min > A[j]) {
                int temp = min;
                min = A[j];
                A[j] = temp;
            }
            B[i] = min;
        }
    }
    B[A.length-1] = A[A.length-1];
    return B;
}
//打印
private static void print(int[] A) {
    for(int i=0; i<A.length; i++)
        System.out.print(A[i] + " ");
}
//插入数字
private static int[] insert(int a, int[] A) {
    int[] B = new int[A.length+1];
    for(int i=A.length-1; i>0; i--)
        if(a>A[i]) {
            B[i+1] = a;
            for(int j=0; j<=i; j++)
                B[j] = A[j];
            for(int k=i+2; k<B.length; k++)
                B[k] = A[k-1];
            break;
        }
    return B;
}
}
```

【例 14.31】 将一个数组逆序输出。

程序分析：使用折半思想，将第一个元素与最后一个元素交换，依此类推。

程序实现：

```java
public class Prog31 {
    public static void main(String[] args) {
        int[] A = new int[] {1,2,3,4,5,6,7,8,9,};
        print(A);
        System.out.println();
        int[] B = reverse(A);
        print(B);
    }
    private static int[] reverse(int[] A) {
        for(int i=0; i<A.length/2; i++) {
            int temp = A[A.length-i-1];
            A[A.length-i-1] = A[i];
            A[i] = temp;
        }
        return A;
    }
    private static void print(int[] A) {
        for(int i=0; i<A.length; i++)
            System.out.print(A[i] + " ");
    }
}
```

【例 14.32】 取一个整数 a 从右端开始的 4~7 位。

程序分析：可以使用字符数组来处理。

程序实现：

```java
import java.util.Scanner;
public class Prog32 {
    public static void main(String[] msg) {
        //输入一个长整数
        Scanner scan = new Scanner(System.in);
        long l = scan.nextLong();
        scan.close();
        //以下截取字符
        String str = Long.toString(l);
        char[] ch = str.toCharArray();
        int n = ch.length;
        if(n < 7)
            System.out.println("输入的数小于7位！");
        else
            System.out.println(
                "截取的4~7位数字：" + ch[n-7] + ch[n-6] + ch[n-5] + ch[n-4]);
    }
}
```

【例 14.33】 打印出杨辉三角形(要求打印出 10 行)。

程序分析：

```
    1
   1 1
  1 2 1
  1 3 3 1
 1 4 6 4 1
1 5 10 10 5 1
```

程序实现：

```java
public class Prog33 {
    public static void main(String[] args) {
        int[][] n = new int[10][21];
        n[0][10] = 1;
        for(int i=1; i<10; i++)
            for(int j=10-i; j<10+i+1; j++)
                n[i][j] = n[i-1][j-1] + n[i-1][j+1];
        for(int i=0; i<10; i++) {
            for(int j=0; j<21; j++) {
                if(n[i][j] == 0)
                    System.out.print("   ");
                else {
                    if(n[i][j] < 10)
                        System.out.print("  " + n[i][j]); //空格是为了美观
                    else if(n[i][j] < 100)
                        System.out.print(" " + n[i][j]);
                    else
                        System.out.print(n[i][j]);
                }
            }
            System.out.println();
        }
    }
}
```

【例 14.34】输入 3 个数 a、b、c，按大小顺序输出。

程序分析：利用比较排序法求解。

程序实现：

```java
import java.util.Scanner;
public class Prog34 {
    public static void main(String[] args) {
        System.out.print("请输入 3 个数：");
        Scanner scan = new Scanner(System.in).useDelimiter("\\s");
        int a = scan.nextInt();
        int b = scan.nextInt();
        int c = scan.nextInt();
        scan.close();
        if(a < b) {
            int t = a;
```

```
            a = b;
            b = t;
        }
        if(a < c) {
            int t = a;
            a = c;
            c = t;
        }
        if(b < c) {
            int t = b;
            b = c;
            c = t;
        }
        System.out.println(a + " " + b + " " + c);
    }
}
```

【例 14.35】输入数组,最大的与第一个元素交换,最小的与最后一个元素交换,输出数组。

程序分析:利用条件判断语句来实现。

程序实现:

```
import java.util.Scanner;
public class Prog35 {
    public static void main(String[] args) {
        System.out.print("请输入一组数: ");
        Scanner scan = new Scanner(System.in).useDelimiter("\\s");
        int[] a = new int[50];
        int m = 0;
        while(scan.hasNextInt()) {
            a[m++] = scan.nextInt();
        }
        scan.close();
        int[] b = new int[m];
        for(int i=0; i<m; i++)
            b[i] = a[i];
        for(int i=0; i<b.length; i++)
            for(int j=0; j<b.length-i-1; j++)
                if(b[j] < b[j+1]) {
                    int temp = b[j];
                    b[j] = b[j+1];
                    b[j+1] = temp;
                }
        for(int i=0; i<b.length; i++)
            System.out.print(b[i] + " ");
    }
}
```

【例 14.36】有 n 个整数,使其前面各数顺序向后移 m 个位置,最后 m 个数变成最前面的 m 个数。

程序分析：利用条件判断语句、循环语句等实现程序。

程序实现：

```java
import java.util.Scanner;
public class Prog36 {
    public static void main(String[] args) {
        final int N = 10;
        System.out.print("请输入 10 个数的数组：");
        Scanner scan = new Scanner(System.in);
        int[] a = new int[N];
        for(int i=0; i<a.length; i++)
            a[i] = scan.nextInt();
        System.out.print("请输入一个小于 10 的数：");
        int m = scan.nextInt();
        scan.close();
        int[] b = new int[m];
        int[] c = new int[N-m];
        for(int i=0; i<m; i++)
            b[i] = a[i];
        for(int i=m,j=0; i<N; i++,j++)
            c[j] = a[i];
        for(int i=0; i<N-m; i++)
            a[i] = c[i];
        for(int i=N-m,j=0; i<N; i++,j++)
            a[i] = b[j];
        for(int i=0; i<a.length; i++)
            System.out.print(a[i] + " ");
    }
}
```

【例 14.37】有 n 个人围成一圈，顺序排号。从第一个人开始报数(从 1 到 3 报数)，凡报到 3 的人退出圈子，问最后留下的是原来第几号的那位？

程序分析：定义一个布尔类型的数组，标记是否报数，再次利用条件判断语句、循环语句实现程序。

程序实现：

```java
import java.util.Scanner;
public class Prog37 {
    public static void main(String[] args) {
        System.out.print("请输入一个整数：");
        Scanner scan = new Scanner(System.in);
        int n = scan.nextInt();
        scan.close();
        //定义数组变量，标识某人是否还在圈内
        boolean[] isIn = new boolean[n];
        for(int i=0; i<isIn.length; i++)
            isIn[i] = true;
        //定义圈内人数、报数、索引
        int inCount = n;
        int countNum = 0;
```

```
            int index = 0;
            while(inCount > 1) {
                if(isIn[index]) {
                    countNum++;
                    if(countNum == 3) {
                        countNum = 0;
                        isIn[index] = false;
                        inCount--;
                    }
                }
                index++;
                if(index == n)
                    index = 0;
            }
            for(int i=0; i<n; i++)
                if(isIn[i])
                    System.out.println("留下的是: " + (i+1));
    }
}
```

【例 14.38】写一个函数,求一个字符串的长度,在 main 函数中输入字符串,并输出其长度。

程序分析:利用 Java 主函数定义功能来实现。

程序实现:

```
import java.util.Scanner;
public class Prog38 {
    public static void main(String[] args) {
        System.out.print("请输入一串字符: ");
        Scanner scan = new Scanner(System.in).useDelimiter("\\n");
        String strIn = scan.next();
        scan.close();
        char[] ch = strIn.toCharArray();
        System.out.println(strIn + "共" + (ch.length-1) + "个字符");
    }
}
```

【例 14.39】编写一个函数,输入 n 为偶数时,调用函数求 1/2+1/4+...+1/n,当输入 n 为奇数时,调用函数 1/1+1/3+...+1/n。

程序分析:首先根据输入数判断其为偶数还是奇数,然后判断输出。

程序实现:

```
import java.util.Scanner;
public class Prog39 {
    public static void main(String[] args) {
        System.out.print("请输入一个整数: ");
        Scanner scan = new Scanner(System.in);
        int n = scan.nextInt();
        scan.close();
        if(n%2 == 0)
```

```
            System.out.println("结果: " + even(n));
        else
            System.out.println("结果: " + odd(n));
    }
    //奇数
    static double odd(int n) {
        double sum = 0;
        for(int i=1; i<n+1; i+=2) {
            sum += 1.0/i;
        }
        return sum;
    }
    //偶数
    static double even(int n) {
        double sum = 0;
        for(int i=2; i<n+1; i+=2) {
            sum += 1.0/i;
        }
        return sum;
    }
}
```

【例 14.40】字符串排序。

程序分析：首先将字符串分解成单个字符，然后排序。

程序实现：

```
public class Prog40 {
    public static void main(String[] args) {
        String[] str = {"abc", "cad", "m", "fa", "f"};
        for(int i=str.length-1; i>=1; i--) {
            for(int j=0; j<=i-1; j++) {
                if(str[j].compareTo(str[j+1]) < 0) {
                    String temp = str[j];
                    str[j] = str[j+1];
                    str[j+1] = temp;
                }
            }
        }
        for(String subStr : str)
            System.out.print(subStr + " ");
    }
}
```

【例 14.41】海滩上有一堆桃子，五只猴子来分。第一只猴子把这堆桃子平均分为五份，多了一个，这只猴子把多的一个扔入海中，拿走了一份。第二只猴子把剩下的桃子又平均分成五份，又多了一个，它同样把多的一个扔入海中，拿走了一份。第三、第四、第五只猴子都是这样做的，问海滩上原来最少有多少个桃子。

程序分析：使用函数递归机制实现，递归指的是函数自己调用自己的一种特殊的函数调用机制。

程序实现：

```
public class Prog41 {
    public static void main(String[] args) {
        int n;
        n = fun(0);
        System.out.println("原来有" + n + "个桃子");
    }
    private static int fun(int i) {
        if(i == 5) return 1;
        else return fun(i+1)*5+1;
    }
}
```

【例 14.42】 809×??=800×??+9×??+1

其中??代表的两位数，8×??的结果为两位数，9×??的结果为 3 位数。求??代表的两位数，及 809×??后的结果。

程序分析：创建一个临时标识符 flag，从而让实现公式更加简单。

程序实现：

```
public class Prog42 {
    public static void main(String[] args) {
        int n = 0;
        boolean flag = false;
        for(int i=10; i<100; i++)
            if(809*i == 800*i+9*i+1) {
                flag = true;
                n = i;
                break;
            }
        if(flag) System.out.println(n);
        else System.out.println("无符合要求的数！");
    }
}
```

【例 14.43】 求 0~7 所能组成的奇数个数。

程序分析：利用组合计算思想来实现。

程序实现：

```
public class Prog43 {
    public static void main(String[] args) {
        int count = 0;
        //声明由数字组成的数
        int n = 8;
        //一位数
        count = n/2;
        //两位数
        count += (n-1)*n/2;
        //三位数
        count += (n-1)*n*n/2;
```

```
        //四位数
        count += (n-1)*n*n*n/2;
        //五位数
        count += (n-1)*n*n*n*n/2;
        //六位数
        count += (n-1)*n*n*n*n*n/2;
        //七位数
        count += (n-1)*n*n*n*n*n*n/2;
        System.out.println("0~7 所能组成的奇数个数: " + count);
    }
}
```

【例 14.44】一个偶数总能表示为两个素数之和。

程序分析：利用判断公式来实现。

程序实现：

```java
import java.util.Scanner;
public class Prog44 {
    public static void main(String[] args) {
        System.out.print("请输入一个偶数: ");
        Scanner scan = new Scanner(System.in);
        int n = scan.nextInt();
        scan.close();
        if(n%2 != 0) {
            System.out.println("您输入的不是偶数! ");
            return;
        }
        twoAdd(n);
    }
    //偶数分解为素数之和
    private static void twoAdd(int n) {
        for(int i=2; i<n/2+1; i++) {
            if(isPrime(i) && isPrime(n-i)) {
                System.out.println(n + "=" + (i) + "+" + (n-i));
                break;
            }
        }
    }
    //判断素数
    private static boolean isPrime(int m) {
        boolean flag = true;
        for(int i=2; i<Math.sqrt(m)+1; i++) {
            if(m%i == 0) {
                flag = false;
                break;
            }
        }
        return flag;
    }
}
```

【例 14.45】判断一个素数能被几个 9 整除。

程序分析：利用判断语句实现程序。

程序实现：

```java
import java.util.Scanner;
public class Prog45 {
    public static void main(String[] args) {
        System.out.print("请输入一个数: ");
        Scanner scan = new Scanner(System.in);
        long l = scan.nextLong();
        long n = l;
        scan.close();
        int count = 0;
        while(n > 8) {
            n /= 9;
            count++;
        }
        System.out.println(l + "能被" + count + "个9整除。");
    }
}
```

【例 14.46】两个字符串连接的程序。

程序分析：利用字符串连接符号"+"来实现。

程序实现：

```java
public class Prog46 {
    public static void main(String[] args) {
        String str1 = "lao lee";
        String str2 = "牛刀";
        String str = str1 + str2;
        System.out.println(str);
    }
}
```

【例 14.47】读取 7 个整数值(1~50)，每读取一个值，程序打印出该值个数的"*"。

程序分析：首先从键盘输入 7 个数，然后利用判断语句和循环语句实现程序。

程序实现：

```java
import java.util.Scanner;
public class Prog47 {
    public static void main(String[] args) {
        System.out.print("请输入7个整数(1~50): ");
        Scanner scan = new Scanner(System.in);
        int n1 = scan.nextInt();
        int n2 = scan.nextInt();
        int n3 = scan.nextInt();
        int n4 = scan.nextInt();
        int n5 = scan.nextInt();
        int n6 = scan.nextInt();
        int n7 = scan.nextInt();
```

```
        scan.close();
        printStar(n1);
        printStar(n2);
        printStar(n3);
        printStar(n4);
        printStar(n5);
        printStar(n6);
        printStar(n7);
    }
    static void printStar(int m) {
        System.out.println(m);
        for(int i=0; i<m; i++)
            System.out.print("*");
        System.out.println();
    }
}
```

【例 14.48】 某个公司采用公用电话传递数据,数据是四位的整数,在传递过程中是加密的,加密规则如下:每位数字都加上 5,然后用和除以 10 的余数代替该数字,再将第一位和第四位交换,第二位和第三位交换。

程序分析:关键是程序设计者需要按照题意设计加密算法,然后利用判断语句、循环语句实现程序。

程序实现:

```
public class Prog48 {
    public static void main(String[] args) {
        int n = 1234;
        int[] a = new int[4];
        for(int i=3; i>=0; i--) {
            a[i] = n%10;
            n /= 10;
        }
        for(int i=0; i<4; i++)
            System.out.print(a[i]);
        System.out.println();
        for(int i=0; i<a.length; i++) {
            a[i] += 5;
            a[i] %= 10;
        }
        int temp1 = a[0];
        a[0] = a[3];
        a[3] = temp1;
        int temp2 = a[1];
        a[1] = a[2];
        a[2] = temp2;
        for(int i=0; i<a.length; i++)
            System.out.print(a[i]);
    }
}
```

【例 14.49】 计算字符串中子串出现的次数。

程序分析：首先将字符串以字符为单位进行分隔，以数组元素的形式保存在数组中，然后利用判断语句、循环语句实现程序。

程序实现：

```java
public class Prog49 {
    public static void main(String[] args) {
        String str = "I come from County DingYuan Province AnHui.";
        char[] ch = str.toCharArray();
        int count = 0;
        for(int i=0; i<ch.length; i++) {
            if(ch[i] == ' ')
                count++;
        }
        count++;
        System.out.println("共有" + count + "个字串");
    }
}
```

【例 14.50】 有 5 个学生，每个学生有 3 门课的成绩，从键盘输入数据(包括学生号、姓名、三门课成绩)，计算出平均成绩，将原有的数据和计算出的平均分数存放在磁盘文件 stud.txt 中。

程序分析：首先利用 Java 基本语句计算出平均成绩，然后利用 Java 输出流，将成绩写入磁盘的指定文件中，注意此题运行成功的前提是磁盘中已经存在 stud.txt 文本文件，等待输出内容。

程序实现：

```java
import java.io.*;
public class Prog50 {
    //定义学生模型
    String[] number = new String[5];
    String[] name = new String[5];
    float[][] grade = new float[5][3];
    float[] sum = new float[5];
    public static void main(String[] args) throws Exception {
        Prog50 stud = new Prog50();
        stud.input();
        stud.output();
    }
    //输入学号、姓名、成绩
    void input() throws IOException {
        BufferedReader br =
          new BufferedReader(new InputStreamReader(System.in));
        //录入状态标识
        boolean isRecord = true;
        while(isRecord) {
            try {
                for(int i=0; i<5; i++) {
```

```java
            System.out.print("请输入学号：");
            number[i] = br.readLine();
            System.out.print("请输入姓名：");
            name[i] = br.readLine();
            for(int j=0; j<3; j++) {
                System.out.print("请输入第" + (j+1) + "门课的成绩：");
                grade[i][j] = Integer.parseInt(br.readLine());
            }
            System.out.println();
            sum[i] = grade[i][0] + grade[i][1] + grade[i][2];
        }
        isRecord = false;
    } catch(NumberFormatException e) {
        System.out.println("请输入一个数字！");
    }
    }
}
//输出文件
void output() throws IOException {
    FileWriter fw = new FileWriter("E://java50//stud.txt");
    BufferedWriter bw = new BufferedWriter(fw);
    bw.write("No.  " + "Name " + "grade1 " + "grade2 "
            + "grade3 " + "average");
    bw.newLine();
    for(int i=0; i<5; i++) {
        bw.write(number[i]);
        bw.write(" " + name[i]);
        for(int j=0; j<3; j++)
            bw.write(" " + grade[i][j]);
        bw.write(" " + (sum[i]/5));
        bw.newLine();
    }
    bw.close();
}
}
```

本 章 小 结

本章通过 50 道 Java 基础案例题，进一步以示例的形式诠释了 Java 基本语法的相关知识，及程序流程控制语句的使用，和常用的程序设计方法等。便于读者更进一步地理解 Java 的编程方法和技巧。

习 题

上机练习题：请在 Java 语言的运行环境中调试实现上述所有例子。

参 考 文 献

[1] 单兴华，邱加永，徐明华. 软件开发 Java[M]. 北京：清华大学出版社，2012.
[2] 赵新慧，李文超，石元博，冯锡炜. Java 程序设计教程[M]. 北京：清华大学出版社，2014.
[3] 温沁润. Java 程序设计[M]. 北京：北京工业大学出版社，2011.
[4] Cay S. Horstmann, Gary Cornell. Java 核心技术，卷 I：基础知识[M]. 北京：机械工业出版社，2010.
[5] 苗连强. JSP 程序设计基础教程[M]. 北京：人民邮电出版社，2010.

全国高等院校应用型创新规划教材 计算机系列

- Java程序设计与应用开发
- C语言程序设计
- C++面向对象程序设计
- 计算机应用基础（Windows 7 + Office 2010）
- 数据结构（C语言版）
- 数据结构实验指导教程（C语言版）
- 数据库原理与应用
- 计算机原理与系统结构
- 计算机网络技术与应用
- 局域网组建与管理实用教程
- 微机原理与接口技术（第3版）
- 动态网页制作与设计
- Windows Server 2008网络操作系统
- SQL Server 2012数据库技术实用教程
- SQL Server 2008数据库原理及应用教程
- 计算机组装与维修
- Oracle数据库实用基础教程
- 电子商务概论
- Visual Basic程序设计与应用开发
- 多媒体技术与应用
- Visual FoxPro程序设计与应用开发
- PHP+MySQL企业项目开发案例教程
- 计算机网络安全教程
- Linux网络操作系统项目教程
- AutoCAD 2012实用教程
- 常用工具软件实用教程
- ERP原理、实施与案例
- Photoshop CS6平面设计实用教程
- 网站规划建设与管理维护
- Access 2010数据库应用教程
- 中小企业网络设备配置与管理
- ASP.NET程序设计教程
- CorelDRAW X6矢量图形设计与制作
- 3ds Max 2012基础教程
- Flash CS6 动画设计项目教程
- Dreamweaver CS6网页设计与制作基础教程
- Excel财务会计实战应用
- Java Web程序设计与开发
- JSP编程技术
- Linux操作系统
- 操作系统原理及应用
- 网络互联及路由器技术
- C#——Windows项目开发
- CSS+DIV网页布局技术教程
- C语言课程设计案例精编（第3版）
- C语言程序设计案例教程
- C#课程设计案例精编（第2版）
- 多媒体课件制作案例教程（基于PowerPoint 2013）
- 计算机图形学基础实践教程（Visual C++版）
- Java核心技术

清华大学出版社

官方微信号

ISBN 978-7-302-48380-9

定价：59.00元